高分子トライボロジーの制御と応用

Tribological Control of Polymer and its Application

監修：西谷要介
Supervisor : Yosuke Nishitani

シーエムシー出版

はじめに

　トライボロジーは「相対運動を行いながら相互作用を及ぼし合う表面およびそれに関連する実際問題の科学技術」と定義され，いわゆる「摩擦・摩耗・潤滑」を取り扱う重要な学問である。今後，省エネルギーや省資源化などの環境に優しい持続型社会を構築していくためには，このトライボロジーを積極的に制御していくことが重要である。また，最近の機械，自動車，航空宇宙，OA機器，スマートフォン，電気・電子部品，医療機器，各種装置，ロボットなどは，全て相対運動部を有しているため，そのトライボロジー特性が，全ての性能，信頼性および耐久性を左右することが多い。この相対運動部に用いられるトライボマテリアルには金属材料，セラミックスなど数多くの種類が用いられているが，その中でも，特にプラスチックやゴムなどをはじめとした高分子材料の魅力は非常に高い。なぜならば，高分子材料は軽量，比強度が高く，成形加工性などに優れた特性を有することはもちろんのこと，自己潤滑性を有し，また他の材料との複合化が容易なためである。

　一方，近年の科学技術は急速に進んでおり，高分子材料の世界においても，マイクロ・ナノレベルはもちろんのこと，分子レベルまで制御することが積極的に行われてきている。高分子材料のトライボロジーにおいても同様であり，最近の研究成果は素晴らしく，まだ未解明な部分も多くあるものの，最新の有用な知見が多く得られている。しかしながら，一昔前には名著と呼ばれる高分子材料のトライボロジーに関する成書は存在したが，近年では学協会誌などの特集記事，またトライボロジーに関する成書の一部分，さらには洋書などでは存在するが，最近の高分子材料のトライボロジーに関して1冊に，しかも最新成果を踏まえて体系的にまとめた成書はみつからないのも現状である。

　本書では，高分子材料のトライボロジーについて1冊にまとめ，本分野に携わる開発研究者や技術者の方に，基礎から応用まで，最新情報を交えてお届けすることを目的としている。本書の構成としては，第1編：基礎，第2編：トライボロジーの制御，第3編：材料，および第4編：応用の4編から成っており，高分子材料のトライボロジーを専門としている民間企業・大学・公的機関などの著名な研究者の方々に執筆して頂いた次第である。今後，高分子材料のトライボロジーに関する科学と技術の発展のため，本書がいささかでも寄与できれば幸甚である。

　本書出版にあたり，(一社)日本トライボロジー学会，同学会第3種研究会高分子材料のトライボロジー研究会，(一社)プラスチック成形加工学会，材料技術研究協会，同協会材料のトライボロジー研究会をはじめとした関係者各位からの多大なるご協力に深く感謝致します。また，工学院大学工学部機械工学科高分子材料研究室の皆様，高分子材料やそのトライボロジーについて深くご指導頂いた関口勇名誉教授（工学院大学）ならびに北野武教授（Tomas Bata University in Zlin）には深く感謝し御礼申し上げます。最後に出版の機会とご助力を頂きました㈱シーエムシー出版ならびに同編集部伊藤雅英氏に厚くお礼申し上げます。

2015年5月

工学院大学
西谷要介

―――― 執筆者一覧（執筆順）――――

西 谷 要 介　工学院大学　工学部　機械工学科　准教授
広 中 清一郎　㈱ヒロプランニング・ヒロテクノ研究所　所長
桃 園　　聡　東京工業大学　大学院理工学研究科　機械宇宙システム専攻　助教
上 原 宏 樹　群馬大学　大学院理工学府　分子科学部門　准教授
山 延　　健　群馬大学　大学院理工学府　分子科学部門　教授
田 所 千 治　東京理科大学　工学部　機械工学科　助教
中 野　　健　横浜国立大学　大学院環境情報研究院　准教授
梅 田 一 徳　国立研究開発法人　産業技術総合研究所　先進製造プロセス研究部門
　　　　　　トライボロジー研究グループ　テクニカルスタッフ
佐々木 信 也　東京理科大学　工学部　機械工学科　教授
荒 木 祥 和　㈱日産アーク　マテリアル解析部　機器分析室　室長代理
甲 本 忠 史　(一財)地域産学官連携ものづくり研究機構　リサーチフェロー
柏 谷　　智　住鉱潤滑剤㈱　技術部　部長
上 坂 裕 之　名古屋大学　大学院工学研究科　機械理工学専攻　准教授
平 塚 傑 工　ナノテック㈱　R&Pセクター　部長
小 林 元 康　工学院大学　先進工学部　応用化学科　教授
高 原　　淳　九州大学　先導物質化学研究所　カーボンニュートラル・エネルギー国
　　　　　　際研究所　教授
平 山 朋 子　同志社大学　理工学部　エネルギー機械工学科　教授

山下　直輝	同志社大学　理工学研究科　機械工学専攻
川堰　宣隆	富山県工業技術センター　中央研究所　主任研究員
加田　雅博	ポリプラスチックス㈱　研究開発本部　研究企画室　主任
池田　剛志	三菱エンジニアリングプラスチックス㈱　第3事業本部　技術部　グループマネージャー
赤垣　友治	八戸工業高等専門学校　機械工学科　教授
竹市　嘉紀	豊橋技術科学大学　機械工学系　准教授
榎本　和城	名城大学　理工学部　材料機能工学科　准教授
堀切川　一男	東北大学　大学院工学研究科　教授
山口　健	東北大学　大学院工学研究科　准教授
柴田　圭	東北大学　大学院工学研究科　助教
高橋　秀雄	木更津工業高等専門学校　機械工学科　教授
板垣　貴喜	木更津工業高等専門学校　機械工学科　准教授
江上　正樹	NTN㈱　商品開発研究所　所長
石井　卓哉	NTN精密樹脂㈱　技術部　自動車商品課　課長
中島　幸雄	工学院大学　先進工学部　機械理工学科　教授
似内　昭夫	トライボロジーアドバイザー
齊藤　利幸	㈱ジェイテクト　研究開発本部　主幹
菊谷　慎哉	スターライト工業㈱　新歩推進ユニット　材料開発グループ　グループ長

目　　次

【第1編　基礎】

第1章　高分子材料のトライボロジー概論　　広中清一郎

1　はじめに …………………………… 1
2　高分子の種類と諸特性 …………… 1
3　高分子のトライボ材料としての優位点と課題点 ………………………… 2
4　トライボロジー特性 ……………… 3
4.1　すべり摩擦と摩擦プロセス ……… 3
4.2　摩耗の形態 ………………………… 4
4.3　高分子複合材料の摩擦摩耗 ……… 7
4.4　限界PV値と使用限界温度 ……… 9
5　実用上の留意点 …………………… 10

第2章　プラスチックのトライボロジー　　西谷要介

1　はじめに …………………………… 12
2　プラスチックの特徴 ……………… 12
3　プラスチックの摩擦特性 ………… 15
4　プラスチックの摩耗特性 ………… 17
5　プラスチックのトライボロジー特性に及ぼす諸因子の影響 …………………… 21
6　プラスチック系トライボマテリアルとその特徴 …………………………… 24
7　おわりに …………………………… 26

第3章　ゴム・エラストマーのトライボロジー　　桃園　聡

1　ゴム・エラストマーとその物性 …… 28
2　エラストマーの接触力学 ………… 29
3　エラストマーの摩擦 ……………… 30
　3.1　エラストマーにおける摩擦の構成因子 ………………………………… 30
　3.2　ヒステリシス摩擦 ……………… 32
　3.3　凝着摩擦 ………………………… 32
　3.4　凝着摩擦とヒステリシス摩擦の関係 ………………………………… 33
　3.5　分離波と類似現象 ……………… 34
4　エラストマーの摩耗 ……………… 35

第4章　ナノスクラッチ挙動　　上原宏樹，山延　健

1　はじめに …………………………… 37
2　SPMナノ・スクラッチ試験 ……… 37
3　ポリスチレン ……………………… 38
4　ポリエチレン ……………………… 40
5　ポリ乳酸 …………………………… 43
6　配向PETフィルム ………………… 45

7 まとめ ………………………… 47

第5章　摩擦振動の基礎　田所千治，中野　健

1 はじめに ……………………… 48
2 摩擦振動を表現する最小構成要素モデル
　 …………………………………… 49
3 静摩擦と動摩擦の差によるスティックスリップ ……………………………… 50
　3.1 支配方程式 ………………… 50
　3.2 スティックスリップを特徴づけるパラメータ …………………………… 51
　3.3 スティックスリップの発生・非発生条件 …………………………… 52
　3.4 スティックスリップ回避のための設計指針 ……………………………… 53
4 動摩擦力の速度弱化による自励振動
　 …………………………………… 54
　4.1 自励振動の発生・非発生条件 …… 54
　4.2 ヨー角ミスアライメントを利用した制振法 ………………………… 55
5 ソフトマテリアルの摩擦振動 …… 56
　5.1 バルクの接線変形をともなうスティックスリップ ………………………… 56
　5.2 モードカップリング不安定性による自励振動 …………………………… 58
6 おわりに ……………………… 59

第6章　トライボロジー評価法　梅田一徳

1 はじめに ……………………… 61
2 摩擦・摩耗試験法 …………… 61
3 データのばらつきの因子 …… 63
　3.1 試験片 ……………………… 63
　3.2 試験条件 …………………… 65
　3.3 試験機 ……………………… 65
　3.4 摩擦力測定 ………………… 65
　3.5 摩耗測定 …………………… 65

第7章　摩擦面観察（物理分析）　佐々木信也

1 物理分析の目的と意義 ……… 66
2 表面性状測定 ………………… 67
3 機械的物性測定 ……………… 69
4 摩擦面観察で留意すべきこと ……… 74

第8章　表面分析法（化学分析）　荒木祥和

1 はじめに ……………………… 76
2 X線光電子分光分析法（XPS） …… 76
　2.1 原理 ………………………… 76
　2.2 XPSを用いた解析事例 …… 77
3 飛行時間型二次イオン質量分析法
　（TOF-SIMS） ………………… 78
　3.1 原理 ………………………… 78
　3.2 TOF-SIMSを用いた解析事例 …… 79
4 表面分析における注意点 …… 82

【第2編　トライボロジーの制御】

第9章　アロイ・ブレンド・複合材料による制御　西谷要介

1　はじめに …………………………… 84
2　ポリマーアロイ・ポリマーブレンド … 84
　2.1　ポリマーアロイ・ポリマーブレンドについて …………………………… 84
　2.2　ポリマーアロイ・ポリマーブレンドによる改質例 ……………………… 85
3　高分子複合材料（ポリマーコンポジット） …………………………………… 88
　3.1　高分子複合材料について ………… 88
　3.2　高分子トライボマテリアル向けフィラー …………………………………… 88
　3.3　高分子複合材料による改質例 …… 90
　3.4　フィラーおよび繊維の表面処理効果 …………………………………… 92
4　多成分系複合材料 ………………… 94
5　おわりに …………………………… 97

第10章　高分子の構造物性による制御　甲本忠史

1　はじめに …………………………… 100
2　高分子材料の構造物性と摩擦摩耗特性 …………………………………… 101
　2.1　種々の高分子材料の比摩耗量 …… 101
　2.2　ポリエチレンの摩擦表面のモルフォロジーとトライボロジー ……… 102
　2.3　他の高分子の摩擦表面のモルフォロジーとトライボロジー ………… 104
　2.4　ポリアセタールのトライボロジー制御 …………………………………… 105
3　ハイブリッド平歯車の開発研究 … 107
　3.1　プラスチック歯車の課題 ………… 107
　3.2　ハイブリッドスプライン ………… 107
　3.3　ハイブリッド平歯車 ……………… 107
4　まとめ ……………………………… 109

第11章　表面改質による制御　広中清一郎

1　はじめに …………………………… 110
2　高分子の表面機能と改質法 ……… 110
3　表面改質による制御 ……………… 111
　3.1　界面活性物質の塗布と内部添加による表面改質 ……………………… 111
　3.2　放射線照射による表面改質 ……… 113
　3.3　イオン注入による表面改質 ……… 115
　3.4　その他の表面改質 ………………… 116
4　おわりに …………………………… 116

第12章　固体潤滑被膜による制御　柏谷　智

1　はじめに …………………………… 118
2　乾性被膜潤滑剤の概要 …………… 118

3　乾性被膜潤滑剤の液性状 ……… 119	性向上の例 ……………………… 123
4　乾性被膜潤滑剤の処理方法 ……… 121	5.1　エンジニアリングプラスチックの場合
4.1　前処理 ………………………… 121	……………………………………… 123
4.2　コーティング方法と機器 ……… 122	5.2　ゴムシールの場合 …………… 125
4.3　焼成 …………………………… 123	6　おわりに ………………………… 127
5　固体潤滑塗料を用いた高分子材料の潤滑	

第13章　プラズマや光化学フッ化処理による高分子材料表面の機械特性制御　　上坂裕之

1　プラスチックシリンジの無潤滑化を目指したガスケット材料の光化学フッ化処理（基礎実験）……………………… 128	2　プラスチックシリンジの無潤滑化を目指したガスケット材料の光化学フッ化処理（実際の注射器形状への適用）……… 131
1.1　実験装置 ………………………… 129	3　高密度酸素プラズマ処理による医療用ゴム材料（CIIRシート）とステンレス鋼との付着力低減 ……………………… 134
1.2　実験手順 ………………………… 129	
1.3　実験結果 ………………………… 130	

第14章　DLC膜によるトライボロジー制御　　平塚傑工

1　はじめに ………………………… 139	5.1　DLC膜と高分子材料のトライボロジー
2　DLC膜の成膜方法 ……………… 139	……………………………………… 143
3　DLC膜の分類 …………………… 141	5.2　中間層の設計 …………………… 145
4　DLC膜の用途 …………………… 142	6　今後の展望 ……………………… 146
5　トライボロジー制御 …………… 143	

第15章　ポリマーブラシによる制御　　小林元康，高原　淳

1　はじめに ………………………… 148	効果 ………………………………… 150
2　精密高分子合成を用いたポリマーブラシの調製とトライボロジー ………… 148	4　高分子電解質ブラシの水潤滑特性 … 151
	5　おわりに ………………………… 154
3　ポリマーブラシの摩擦特性における溶媒	

第16章　境界潤滑層形成による制御　　平山朋子，山下直輝

1　境界潤滑層の分類 ……………… 157	果 …………………………………… 158
2　添加剤による境界潤滑層の形成とその効	3　ポリマーブラシを用いた境界潤滑層の形

成とその効果 …………… 161

第17章　マイクロテクスチャによるプラスチック成形品の摩擦の制御
　　　　　　　　　　　　　　　　　　　　　川堰宣隆

1　はじめに ……………… 165
2　テクスチャを有するプラスチック成形品の作製 ……………… 165
3　テクスチャのピッチ，高さによる摩擦の変化 ……………… 166
3.1　官能評価による摩擦の評価 ……… 166
3.2　テクスチャの摩擦の評価 ……… 168
4　テクスチャ先端形状の影響 ……… 169
5　おわりに ……………… 172

【第3編　材料】

第18章　高分子系トライボマテリアル（ポリアセタール）　加田雅博

1　はじめに ……………… 174
2　ポリアセタール樹脂の特徴 ……… 174
2.1　ホモポリマーとコポリマー ……… 174
2.2　エンプラとしてのポリアセタール樹脂 ……………… 175
2.3　歯車用途としてのPOM ……… 176
3　おわりに ……………… 179

第19章　エンジニアリングプラスチック　池田剛志

1　はじめに ……………… 181
2　ポリアセタールのしゅう動性改質技術 ……………… 181
2.1　潤滑剤の添加による改質 ……… 182
2.2　強化剤，充填剤の添加による改質 … 183
2.3　ポリマーアロイによる改質 ……… 183
2.4　ポリマー変性による改質 ……… 183
3　最近のポリアセタールのしゅう動性改質事例 ……………… 184
3.1　ワイドレンジ性を持ったしゅう動性改質 ……………… 184
3.2　セルロースナノファイバーによるPOMの改質 ……………… 185
3.3　PET長繊維によるPOMの改質 …… 187
4　おわりに ……………… 188

第20章　過酷なすべり条件下におけるPEEKのトライボロジー　赤垣友治

1　はじめに ……………… 189
2　PEEKのトライボロジー特性 ……… 189
2.1　無潤滑下における摩擦・摩耗特性 … 189
2.2　油潤滑下における摩擦・摩耗特性 … 192
2.3　油潤滑下における焼付き挙動 …… 194
3　まとめ ……………… 196

第21章　PTFE（フッ素樹脂）　竹市嘉紀

1　はじめに …………………… 198
2　PTFEの製造 ……………… 199
3　PTFEの構造と物性 ……… 199
4　PTFEの摩擦摩耗機構 …… 202
5　PTFEの摩耗量低減の様々な手法 … 203
　5.1　フィラーを添加することによる摩耗量低減 ……………………… 203
　　5.1.1　フィラーの種類とその動向 … 203
　　5.1.2　フィラーによる摩耗量低減メカニズム ………………………… 205
　5.2　放射線処理による摩耗量低減 …… 207
　5.3　繊維化および結晶化の耐摩耗性への影響 ……………………………… 207

第22章　フェノール樹脂（熱硬化性樹脂）　竹市嘉紀

1　はじめに …………………… 210
2　フェノール樹脂の製造 …… 210
3　フェノール樹脂のトライボロジー研究 ……………………………… 211
　3.1　ブレーキ，クラッチ ………… 211
　3.2　しゅう動材料 ………………… 213

第23章　高分子系複合材料　榎本和城

1　はじめに …………………… 216
2　複合化の目的 ……………… 216
3　高分子系複合材料の作製法 ……… 217
4　POM系複合材料のトライボロジー特性 ……………………………… 217
5　PTFE系複合材料のトライボロジー特性 ……………………………… 219
6　PEEK系複合材料のトライボロジー特性 ……………………………… 221
7　まとめ ……………………… 221

第24章　ナノカーボン充填系複合材料　榎本和城

1　はじめに …………………… 223
2　ナノカーボン材料 ………… 223
3　ナノカーボン充填系複合材料の作製法 ……………………………… 225
4　ナノカーボン充填系複合材料のトライボロジー特性 ………………… 225
5　まとめ ……………………… 229

第25章　RBセラミックス粒子を配合した樹脂系複合材料　堀切川一男，山口　健，柴田　圭

1　はじめに …………………… 230
2　硬質多孔性炭素材料RBセラミックス ……………………………… 230
3　RBセラミックス粒子を充填した各種熱可

	塑性樹脂複合材料のトライボロジー特性 ……………………………… 231		樹脂材料の水中におけるトライボロジー特性 ……………………………… 237
4	PA66樹脂複合材料のトライボロジー特性に及ぼすRBセラミックス粒子の粒径及び充填率の影響 ……………… 234	6	RBセラミックス粒子を充填した樹脂複合材料の応用 ……………… 239
5	RBセラミックス粒子を充填したPEEK	7	おわりに ……………………… 239

【第4編　応用】

第26章　歯車　　高橋秀雄, 板垣貴喜

1	プラスチック歯車の特徴 …………… 242	4	プラスチック歯車の騒音 …………… 246
2	プラスチック歯車の材料 …………… 242	5	プラスチック歯車の強度 …………… 248
3	プラスチック歯車の損傷 …………… 243		

第27章　軸受　　江上正樹, 石井卓哉

1	はじめに ……………………………… 251		……………………………… 253
2	代表的な樹脂すべり軸受材料 ……… 251	4.2	PEEKと焼結金属との複合化 …… 255
3	樹脂すべり軸受の種類と使用上の注意点 ……………………………… 252	5	用途展開 ……………………………… 256
		5.1	自動車変速機用シールリング …… 256
4	金属との複合化による樹脂すべり軸受の機能向上 ……………………………… 253	5.2	樹脂すべりねじ …………………… 258
		5.3	樹脂転がり軸受 …………………… 259
4.1	特殊UHMWPEと焼結金属との複合化		

第28章　タイヤ　　中島幸雄

1	はじめに ……………………………… 261	4.3	ドラム摩耗試験機 ………………… 267
2	タイヤの摩耗 ………………………… 261	4.4	有限要素法（FEM：Finite Element Method）による摩耗予測法 …… 267
3	タイヤ摩耗力学の解析的モデル …… 262		
4	タイヤ摩耗の評価法 ………………… 264	4.5	ゴムの摩耗特性の評価 …………… 268
4.1	タイヤ摩耗の評価法の種類と手順 … 264	5	おわりに ……………………………… 268
4.2	摩耗エネルギ試験機 ……………… 265		

第29章　高分子材料のシールへの応用　　似内昭夫

1　シールの機能 …………………… 270	4　シールに用いられる材料 …………… 273
2　シール面の考え方 ……………… 270	4.1　シールの種類とシール用材料 …… 273
2.1　シール面の形状特性 ………… 270	4.2　合成ゴム材料 ………………… 274
2.2　作動シール面と非作動シール面 … 270	4.3　熱可塑性エラストマーTEP ……… 278
3　シール用材料に求められる材料特性 … 271	4.4　シール材としてのプラスチックス … 278

第30章　自動車用しゅう動部品　　齊藤利幸

1　自動車用しゅう動部品における材料技術 ………………………… 281	3.1　樹脂・ゴム ……………………… 283
	3.2　植物由来材料及びリサイクル材料 … 284
2　表面処理 ………………………… 281	3.3　高強度・高耐熱材料 …………… 285
2.1　固体潤滑被膜 ………………… 281	4　潤滑剤 …………………………… 286
2.2　炭素系被膜 …………………… 282	4.1　潤滑油 …………………………… 286
3　しゅう動材料 …………………… 283	4.2　グリース ………………………… 287

第31章　OA機器用高分子系しゅう動部材およびしゅう動部品　　菊谷慎哉

1　はじめに ………………………… 290	2.2　歯車用途 ……………………… 298
2　OA機器用高分子系しゅう動部品 … 291	2.2.1　常温歯車
2.1　軸受用途 ……………………… 291	（使用温度域：80℃未満）…… 298
2.1.1　常温軸受	2.2.2　耐熱歯車
（使用温度域：80℃未満）…… 292	（使用温度域：80℃〜250℃）… 300
2.1.2　耐熱軸受	3　おわりに ………………………… 301
（使用温度域：80℃〜250℃）… 296	

【第1編　基礎】

第1章　高分子材料のトライボロジー概論

広中清一郎[*]

1　はじめに

　私達が朝目覚めて，最初に目にするものの中に必ず高分子（プラスチックス）製品がある。日常生活において高分子製品を目にしないことは不可能と云っても過言でない。高分子はこれほどまでに私達に密接した材料の一つである。これらの高分子製品は押出し，切削の成形加工など，必ず何らかのトライボロジー技術が関与している筈である。高分子材料は金属材料や無機（セラミックス）材料より安価で，しかも軽量であり，自己潤滑性や成形性に優れる材料である。そのためにPETボトルを始めとする容器類，ホース，パイプ，文具，おもちゃなどの民生品から，自動車部品，精密・小型機械部品，電気・電子部品，医療機器などの軽負荷しゅう動部品に多用されていてトライボロジーにとっても不可欠な材料である。

　本章では，次章以降の各論の理解を深めるための高分子トライボ材料の基礎概論について述べる。

2　高分子の種類と諸特性

　高分子には熱硬化性樹脂と熱可塑性樹脂とがあり，熱硬化性樹脂にはフェノール樹脂，ポリイミド樹脂（熱可塑性もある），不飽和ポリエステル樹脂，エポキシ樹脂など，熱可塑性樹脂にはポリアセタール（ポリオキシメチレン，POM），ポリアミド（ナイロン）樹脂，ポリエーテルエーテルケトン（PEEK），ポリフェニレンサルファイド（PPS），ポリエチレン，塩化ビニル樹脂，ABS樹脂，フッ素樹脂などがある。これらのうち，しゅう動材としてフェノール樹脂，ポリアセタール，ポリアミド樹脂，ポリエチレンなどが，固体潤滑剤としてフッ素樹脂（ポリテトラフルオロエチレン，PTFE）などが汎用されている。また耐熱性樹脂にはPEEK，PPS，PTFE，ポリアミドイミド（PAI），ポリイミドなどがある。これらの高分子材料の代表的な性質を金属材料や無機材料（特にセラミックスと炭素系）と比較すると，表1のようになる。

---

[*]　Seiichiro Hironaka　㈱ヒロプランニング・ヒロテクノ研究所　所長

表1 高分子材料と他材料との特性の比較

材料	高分子材料	金属材料	無機材料	
			セラミックス系	炭素系
密度	小さい	大きい	中程度	小さい
硬さ	軟らかい	中程度	硬い	硬い
融点	低い	中程度	高い	高い
結合状態	共有結合	金属結合	イオン結合, 共有結合	共有結合
熱伝導	低い	高い	高い	低い
熱膨張	大きい	大きい	小さい	小さい
機械的強さ	弱い	強い	強い	中程度
破壊挙動	延性	延性	脆性	脆性
耐水性	高い*	低い	高い	高い
耐油性	低い	高い	高い	高い
耐酸性	中程度	低い	高い	高い

＊：吸水性のポリアミドは注意，水溶性のポリビニルアルコールなどは除く。

表2 トライボ材料としての高分子材料の優位点と課題点

物 性	優位点	課題点
密度：小さい	・軽量化。（省エネルギー）	・流体抵抗や表面張力の影響
硬さ：低い（軟質）	・加工性に優れる。 （複雑形状化, 小型化に有利）	・変形しやすい。 ・負荷能力が低い。 ・摩耗しやすい。
融点：低い	・加工に有利。	・耐熱性が低い。 （高温使用が不可）
熱伝導率：小さい	・保温性がある。	・摩擦熱の蓄積と変形。
熱膨張率：大きい	―	・変形しやすい。 ・寸法精度の維持。 （高温使用が不可）
破壊強度：小さい	・延性。	・変形しやすい。
機械的強度：低い	―	・摩耗しやすい。 ・負荷能力が低い。
自己潤滑性：有る	・摩擦係数が小さい。 ・無潤滑で使用可。	・摩耗が大きい。 ・より良い摩擦特性を得るには固体潤滑剤添加で複合材化。
耐水性：高い	・水系環境下で使用可。	・ポリアミドなどは注意。
耐油性：低い	―	・油系環境下で要注意。
耐酸性：中程度	・水系環境下で使用可。	・腐食環境下で要注意。

3 高分子のトライボ材料としての優位点と課題点

　トライボロジーの観点から高分子材料を金属や無機（セラミックスや炭素）材料と比較すると一長一短がある。利点としては軽量（低密度）であり，軟質であるために複雑な成形加工や小型

第1章 高分子材料のトライボロジー概論

化加工がしやすく,しかも無潤滑でも比較的低摩擦係数でしゅう動部材に使い得る自己潤滑性を有するものが多い。その反面,有機物であるために耐熱性や耐酸化性が低く,軟質であるがために機械的強度は低く,耐摩耗性に課題を残す。トライボ材料としての高分子材料の優位点と課題点をまとめると,表2のようになる[1]。この表を参考にして高分子材料のトライボロジー用途の適用性を判断することが肝要である。

　課題点を解決する方法には,
(1) 分子構造の検討による改質(例えば,汎用のポリアミド6や66からより耐熱性のポリアミド46やポリアミド9Tへ,通常のポリエチレンから高密度(HDPE)や超高分子量ポリエチレンへ(UHMWPE)など),またPEEK,PPSやPAIなどの耐熱性に優る新しい超エンプラの開発,
(2) 炭素繊維,ガラス繊維,アラミド繊維,金属繊維などと複合材料化して機械的強度や耐摩耗性を向上させる,
(3) 潤滑性の表面変質層の形成やDLCコーティングなどによる表面改質,
(4) PTFE,MoS_2,グラファイトなどの固体潤滑剤を添加して摩擦摩耗特性を向上させる,
(5) 実用出来る適正な条件を見つける,
(6) 可能であれば金属材料やセラミックス材料に交換する,
などがある。

4　トライボロジー特性

4.1　すべり摩擦と摩擦プロセス

　摩擦には"すべり摩擦"と"転がり摩擦"があり,高分子しゅう動部材では歯車などの転がり摩擦を除いて,対象となる摩擦はすべり摩擦が多い。通常の乾燥接触状態のすべり摩擦ではアモントン(Amonton)‐クーロン(Coulomb)の法則の巨視的な法則が適用される。

　この法則はすべり合う固体間に働く摩擦力が垂直荷重に比例し,見かけの接触面積に無関係であると云う経験則である。この場合の比例定数が摩擦係数となる。しかし固体表面は完全な平滑面ではなく,表面粗さを有しているので微小凸部同士の接触を考慮しなくてはならない。特に高分子材料は金属やセラミックスより軟質であるために,同じ荷重でも変形は大きく,無視出来ないことがある。

　クラゲルスキー(Kragelski)は微視的観点から,巨視的な摩擦力(F_F)を次式で示している。

$$F_F = \Sigma F_1 + \Sigma F_2 + \Sigma F_3 + \Sigma F_4$$

ここで,F_1:材料の弾性変位による抵抗,
　　　　F_2:材料の塑性変位による抵抗,
　　　　F_3:硬い材料による軟らかい材料表面を掘り起こすために起こる抵抗,
　　　　F_4:材料同士の凝着部のせん断による抵抗。

高分子材料は荷重条件によっては，金属やセラミックスと比較してF_1成分の効果が大きく，Amonton-Coulombの法則に従わず，摩擦係数は荷重の増加とともに減少する[2~4]。一般には材料の変形が塑性的であると，摩擦力は荷重に比例するが，弾性的であると2/3乗に比例することが知られており，高分子では2/3と1との中間にあり，摩擦係数は一定でなく荷重の増加とともに減少する。また高分子材料の摩擦相手材が硬く粗い金属やセラミックスであると，F_3成分が支配的になることがある。

Kragelskiの式に対応するすべり摩擦のプロセスを図示すると，図1のようになる[5]。

一般には，固体同士のすべり摩擦は摩擦面の大小様々な微小凸部同士の接触の形成と変形と分離の繰り返しで起こる。第1段階では表面凸部の①弾性変形と②塑性変形，③掘り起こしが，第2段階で凸部同士の凝着結合（ジャンクション），そして第3段階で④ジャンクションのせん断と弾性回復が起こる。

また高分子材料を平滑な鋼表面とすべり摩擦させた場合に，そのすべりの形態は次の6つに大別され，①表面流動型，②ロール形成型，③界面すべり型，④軟化溶融型，⑤熱分解型，そして⑥局部破断型があり[6]，これらの摩擦形態は，高分子の種類や熱的性質，荷重やすべり速度，温度，連続摩擦か間欠摩擦などの条件によって大きく異なる。

4.2 摩耗の形態

しゅう動部材としてのトライボ材料は高分子に限らず摩擦に伴って必ず摩耗する。高分子の摩耗は，高分子自身の種類や性質，摩擦相手材の種類，表面粗さや硬さなどの性質，摩擦環境，潤滑の有無，運動のタイプ，および荷重，摩擦速度や温度などの摩擦条件によって種々の摩擦形態を示す。高分子トライボ材料の摩耗形態は主に次の3つに分類される。

(1) 凝着摩耗（Abrasive wear），（図2）
- 2つの摩擦表面の微小凸部同士の凝着部分が摩擦によってせん断され，引き千切られて起こる，

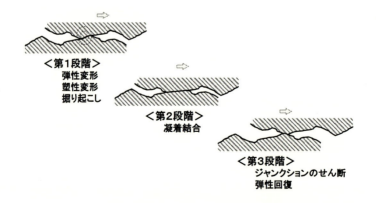

図1　摩擦プロセスにおける各段階

第1章　高分子材料のトライボロジー概論

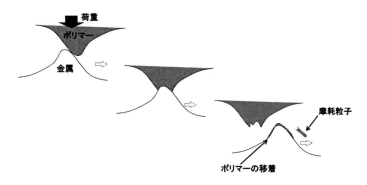

図2　凝着摩耗

- すべり摩擦においては少なからず起こる,
- 無潤滑のすべり摩擦で起こる大部分の摩耗はこの摩耗の場合が多い,
- 高荷重の乾燥すべり摩擦では,摩耗の主因となることが多い。

(2) アブレシブ摩耗（Abrasive wear, 古くは，ざらつき摩耗）,（図3）
- 摩擦相手材が金属やセラミックスのように高分子より硬い場合に起こる,
- 硬い相手表面が高分子表面を削り取り去る摩耗である,
- 高分子同士の摩擦でも摩擦面間に硬い異物粒子が混入介在しても起こる,
- 強化繊維を充てんした複合材料で,繊維が欠損したり,脱落してこれらがアブレシブ作用することによって起こる。

(3) 疲労摩耗（Fatigue wear）,（図4）
- 摩擦表面の微小凸部が弾性変形して摩耗に耐えるが,繰り返しの摩擦力や垂直力（荷重）が作用すると,応力集中部にマイクロクラック（亀裂）が発生する,
- このマイクロクラックが内部へ伝ぱし,これらのマイクロクラックが合体して,摩耗粒子となって表面から脱落して摩耗が起こる。

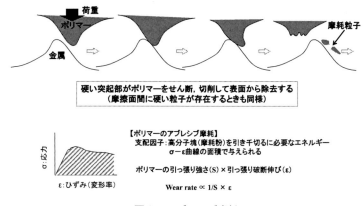

図3　アブレシブ摩耗

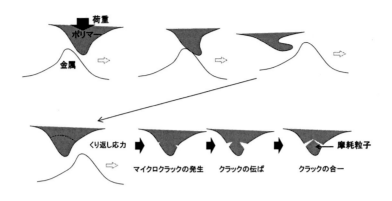

図4　疲労摩耗

アブレシブ摩耗を支配するパラメーターは高分子の摩耗粒子を引き千切るに必要なエネルギーである。図5に示すように[7]，摩耗量は主として引張り破断強さ（S）とその時の伸び（τ）の積，すなわち破断に要するエネルギーの逆数に比例する。また高分子複合材料においても同じような傾向が得られている。例えば，図6に示すような種々の無機質を充てんしたポリアミド46複合材料の摩耗もアブレシブ摩耗が支配的であると云える[8]。

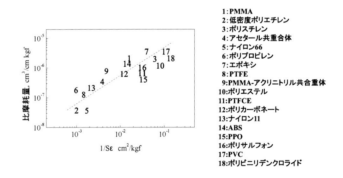

図5　粗い鋼面（1.2μmRa）上で摩擦させたときの比摩耗量と $1/S\varepsilon$ との関係

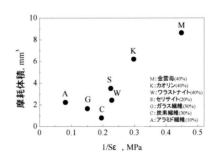

図6　ナイロン46複合材の摩耗体積と $1/S\varepsilon$ との関係

これらの摩耗を判別する方法の一つに摩擦表面のモルホロジーの検討があり，次のような顕微鏡観察から判断し得る。
(1) 先ず摩耗部分の全体の観察で，摩耗域の全体像を把握する。この場合の観察は光学顕微鏡で数10～数100倍程度の低倍率で良い。
(2) 次に，部分的に拡大して観察する。例えば，摩耗部の中央部，摩耗部と未摩耗部との境界域，摩擦の入口部と出口部をそれぞれ観察する。この場合の観察は走査電子顕微鏡（Scanning electron microscope, SEM）などの電子顕微鏡で数1000～10000倍程度の高倍率で観察する。ほとんどの場合，凝着摩耗か，アブレシブ摩耗か，または疲労摩耗かを判定出来ることが多い。

一方，摩擦表面の透過電子顕微鏡（Transmission electron microscope, TEM）から高分子摩擦表面層の分子配向まで検討し得る[9～13]。一例として荷重，すべり速度が同じでも，空気中と水中でUHMWPEと鋼球を摩擦させた時の摩擦表面の分子物性的な相違を紹介する[5]。摩擦表面の極薄層をカーボンレプリカ法により剥ぎ取り，そのTEM像と電子線回折からの赤道線上の回折強度曲線を検討して，空気中と水中の摩擦表面層の分子軸の配向が全く異なる結果が得られている。

4.3 高分子複合材料の摩擦摩耗
(1) 複合材料化の目的

トライボロジーの観点からの高分子材料の複合材料化は，用途に対応して母材高分子へ強化繊維の充てんや固体潤滑剤が添加されるが，その目的を整理すると次のようになる。

①摩擦特性の向上 ⇒ 固体潤滑剤の添加，
②耐摩耗性の向上 ⇒ 固体潤滑剤の添加と強化繊維の充てん，
③限界PV値の増大 ⇒ 固体潤滑剤の添加，
④機械的強度の増大 ⇒ 強化繊維の充てん，
⑤①～④の達成による用途の拡大。

複合材料化に適用される主な固体潤滑剤として，MoS_2，WS_2，グラファイト，PTFEなど，強化材としてはガラス繊維，炭素繊維，アラミド繊維，金属繊維などの強化繊維が適用される。

一例として，フェノール樹脂（PF）の摩擦摩耗特性の向上のためにグラファイト（Gr）を，耐摩耗性と機械的強度の向上のためにガラス繊維（GF）を加えたフェノール樹脂複合材料の結果を示す（図7，図8）[14]。Grのみの添加では摩擦摩耗特性は著しく向上するが，機械的強度はかなり低下する。またGFの充てんのみでは機械的強度は増大するが，摩擦摩耗特性はほとんど向上しない。しかしGr/Gf/PF系の複合材料では摩擦摩耗特性および機械的強度のいずれも向上している。

また複合材料の物性に関与する影響因子を上げると，次のようになる。
①高分子自身の種類とその分子構造および物性，

高分子トライボロジーの制御と応用

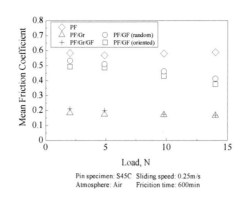

図7 フェノール樹脂およびその複合材料のS45C鋼に対する摩擦係数の荷重依存性

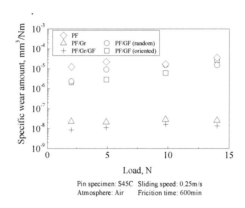

図8 フェノール樹脂およびその複合材料のS45C鋼に対する比摩耗量の荷重依存性

②適用される固体潤滑剤と強化繊維,
- 種類,分散性(固体潤滑剤),配向性(強化繊維),
- 大きさ(直径,長さ,アスペクト比),
- 粒径,硬さ,密度,
- 添加量(充てん量),
- 単独または組合せ添加,複数添加の場合はその組成比,

③母材と固体潤滑剤や強化繊維との親和性,
- 種類(無機系または有機系,混合系),
- 熱および酸化安定性,
- 表面処理剤(有無,種類,量) ⇒ 界面強度の向上。

(2)複合材料の摩耗プロセス

一般の高分子トライボ材料の用途では,固体潤滑剤の添加や強化繊維の充てんによって摩擦摩耗特性や機械的強度が向上されるが,強化繊維は硬いものが多く,これらの摩耗粒子や脱落片がアブレシブ作用をして予想外のトラブルへ進展することがあるので注意を要する。

高分子複合材料の摩耗プロセスでは，次のような摩耗が起こっている。
①高分子母材そのものの摩耗，
②充てんした強化繊維の摩耗，
③強化繊維の折損，
④強化繊維や固体潤滑剤粒子の母材からの脱落，
⑤強化繊維の摩耗粒子，折損片，脱落片によるアブレシブ作用による摩耗，
などの①〜⑤の繰り返しで摩耗は進行する。③〜⑤は摩擦相手面へのアブレシブ作用も起こし，③，④を制御するには強化繊維や固体潤滑剤の表面処理による母材高分子との界面強度を増大することが大切である。

4.4 限界 PV 値と使用限界温度

高分子材料を広範囲のトライボロジー用途に適用するためには，有機物質のために軟質で耐荷重能に，また耐熱性・耐酸化性に大きな課題点がある。耐荷重能の評価の基準に限界 PV 値があり（P は接触圧，V はすべり速度，曲線上の P と V の積），PV 曲線から高分子トライボ材料の実用を判断することが肝要である。一例として，図9にポリアミド66，ポリアミド46およびポリアセタールの PV 曲線を示す[15]。曲線の下側の P または V で実用することが一つの目安となる。高荷重や高摩擦速度の厳しい条件での実用では，適用する高分子の限界 PV 値を把握することが望ましい。

図10[16]は種々の高分子トライボ材料の連続使用限界温度と材料価格の関係を示す。しゅう動材料として汎用される低価格のポリアセタール，ポリアミド，ポリエチレンに比べてポリエーテルエーテルケトンやポリアミドイミドなどのスーパーエンプラは300℃近くまで使用出来得るが，価格とのバランスの課題点がある。

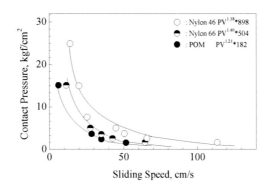

図9　ポリアミドおよびポリアセタール（POM）の PV 曲線

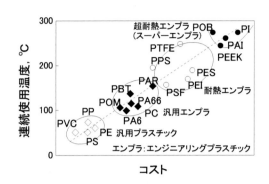

図10 高分子材料の耐熱性（連続使用温度と価格）

5 実用上の留意点

最後に多くの研究例と実用例を参考にして，高分子トライボ材料の実用上の留意点を上げると，次のようになる．

①使用する高分子材料の性質をよく把握する，
- 特に，ガラス転移温度，融点，熱変形温度などの熱的性質を知る，
- 引張り強さ，引張り破断伸び，曲げ強さなどの機械的強度を知る，

②使用条件をよく把握する，
- 高温，高負荷，高すべり速度では使用限界がある，
- 同上の条件での長時間使用は避ける，
- 連続摩擦より間欠摩擦側へ使用する方がよい，

例えば，ピンとディスクの摩擦システムであれば，間欠摩擦側のディスクへの適用が望ましい．

③可能であれば，固体潤滑剤や強化繊維との複合材料を有効活用する，
- 複合材料の使用でも連続摩擦よりも間欠摩擦側への使用が有効である，
- 泣き音発生の防止には，間欠摩擦側への使用が有効である，また面接触タイプの摩擦には片当たりや摩擦面の部分汚れに注意する，

④水系の摩擦環境では下記の点に注意する，
- ポリアミド系では摩耗が大きい場合がある，
- PTFE複合材料では摩耗が大きい場合がある，

いずれの場合でも強化繊維の脱落に注意を要する．

第1章 高分子材料のトライボロジー概論

以上,高分子材料のトライボロジー概論を述べたが,その他に文献[17〜20]を参照して頂くことと,詳しくは第2章以降の各論を参考にして欲しい。

文　　献

1) 広中清一郎, 成形加工, **25**, 58 (2013)
2) 田中久一郎, 摩擦のおはなし, 日本規格協会, p129 (1985)
3) 広中清一郎, 甲本忠史, 中村好雄, 田辺隆喜, 石油学会誌, **36**, 215 (1993)
4) 岩井邦昭, 林　成亮, 川上正義, 広中清一郎, 材料技術, **24**, 215 (2006)
5) 桜井俊男, 広中清一郎, トライボロジー, 共立出版, p13 (1984)
6) 渡辺　真, 笠原又一, 関口　勇, 広中清一郎, 高分子トライボマテリアル, 共立出版, p19 (1990)
7) J. K. Lancaster, *British J. Appl. Phys.* (*J. Phys. D.*), Ser.2, 543 (1968)
8) 森川明彦, 土川秀治, 松坂邦男, 広中清一郎, トライボロジー会議予稿集, 盛岡, p161 (1992-10)
9) S. Hironaka, T. Komoto & Y. Nakamura, *J. Japan Petrol. Inst.*, **34**, 75 (1991)
10) 広中清一郎, 甲本忠史, 中村好雄, 石油学会誌, **36**, 463 (1993)
11) 甲本忠史, 広中清一郎, 潤滑, **32**, 463 (1987)
12) 広中清一郎, 表面, **33**, 35 (1995)
13) 広中清一郎, 甲本忠史, 中村好雄, 田辺隆喜, 石油学会誌, **36**, 204 (1993)
14) 広中清一郎, 岩井邦昭, 川上正義, 材料技術, **24**, 198 (2006)
15) 広中清一郎, 甲本忠史, 田辺隆喜, 土川秀治, 石油学会誌, **36**, 322 (1993)
16) 六川眞佐行, 潤滑経済, 2月号, 24 (1994)
17) 広中清一郎, トライボロジスト, **53**, 712 (2008)
18) 広中清一郎, 固体潤滑シンポジウム2007予稿集, p35 (2007)
19) 広中清一郎, 第10回固体潤滑シンポジウム予稿集, p17 (2014)
20) 広中清一郎, 摩擦と摩耗の基本と仕組み, 秀和システム (2010)

第2章 プラスチックのトライボロジー

西谷要介[*]

1 はじめに

プラスチックは機械，装置，自動車などの工業分野をはじめ，容器・包装の日常生活用途，また携帯電話・家電・OA機器などの電気電子用途，さらには宇宙・航空分野などの先端分野等に幅広く使用されており，今後も様々な展開が期待されている材料である。これはプラスチックが軽量で，比強度が高く，成形加工性の簡便さや，設計の自由度が高いことはもちろんのこと，またガラス繊維（GF）や炭素繊維（CF）などを充填するだけでも比較的簡単に物性を改良することができるためである。しかしながら，プラスチックの特徴を十分理解しないまま使用し，材料選択や使用方法を誤り，性能や機能を正しく発揮できていないことも多く見受けられる。したがって，高分子材料の基礎知識や特性などを十分習得して，最適な材料を選択し，使用方法や改質法などを理解した上で，消費エネルギー低減化や長寿命化などにつながるトライボロジー的性質の向上を図ることはとても重要なことである。

本章では，プラスチックの特徴を述べた後，すべり摩擦を中心としたプラスチックの摩擦特性や摩耗特性，またそれらトライボロジー的性質に及ぼす諸因子の影響，さらにはプラスチック系トライボマテリアルの特徴などについて解説する。

2 プラスチックの特徴

プラスチックは金属や無機材料などの他の材料と比較して様々な特徴を有している[1~3]。プラスチックの長所としては，密度が小さく（軽量性），比強度も高く，また化学的安定性や設計の自由度も高く，さらには成形加工性が良く大量生産に向いていること，そして自己潤滑性を有することなどが挙げられる。一方，欠点としては機械的性質や耐熱性が低く，また熱膨張も大きく，クリープ（or 応力緩和）が起こりやすいなどが挙げられる。このようなプラスチックには，現在市販されているものでも数多くの種類が存在している。そのため，熱可塑性プラスチックと熱硬化性プラスチック，結晶性プラスチックと非晶性プラスチック，汎用プラスチックとエンジニアリングプラスチック（エンプラ），芳香族プラスチックと脂肪族プラスチックなどのように，2種類ずつ対比して整理すると，各材料が有する特徴や物性を理解しやすい[1]ので，プラスチックや高分子材料に関する成書[1,3~8]などを参考にして自分で整理して頂きたい。表1に工業的に

---

[*] Yosuke Nishitani　工学院大学　工学部　機械工学科　准教授

第2章 プラスチックのトライボロジー

表1 代表的な熱可塑性プラスチックの分類

	略称	材料名	結晶性※	融点 T_m(℃)	ガラス転移点 T_g(℃)	比重	主な用途
汎用プラスチック	LDPE	低密度ポリエチレン	◎	108-122	-120	0.92	フィルム、ラミネート、テープ
	HDPE	高密度ポリエチレン	◎	127-134	-120	0.96	パイプ、テープ・ロープ・漁網
	PP	ポリプロピレン	◎	125-170	-10	0.91	自動車部品、台所用品、フィルム、繊維
	PVC	ポリ塩化ビニール	◎	212	87	1.4	壁、床材、パイプ、電線被覆
	PS	ポリスチレン			100	1.09	台所用品、レジャー用品、OA機器
エンジニアリングプラスチック	PA	ポリアミド					
	PA6	ポリアミド6	◎	225	40	1.14	繊維、歯車、自動車部品
	PA66	ポリアミド66	◎	268	50	1.14	繊維、成形品、電線被覆、キャスター
	PA12	ポリアミド12	◎	175	40	1.02	機械、精密機器、スポーツ用品
	PA46	ポリアミド46	◎	295	78	1.18	自動車部品、電子部品、ベアリング
	PAMXD6	ポリアミドMXD6	◎	243	75	1.22	電気・電子部品、自動車部品、精密機械
	PA6T	ポリアミド6T	◎	310	125	1.3	電気・電子部品、自動車部品
	PA9T	ポリアミド9T	◎	300	125	1.14	電気・電子部品、自動車部品
	PBT	ポリブチレンテレフタレート	◎	227	37	1.31	電気・電子部品、繊維、自動車部品
	PC	ポリカーボネート			150	1.2	光学部品、コンパクトディスク
	POM	ポリアセタール	◎	175	-50	1.42	歯車、ベアリング、自動車部品、OA機器
	mPPE	変性ポリフェニレンエーテル			-	1.06	OA機器、電気、電子部品、精密機器
	PET	ポリエチレンテレフタレート	◎	263	69		繊維、フィルム、ボトル
スーパーエンジニアリングプラスチック	PPS	ポリフェニレンスルフィド	◎	285	90	1.35	電気・電子部品、家電部品、自動車部品
	PEI	ポリエーテルイミド			217	1.27	電気・電子部品、OA機器、自動車部品
	PES	ポリエーテルスルフォン			225	1.37	電気・電子部品、OA機器、耐熱水性用途
	PEEK	ポリエーテルエーテルケトン	◎	343	143	1.3	宇宙・航空、しゅう動部品、半導体
	PAI	ポリアミドイミド			285	1.42	電気・電子部品、自動車部品、精密機械
	PTFE	ポリテトラフルオロエチレン	◎	327	-33	2.14	しゅう動部品、撥水材、離型材、充填材

※ ◎：結晶性プラスチック、無印：非晶性プラスチック

用いられている熱可塑性プラスチックの分類を示す[3〜9]。その中でも，機械しゅう動部材（トライボマテリアル）として魅力が高いのは，熱可塑性かつ結晶性プラスチックのうち，エンジニアリングプラスチック（エンプラ）やスーパーエンジニアリングプラスチック（スーパーエンプラ）に分類される材料である。エンプラの定義としては引張り強度 50 MPa 以上，曲げ弾性率 2.4 GPa 以上および長時間の耐熱性が 100℃以上であり，衝撃・疲労・クリープ・摩擦摩耗特性などに優れた材料である[5,10]。スーパーエンプラはエンプラよりも耐熱性に優れた材料であり，長期間の耐熱性が 150℃以上と定義されている。ただし，スーパーエンプラはエンプラ，特にポリアミド（PA），ポリブチレンテレフタレート（PBT），ポリアセタール（POM）などの 5 大エンプラに比べて 10 倍以上高価でありコスト面に問題がある。

プラスチックの物性が他の材料と異なる理由としては，プラスチックが有する分子の形態的特徴が異なっているためである[3]。プラスチック（高分子材料）にとっての最大の特徴は，緩和時間（Relaxation Time，簡単に言えば分子が動く時間）に広い幅があること，および大きな異方性（Anisotropy）があることである。プラスチックは一般に融点 T_m もしくはガラス転移温度 T_g 以上で流動性を示すものの，固体状態であっても通常はかなり大きな原子団が自由に動き，逆に液体状態（ゴム状態）でも分子鎖全体の動きがごく遅いために大きな粘弾性を示す。この結果，一般に広い温度範囲で液体と固体の中間的な性質を示すので，他材料と比較して特徴的な異なる物性を示す。図 1 に動的粘弾性測定によって得られた貯蔵弾性率 G' と損失正接 $\tan\delta$ の温度分散を示す[11]。詳細は省略するが，G' および $\tan\delta$ とも，結晶性と非晶性高分子材料では異なる挙動を示す。ちなみに，T_g は両者に存在するものの，T_m は結晶性高分子材料にしか存在していないことも確認できる。プラスチックをはじめとした高分子材料を実際に使用する場合には，実使用域がどの温度であり，その温度でどのような状態であるかを正しく把握することが，各種物性を詳しく理解するためには必要である。また，プラスチックは，同一材料であっても，分子構造や分子鎖形状などの 1 次構造や 2 次構造の違いにより異なる性能を示す。つまり，分子構造

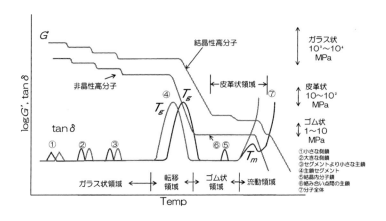

図 1　貯蔵弾性率および損失正接の温度分散[11]

に起因する材料固有の特性，また直鎖状か分岐状かといった分子の形や長さ，分布などに起因する特性があることを理解する必要がある。さらに，結晶構造や配向（分子・充填材）を含めた高次構造については，成形加工（成形加工法や成形条件の違い）による影響を強く受けるので，使用する材料がどのように成形され，どのような構造を有する材料なのかを把握することは，何よりも大切なことである。

3　プラスチックの摩擦特性

プラスチック（高分子材料）の摩擦[2, 6, 10, 12〜24]は，乾燥摩擦下のすべり摩擦で使用されることが多い。すべり摩擦において，比較的汚れの少ない固体表面に対して成立するAmontons-Coulombの法則として知られる経験則がある[6, 25〜27]。

(1) 摩擦力はすべり面のみかけ面積に無関係であること
(2) 摩擦力は荷重に比例して増加すること
(3) 動摩擦は静摩擦より小さく，かつすべり速度にほぼ無関係で一定であること

ただし，このAmontons-Coulombの法則は，あくまで経験則（実験則）であって，成立可能な範囲は限定されたものである。プラスチックをはじめとした高分子材料では成立しない場合が多く，変形において粘弾性的性質を示すこともあるため，特に動摩擦力の方が静摩擦よりも高い場合があることに注意する必要がある[25]。

プラスチックの摩擦メカニズム[2, 6, 10, 12〜24]は，基本的には金属材料と同様に凝着説に基づいて考えられる。すなわち，凝着による項および変形や掘り起こしによる項などから成り立っていると考えられるが，相手が比較的平滑な面をすべる場合には，凝着による項が顕著に現れ，真実接触面積が重要になる。摩擦力Fは凝着結合を引きはがすためのせん断力（F_a），また，すべり方向前面での接触面積における掘り起こしとすべりにおいて機械的エネルギーの損失に伴う変形による抵抗力（F_d）および弾性ヒステリシス損失（F_h）の3つからなると考えられており，摩擦力Fおよび摩擦係数μは次のように表すことができる。

$$F = F_a + F_d + F_h \tag{式1}$$
$$\mu = F/N = \mu_a + \mu_d + \mu_h \tag{式2}$$

ここで，Nは垂直荷重である。各成分の定量的な値を求めるのは難しいが，μ_d（掘り起こしによる摩擦係数）は0.05程度，μ_h（弾性ヒステリシス損失による摩擦係数）は0.015以下（ゴムでは0.15以下）程度であることが知られており，したがってμ_a（凝着部のせん断による摩擦係数）が支配的であることがわかる。プラスチックが有する性質で金属と大きく異なる点は，かたさに相当するみかけの弾性率が非常に小さいこと，変形が塑性的ではなく弾性的あるいは粘弾性的であることが挙げられる。これらは摩擦係数の荷重依存性，速度依存性および温度依存性などに大きく影響を与える。図2にポリアミド6（PA6）と鋼間のすべり摩擦における摩擦係数の

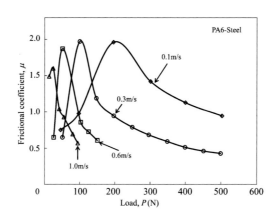

図2　PA6の摩擦係数と荷重依存性[28]

荷重依存性を示す[6,28]。ただし，スラスト型すべり摩耗試験機を用いた結果であり，以下本章では特に説明のない場合は同試験法を用いて評価した結果である。荷重に対して摩擦係数はピークが存在する傾向を示し，そのピークはすべり速度の増加に伴い低荷重側にシフトする。これは摩擦熱による温度上昇によってポリアミドの結晶が融解してゴム状態へ変化するためであり，その転移が各ピークに相当すると考えられている。ちなみに，これらのピークはおよそ $pv = 15 \times 10^{-2}$ MPa・m/s において生じている。このような摩擦係数の荷重依存性においてピークを示す傾向は，ポリブチレンテレフタレート（PBT）などの他の結晶性プラスチックにおいても報告されている挙動である[29]。図3にPA6と鋼間のすべり摩擦における摩擦係数とすべり速度の関係を示す[6,30]。図2の荷重依存性と同様に，摩擦係数は速度に対してピークを有する挙動を示す。なお，図3中に示す温度は試験片表面温度の結果であり，すべり摩擦で発生した摩擦熱による温度上昇を示している。図4にPA6と鋼間のすべり摩擦における摩擦係数と温度の関係を示す[6,28]。ただし，測定条件は図2のピーク発生時の測定条件（pv値）よりもはるかに小さい $pv = 1.25$

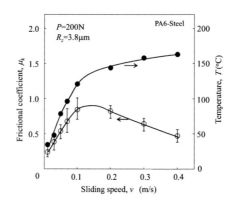

図3　PA6の摩擦係数とすべり速度の関係[30]

第 2 章　プラスチックのトライボロジー

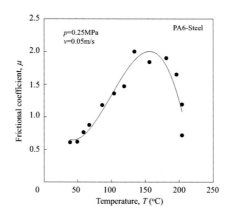

図 4　PA6 の摩擦係数と温度の関係[28]

$\times 10^{-2}$ MPa・m/s（$p = 0.25$ MPa，$v = 0.05$ m/s）で測定した結果である。PA6 の摩擦係数は温度に対してもピークを有する依存性を示す。これはある程度の条件（温度や荷重など）までは結晶性樹脂の挙動を保つが，PA6 の T_g が 50℃程度に存在するため，それ以上の温度では非晶部がゴム状に変化するため，次第にゴム的挙動が支配的になり高い摩擦係数を示し，さらに温度が上昇すると融点（結晶融解）に近づくためと考えられる。ちなみに，高分子材料の摩擦の特徴は非晶性材料（特にゴム）の場合に非常に顕著に現れ，動的粘弾性などと同様に速度および温度依存性の間に換算則（WLF 式：Williams-Landel-Ferry equation）[31]が成り立ち，低速下で様々な温度で摩擦係数を測定することにより，ある基準温度における 1 本の合成曲線を得ることが可能となる[13, 15, 32]。

4　プラスチックの摩耗特性

摩耗は，摩擦によって表面が逐次減量することと定義でき，表面形状の体積変化を表している。摩耗では図 5 に示す摩耗進行曲線（摩耗量 V とすべり距離 L（もしくはすべり時間 t），いわゆる V-L 曲線）を把握することが基本となる[12, 27]。V-L 曲線は様々な挙動を示すものの，図 5 に示すような A～C の曲線を示すことが多い。一般的には A 型の曲線を示し，摩擦初期では摩耗が比較的大きく進行する初期摩耗，その後変曲点（摩耗遷移）をとり，比較的摩耗が小さく安定する定常摩耗に分けられる。プラスチックをはじめとした高分子材料においても A 型の挙動を示すことが多いものの，金属材料などの他の材料に比べて，初期摩耗領域が短いことが多い。一方，材料や雰囲気環境が変化すると，B 型や C 型の曲線を示すことがある。B 型は摩耗量がすべり距離に対して単調に比例し，C 型は摩擦初期では摩耗が比較的少ないものの，ある程度進行すると急激に摩耗量が上昇するものである。PTFE の真空下での摩耗において，B 型や C 型を示すことが報告されている[12]。なお，この V-L 曲線の傾きが摩耗率（Wear rate，単位は

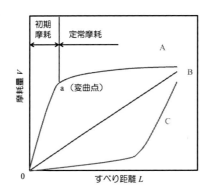

図5 摩耗量とすべり距離の関係[12]

mm³/m）であり，ここに荷重 P を導入して，単位すべり距離および単位荷重あたりの摩耗量として比摩耗率 K もしくは V_s（Specific wear rate，単位は mm³/Nm）が摩耗の評価に用いられている。この比摩耗量という値は，荷重や材料の組み合わせが異なる場合でも，摩耗の定量評価に利用でき，材料の耐摩耗性を示す目安として利用されている。ちなみに，一般に比摩耗量が 10^{-6} mm³/Nm 以下である場合に耐摩耗性に優れるとされている[27]。

金属の摩耗メカニズムとしては，次に示す凝着摩耗，アブレッシブ摩耗，疲労摩耗および化学摩耗（腐食摩耗）などが考えられる[25～27]。

(1) 凝着摩耗：真実接触部の凝着による結合が破壊することによる摩耗
(2) アブレッシブ摩耗：硬い材料表面の微小突起が軟らかい材料表面を削りとっていく摩耗
(3) 疲労摩耗：繰り返しによる疲労で生じる摩耗
(4) 化学摩耗：摩擦部周辺の雰囲気などとの化学反応が破壊の支配的因子である摩耗

プラスチックをはじめとした高分子材料摩耗のメカニズム[2,6,10,12～24]を考えた場合，化学的に安定であること，また化学反応が生じるような状況ではバルク材料自体が侵されることも多く，化学摩耗はほとんど観察されず，凝着摩耗，アブレッシブ摩耗，および疲労摩耗の3つが主な摩耗形態となる。特にプラスチックのすべり摩耗においては，硬い鋼などの平面上をすべる場合は固体同士がくっついて千切ることに起因する凝着摩耗を主に生じ，砥粒の介在や研磨紙の場合では硬い粒子や突起部によって削ることに起因するアブレッシブ摩耗の2つが多く観察される。なお，摩耗においても，摩擦と同様に，機械的因子以上に物理化学的作用が重要であり，それによる変化は 100 ～ 10,000 倍を超える。

プラスチックが，硬い表面を有する鋼などをすべる場合，摩擦摩耗進行形態（図6）は，(a) 表面流動型，(b) ロール形成型，(c) 界面すべり型，(d) 軟化溶融型，(e) 熱分解型，(f) 局部破断型などに分類される[6,15]。(a) 表面流動型は，枝分かれの少ない分子構造を有するポリテトラフルオロエチレン（PTFE）や高密度ポリエチレン（HDPE），また分子間力の小さな材料などで観察され，局部的な凝着部分が摩擦によって流動し，薄片状の摩耗粉を生成しながらすべ

第 2 章 プラスチックのトライボロジー

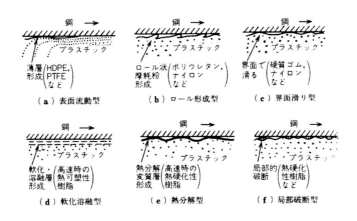

図 6 プラスチックのすべり形態モデル[15]

り，また分子間力の小さな材料では分子配向性のすべりやすい薄層が形成され，それが相手材に移着して潤滑機能を示すようになる。(b) ロール形成型は分子配向性が低く，分子間力が大きな材料，具体的にはポリウレタンや（やや高温時の）ポリアミドなどで認められ，先に述べたPTFE や HDPE より分子配向性が低く，流動が起こりにくいので接触部が引張られて切断しロール状摩耗粉を生じながらすべる。(c) 界面すべり型はやや硬い材料，例えば硬質ゴムやポリアミドなどで観察され，材料内部が切断されずに界面ですべる場合がある。(d) 軟化溶融型は熱可塑性樹脂の高速すべり時に観察され，摩擦熱発生により軟化溶融した層を介してすべる。この溶融層が薄い場合は一種の潤滑剤的役割を示すが，溶融層が厚い場合には外部へ溶出して激しく摩耗する。(e) 熱分解型は熱硬化性樹脂の高速すべり時に認められ，熱分解した層または熱分解生成物を介してすべりを生じる。この熱分解層および分解生成物が潤滑剤的役割を示す場合もある。(f) 局部破断型は熱硬化性樹脂の比較的脆い材料で認められ，熱分解に至らずに，接触部が局部的に微粉化しながら摩耗する。しかしながら，同一材料であっても，試験方法や条件，摩擦摩耗の進行に伴う温度変化などから，いくつかのメカニズムが順番に，また同時に現れるので，異なる挙動を示すことが多い。凝着摩耗では小さな摩耗粉やフィルムが相手材に移着し，それらが成長・脱落・再移着を繰り返すため複雑な現象を示すが，プラスチックでは一般的に，相手材表面に薄い移着膜（Transfer film）が形成されると，耐摩耗性が向上する。そのため，摩耗粉や相手材表面に形成させた移着膜を観察することが，プラスチックの摩耗メカニズムの解明には最も重要となる。なお，移着膜形成に関するメカニズムの詳細は他の文献[33,34]に詳しいので，ここでは省略する。また，ゴム・エラストマーの摩耗ではプラスチックの摩耗で認められる移着膜の形成などは発生せず，摩耗のメカニズムが基本的に異なることが知られている[17]。

プラスチックの摩耗特性においても，摩擦特性と同様に，荷重依存性，速度依存性および温度依存性などが現れる。図 7 に PA6 と鋼間のすべり摩擦における比摩耗量と荷重の関係を示す[6,30]。低荷重領域や高荷重領域において高い比摩耗量を示すが，$P = 200 \sim 800 \, \text{N}$ 間では比較的安定し

た値をとる"U"字型の荷重依存性を示す。これは試験荷重によりすべり摩耗のメカニズムが異なっていることを示唆しており、同じ材料であっても条件等で大きく耐摩耗性が変化することがわかる。図8にPA6と鋼間のすべり摩擦における比摩耗量とすべり速度の関係を示す[6,30]。すべ

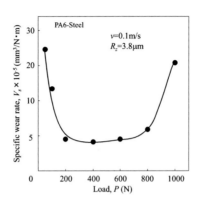

図7　PA6の比摩耗量と荷重の関係[30]

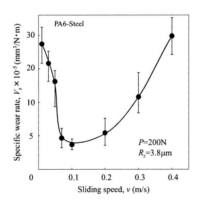

図8　PA6の比摩耗量とすべり速度の関係[30]

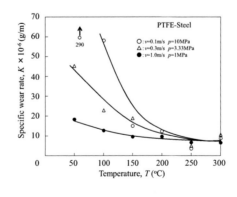

図9　PTFEの比摩耗量と温度の関係[6]

り速度依存性も，前述した荷重依存性と同様に，低速度領域と高速度領域が高く，その中間速度領域では低い値をとる"U"字型の挙動を示す。図9にPTFEと鋼間のすべり摩擦における比摩耗量と雰囲気温度の関係を示す[6,13]。ただし，$pv = 1$ MPa・m/s（一定）として速度および面圧を変化させて試験した結果である。どの試験条件においても，温度が高くなるにつれ比摩耗量は低下し，高温では一定の比摩耗量に収束している。

5 プラスチックのトライボロジー特性に及ぼす諸因子の影響

プラスチックのトライボロジー特性に及ぼす諸因子[2,6,10,12〜24]としては，材料そのものが有する特性だけでなく，試験方法（試験機や形状），運動状態，荷重，摩擦速度，摩擦距離，相手材，表面粗さ，雰囲気環境（温度，湿度，大気中，ガス中，液中など），潤滑（有無，種類）など，他材料のトライボロジー特性を論じる場合と同様に考慮しなければならい。特にプラスチックでは，材料固有の性質のみならず，分子量（その分布を含む），分子鎖構造や成形加工に起因する高次構造などが各種物性に及ぼす影響が強く，その結果，トライボロジー的性質にも大きく影響するので，特に注意する必要がある。またロット間のばらつきなどもあるため，材料や成形加工などの履歴を明確にしておくことがトライボロジー的性質を把握するためには重要となる。

プラスチックは金属材料等に比べて機械的性質（特にみかけの弾性率）が小さく，かつ粘弾性的性質を示し，しかもそれらの温度依存性が大きいので，荷重依存性を受け，速度や温度に対する依存性は，前述したように複雑な傾向を示す。ここでは，それ以外の代表的な諸因子が及ぼす影響について，典型的ないくつかの検討結果を挙げながら解説していく。一般に，分子構造が直鎖状の材料（PTFE，HDPE，超高分子量ポリエチレン（UHMWPE）など）では相手材表面にフィルム状の薄い移着膜が形成されて摩擦摩耗特性は向上するが，分岐がある材料（低密度ポリエチレン（LDPE），ポリプロピレン（PP）など）では薄い移着膜が得られにくく摩擦摩耗特性はよくない。図10にHDPEおよびLDPEのトライボロジー的性質として，摩擦係数とすべり距離の関係，平均摩擦係数，比摩耗量，およびHDPEとLDPEの分子構造のモデル図を示す。

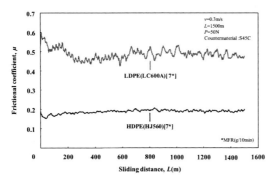

図10　各種ポリエチレンのトライボロジー的性質

LDPE では不安定で高い摩擦係数を示すのに対し，HDPE では低く安定した挙動を示し，また比摩耗量においても 2 桁以上異なり，分岐構造の少ない HDPE の方が優れている。また，分子量や結晶化度が高くなると摩擦は高くなる傾向を示すものの，弾性率やせん断強さなどの機械的性質が大きくなるので，耐摩耗性は向上する。図 11 に HDPE の摩擦係数と分子量の関係を示す[12,35]。ただし，試験方法は鈴木式（円筒端面間（相手材は鋼）のスラスト型連続すべり摩耗試験，$p = 0.57\,\mathrm{MPa}$，$v = 0.6\,\mathrm{m/s}$）と ISO 式（鋼製回転円筒表面上にプラスチック平板を置いた，いわゆるブロックオンリング式すべり摩耗試験，$p = 70\,\mathrm{N}$，$v = 0.6\,\mathrm{m/s}$）の 2 種類を用いた。試験方法の違いにより摩擦係数の絶対値は異なるものの，分子量の増加に伴い，摩擦係数は上昇する。図 12 に HDPE，図 13 にポリエチレンテレフタレート（PET）の摩擦係数と結晶化度の関係を示す[12]。HDPE および PET とも摩擦係数は結晶化度の増加に伴い単調に低下するものの，比摩耗量は材料別に異なる挙動を示し，HDPE では結晶化度が高くなるほど比摩耗量は低下するのに対し，PET では逆に結晶化度が高くなるほど比摩耗量は上昇する。なお，結晶性プラスチックの結晶構造などのモルフォロジーを制御することにより耐摩耗性の向上を検討した例なども報

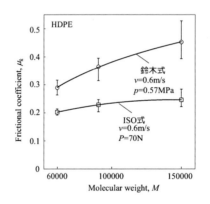

図 11　HDPE の摩擦係数と分子量の関係[35]

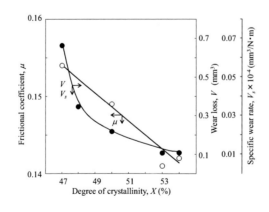

図 12　HDPE のトライボロジー的性質と結晶化度の関係[12]

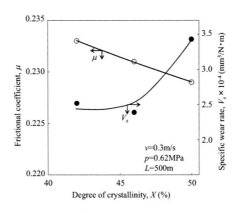

図13 PETのトライボロジー的性質と結晶化度の関係[12]

告されている[36]。図14に各種プラスチックの摩擦係数と相対湿度の関係を示す[12,37]。材料の種類により湿度の影響は異なり，吸水性の高いPA6では相対湿度の増加に伴い摩擦係数は上昇するものの，HDPEやPA12などでは相対湿度が変化しても摩擦係数は安定している。次に，液体環境の影響を述べる。プラスチックは自己潤滑性を示すため，無潤滑下で使用される場合が多いが，潤滑下で使用した場合の方が摩擦摩耗特性は明らかに向上することが多いため，必要に応じて潤滑剤，油およびグリース環境下で使用されることも多い。また耐食性があるため，水環境下のしゅう動部材として使用されることも多い。プラスチックをはじめとした高分子材料では，主として非晶部分が液体を吸収し，相互作用によってバルクの性質も変化する。材料によって機械的性質が変化し，また応力負荷状態でクラックやクレーズなどの破壊などが発生する場合もある。さらにはこれら以外にも相手面に対する移着膜の形成や付着性などにも影響を及ぼす[15]。図15にポリエーテルエーテルケトン（PEEK）およびポリフェニレンスルファイド（PPS）の摩擦係数，図16に同材料の比摩耗量に及ぼす水潤滑の影響を示す[38]。ただし，リングオンプレー

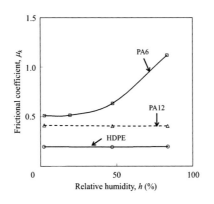

図14 摩擦係数と相対湿度の関係[12]

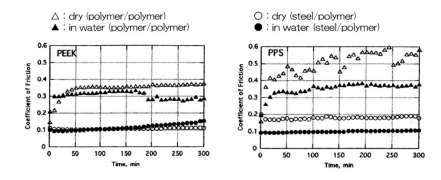

図15 PEEKおよびPPSの摩擦係数に及ぼす水潤滑の影響[38]

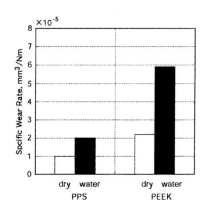

図16 PEEKおよびPPSの比摩耗量に及ぼす水潤滑の影響[38]

ト型すべり摩耗試験機（$p = 0.5\,\mathrm{MPa}$, $v = 0.012\,\mathrm{m/s}$）を用い，樹脂/樹脂間（△および○）またはクロムモリブデン鋼/樹脂間（▲および●）のすべり試験を，無潤滑下（△および▲）または水潤滑下（○および●）で検討した結果である。樹脂の種類，相手材の種類および潤滑条件によって摩擦係数とすべり距離の関係は異なり，また無潤滑下よりも水潤滑下において比摩耗量が増加し，特にPEEKでその傾向は大きい。これは水潤滑下において，PPSとPEEKでは相手材への付着性が異なること，またバルク材の物性が変化することに由来するためである。

6　プラスチック系トライボマテリアルとその特徴

これまでにも述べてきた通り，プラスチックは自己潤滑性に優れ，無潤滑下で使用できるため，極低温から200℃程度の温度範囲でトライボマテリアル（機械しゅう動部材）として多用されている[15,20,39]。100℃以下の比較的低い温度では，POMやPAなどのエンプラが用いられている。POMはトライボロジー特性や機械的性質，コストなどのバランスがとれた材料であり，最も一般的に使用されている材料である。POMよりも耐熱性や機械的性質が必要な箇所には，

第2章 プラスチックのトライボロジー

PAが多用されている。特にPAの場合，PA6，PA66，PA12，PA46など構造が異なる色々な種類が存在し，必要な性能や機能などを考慮して材料を選択する必要がある。また，芳香族系分子を導入して吸水性や耐熱性を改良させたPA6T，PA9Tなどの材料も開発され，従来のPAでは使用できない厳しい環境下でも使用されつつある。PTFEなどのフッ素樹脂，PEEKや熱可塑性PI（ポリイミド），PPS，LCP（液晶ポリマー）などのスーパーエンプラは100～250℃の範囲で利用されている。工業的にはPTFEやPPSなどの需要が多いが，優れた耐熱性，耐薬品性，アウトガス性やパーティクル性などを含む耐環境性を有するPEEKも，コストが高くかつ溶融粘度も高いという欠点があるにも関わらず，特殊分野をはじめとした製品への適用や研究が盛んに行われている。一方，PF（フェノール樹脂）や熱硬化性PIをはじめとした熱硬化性樹脂も，熱可塑性樹脂では代替できない性能を有するため，各種機械部品などに利用されている。また近年では，環境負荷低減のため，プラスチックにおいても，非石油由来材料，特に植物由来原料を用いたバイオマスプラスチックも実用化されはじめている。代表的なものとしてはポリ乳酸（PLA）などであるが，PLAは結晶化速度が遅く，機械的や熱的性質もあまり高くないため，トライボマテリアルとしては適していない。しかしながら，最近ではトウゴマ由来のひまし油を原料とした植物由来ポリアミド，具体的にはPA1010やPA11なども市販化され[40,41]，今後更なる検討が進み，次世代のトライボマテリアルとなることが高く期待されている[42～44]。

なお，これらのプラスチック系トライボマテリアルの一般的な特徴[6,15]としては，
 (1) 無給油で使用できること
 (2) 高荷重，低速，揺動など油膜の形成しにくい箇所でも使用できること
 (3) 音の発生が少ないこと
 (4) 他の部品と一体にして成形できる場合があること
 (5) 耐食性があり，水中や薬液中でも使用できること
 (6) 軽量であること
 (7) 真空中や極低温環境でも使用できること
一方，欠点をあげると，
 (1) 一般的に耐熱性が低く，許容pv値が低いこと
 (2) 高速でのしゅう動に弱いこと
 (3) 強度が一般的に低いこと
 (4) 精度が保てないこと
などである。しかし，これらはすべてのプラスチック系トライボマテリアルに当てはまるというわけではなく，材料によってかなり異なるので，使用目的や条件によって最適な材料を選択することが重要である。

7 おわりに

　本章では，プラスチックの特徴，すべり摩擦を中心にプラスチックの摩擦特性や摩耗特性，またそれらトライボロジー的性質に及ぼす諸因子の影響，さらにはプラスチック系トライボマテリアルの特徴について解説した。紙面の都合上偏った内容であり，また不勉強のため間違いなどがあるかもしれないのでご容赦頂きたい。なお，有用と考えられる参考文献などを多数挙げさせて頂いたので，是非参考にして頂きたい。今後，プラスチックの特徴をよく理解し，摩擦特性や摩耗特性などのトライボロジー的性質を積極的に制御した新しいプラスチック系トライボマテリアルが開発されることを期待している。

文　　献

1) ㈳プラスチック成形加工学会編, テキストシリーズプラスチック成形加工学Ⅰ「流す・形にする・固める」, 森北出版 (2011)
2) 広中清一郎, 成形加工, **25**, 58 (2013)
3) ㈳プラスチック成形加工学会編, テキストシリーズプラスチック成形加工学Ⅲ「成形加工におけるプラスチック材料」, 森北出版 (2011)
4) 大柳康, エンジニアリングプラスチック―その特性と成形加工―, 森北出版 (1985)
5) 旭化成アミダス㈱, プラスチック編集部編, プラスチックデータ, 工業調査会 (1999)
6) 山口章三郎編, 新版プラスチック材料選択のポイント第2版, 日本規格協会 (2003)
7) 鞠谷雄士, 竹村憲二監, ㈳プラスチック成形加工学会編, 図解プラスチック成形材料, 工業調査会 (2006)
8) 伊澤槙一, "高分子材料の基礎と応用" 内田老鶴圃 (2008)
9) 各社技術資料など
10) 岩井善郎, 宮島敏郎, 田上秀一, トライボロジスト, **57**, 4 (2011)
11) 濱田博晟, 太田靖彦, 樹脂加工技術なぜなぜ100問, 工業調査会 (2004)
12) 山口章三郎, プラスチック材料の潤滑性, 日刊工業新聞社 (1981)
13) 松原清, トライボロジー摩擦・摩耗・潤滑の科学と技術―, 産業図書 (1981)
14) K. Friedrich, Friction and Wear of Polymer Composites, Elsevier (1986)
15) 渡辺真, 関口勇, 笠原又一, 広中清一郎, 高分子トライボマテリアル, 共立出版 (1990)
16) 関口勇, 野呂瀬進, 似内昭夫, "トライボマテリアル活用ノート", 工業調査会 (1994)
17) 深堀美英, 設計のための高分子の力学, 技報堂出版 (2000)
18) 日本トライボロジー学会編, "トライボロジーハンドブック", 養賢堂 (2001)
19) S. K. Shinha, B. J. Briscoe, Polymer Tribology, Imperial College (2009)
20) 社団法人日本トライボロジー学会　固体潤滑研究会編：新版固体潤滑ハンドブック, 養賢堂 (2010)
21) 内山吉隆, 成形加工, **9**, 930 (1997)
22) 関口勇, 材料技術者のためのトライボロジー入門セミナー要旨集, 39 (2004)
23) 広中清一郎, トライボロジスト, **53**, 712 (2008)

24) 西谷要介, 材料技術者のためのトライボロジー入門セミナー要旨集 (2009)
25) 山本雄二, 兼田楨宏, トライボロジー, 理工学社 (1998)
26) 広中清一郎, 図解入門よくわかる最新摩擦と摩耗の基本と仕組み, 秀和システム (2010)
27) 佐々木信也, 志摩政幸, 野口昭治, 平山朋子, 地引達弘, 足立幸志, 三宅晃司, はじめてのトライボロジー, 講談社 (2013)
28) M. Watanabe, M. Karasawa, K. Matsubara, *Wear*, **12**, 185 (1968)
29) 西谷要介, 平野雄貴, 関口勇, 石井千春, 北野武, 材料技術, **26**, 114 (2008)
30) M. Watanabe, H. Yamaguchi, *Wear*, **110**, 379 (1986)
31) 例えば, 尾崎邦宏, レオロジーの世界, 森北出版 (2011)
32) K. A. Grosch, *Proc. Roy. Soc.*, **A274**, 21 (1963)
33) Y. Uchiyama, *Wear*, **74**, 247 (1981)
34) S. Bahadur, *Wear*, **245**, 92 (2000)
35) 山口章三郎, 関口勇, 高根誠一, 日本潤滑学会全国大会講演要旨集, 89 (1978)
36) 黒川正也, 内山吉隆, トライボロジスト, **44**, 544 (1999)
37) 渡辺真ほか, 昭和46年度潤滑学会, 岡山大会前刷集, 57 (1971)
38) Y. Yamamoto, T. Takashima, *Wear*, **253**, 820 (2002)
39) 日本機械学会編, 機械工学便覧 β デザイン編, β 2編材料学・工業材料, 第8章複合材料 β 2-209 (2008)
40) 清水琢已, JETI, **59**, 79 (2011)
41) 松野真也, 宮保淳, 成形加工, **24**, 438 (2012)
42) 荷見愛, 西谷要介, 北野武, 成形加工シンポジア'11, 秋田, 491 (2011)
43) M. Hasumi, Y. Nishitani, T. Kitano, Proceedings of the 28th International Conference of the Polymer Processing Society (PPS-28), Pattaya, Thailand, P-07-324 (2012)
44) J. Mukaida, Y. Nishitani, T. Kitano, Proceedings of the 30th International Conference of the Polymer Processing Society (PPS-30), Cleveland, Ohio, S05-371 (2014)

第3章　ゴム・エラストマーのトライボロジー

桃園　聡*

1　ゴム・エラストマーとその物性[1~3]

　エラストマーとは，弾性率が低く弾性限界歪の大きな高分子材料のことである。弾性係数をみると，比較的大きな値（$10^4 \sim 10^5$ MPa）をとる金属材料や，それよりも小さな値（$10^2 \sim 10^3$ MPa）をとるプラスチックと比較しても，エラストマーが示す0.1～数 MPa は極端に低い弾性係数である。弾性限界歪をみると，他の材料だとせいぜい数％の歪までしか許容できないところを，エラストマーは，元の長さの数倍の歪まで許容可能である。

　この弾性特性はエラストマーの構造によるところが大きい。エラストマーは基本的には非晶性高分子材料であり，構成する高分子の分子鎖がお互い絡み合いながらもある程度自由に動くことができるため，マクロスケールでみると，液体のように容易に形状を自由に変えることが可能であり流動性をもつ。エラストマーが「固体」として形状を保つように，網目状の分子鎖ネットワーク構造のまま，一部を固定化（架橋）している。このネットワーク構造によって分子同士の強い結びつきによるエネルギー安定点まわりの変形の回復による弾性（エネルギー弾性）の寄与が少なく，自由に動ける分子鎖が確率的に取りやすい形状に落ち着くというエントロピー弾性による寄与が大きな特殊な弾性体という特徴を得ている（他の材料はほとんどエネルギー弾性の寄

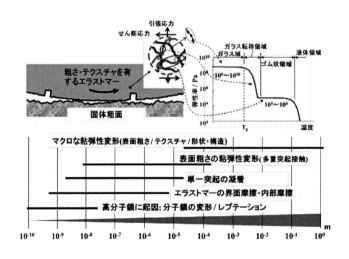

図1　エラストマーの分子構造・物性とスケールの関係

---

*　Satoshi Momozono　東京工業大学　大学院理工学研究科　機械宇宙システム専攻　助教

与である)。エラストマーの変形・回復の過程においては，分子鎖ネットワークが同じ経路を辿って移動するわけではなく，その過程において，分子鎖の変形・運動や相互作用によりエネルギー散逸が生じ，液体のような粘性抵抗を示す。よってエラストマーの変形は粘弾性変形である。図1に示すように粘弾性の発現は，その温度での熱運動に関係する空間・時間スケールと外部からの変動の時間スケールとの関係で決まるため，緩和特性や粘弾性の周波数特性は，温度・時間換算則（WLF則）[4]で一律に規定できる。すなわち，ある温度で規定された粘弾性の周波数特性は，適当な変換則によって周波数をシフトさせれば別の温度における粘弾性特性に変換可能である。一方，逆に観測された現象がこの法則で整理できる場合，その現象は粘弾性と強い相関をもつことが示唆される。

ゴム・エラストマーは，工業的にはいわゆる「生ゴム」単体で利用されることは稀で，充填材など多くの添加剤が混入した複合材料として利用される。エラストマーの接触・摩擦・摩耗を考える上で，エラストマーが複合材料であることを考慮に入れる必要がある。

2　エラストマーの接触力学

エラストマーの接触問題を考える上で，エラストマー及び相手表面の形状（テクスチャー・粗さ），表面・界面物性や機械的性質と，接触に伴う変形状態が重要である。表面のマクロな形状と全体の変形によって接触領域と接触面圧の分布が決まる。マクロな接触領域の内部では，微細な表面形状（うねりや粗さ）と表面間の物理・化学的な相互作用によって接触状態の詳細すなわち接触面積割合・接触界面のエネルギー状態が決定する。

エラストマーの弾性率は，他の材料（例えば金属や樹脂などの他の高分子材料）と比較して極端に小さな値であるため，接触面積（真実接触面積）の占める割合は桁違いに大きくなる。このため，凝着（接着）や摩擦において，大きな凝着力や摩擦力が観察されることになる。工業用のエラストマーには充填剤（補強材）が添加され，変形の抑制や破壊強度の向上などに用いられている。添加剤は微視的な形状や局所的な粘弾性変形・界面エネルギーに影響を及ぼすため，これらを用いた接触・摩擦・摩耗の制御が可能である。

軽微な接触条件（低面圧）では，個々の粗さ突起が独立しているとみなせるため，突起の形状や高さを統計的に扱うことが比較的容易であり，Greenwood-Williamsonモデル[5]のような単純化したモデルを利用可能である。しかしエラストマーでは，粗さ突起先端の接触域が近隣の突起の接触域と干渉し合一することも多く，更に面圧を大きくすることで，接触域を全面接触に近い状態まで広げることも可能である。このような条件では，接触面積の定量的取扱いは容易ではなく，適用可能なモデルは限られる[6]。更に粗さの突起や谷部の形状によって接触面積〜荷重の関係が異なるので，全面接触が容易な形状や，反対に接触面積の増加が困難な形状があることが報告されている[7]。つまり，エラストマーは，表面形状によって接触状態を管理可能であり，それにより密封や接着をはじめ摩擦などのトライボロジー特性の制御に用いられる可能性を秘めて

いる。つまり，相手面を含め接触面の形状を制御すると，結果として接触状態や摩擦力の制御につながる。

エラストマーの粗さやうねりといった微細構造は表面の製造過程に依存する。エラストマーの表面形状は，成形時に用いられる型の加工方法と，その後の処理によって決まる。また，含まれる充てん剤の分布や配向など，内部構造によっても変化する。これらの配向は，成形加工時のプロセスによって決まるので，表面粗さを制御することも可能である。また，要素設計においては，相手面の表面形状を制御する方が簡便な場合もあることを考慮に入れておく必要がある。

3　エラストマーの摩擦

3.1　エラストマーにおける摩擦の構成因子

エラストマーの摩擦は，図2に示すようにその起源によりヒステリシスによる摩擦F_{hys}，掘り起こしによる摩擦F_{plow}および凝着による摩擦F_{ad}に分類される。ヒステリシスによる摩擦は，エラストマーの粘性または弾性履歴特性によって転がりやすべりの圧縮・回復過程で消費されるエネルギー散逸が摩擦抵抗として観測される現象である。掘り起こしは，相手面に押し込まれた物体が排除される際の抵抗が摩擦となる現象であり，通常破壊・損傷を伴う。凝着摩擦は，エラストマーと相手面の表面間に働く分子間力によって付着し，接線力によって界面が破壊される際の抵抗として発現する。Mooreはエラストマー表面の摩擦がこれらを単純に足し合わせることが可能だと仮定し，以下のように表した[8]。

$$F = F_{hys} + F_{plow} + F_{ad} \tag{1}$$

尚，ヒステリシスと掘り起こしは共にエラストマーの変形が主な起源である為，変形による摩擦力F_{def}とおく場合もある。

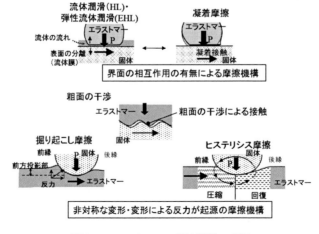

図2　エラストマーの摩擦機構の分類

第3章　ゴム・エラストマーのトライボロジー

エラストマーの摩擦メカニズムを考える上で，Groschによる古典的な実験報告[9]をみることにする。この実験はエラストマーの摩擦に粘弾性が決定的に関与していることを示した歴史的な実験である。アクリルニトリルブタジエンゴムと平滑なガラスの波面を摩擦させ，様々な温度で滑り速度を変えて摩擦係数を計測し，各温度における動摩擦係数の速度特性を図3（a）のように片対数で整理した。この実験結果に対し，温度時間換算則（WLF則）に従う緩和時間に対応させて，基準温度である20℃より高温のデータは低速側へ，低温のデータは高速側へシフトさせると，図3（b）のように基準温度における一つの釣鐘状のマスターカーブに整理できることが判明した。緩和時間は粘弾性に対応した量なので，この実験で観測されたエラストマーの摩擦において粘弾性の影響が支配的であると推察される。この関係は天然ゴム・SBR・ブチルゴムの生ゴムやカーボンが充てん剤として添加された実用ゴムにおいても成り立つことが示された。また，粒径 $100\mu m$ シリコンカーバイド研磨紙上でのNBRゴムでは，平滑なガラスやステンレス鋼表面に比べ高速側で鋭く非対称なピークをもつ摩擦特性が観測されている。このことは，低速側では凝着摩擦が支配的であり高速側ではヒステリシス摩擦が支配的であることを示している。しかし，凝着を減らすために液体や粉末などで潤滑した場合にも低速側で対称な（釣鐘型の）ピークをもつ大きな摩擦係数が観察され，更にWLF則も成り立つことから凝着力もまた何らかの粘弾性特性に関係することが示唆される。また，速度が小さいとき，いくら両面を平滑にしても同じような速度特性をもつ摩擦力が観測されたことから，表面の凹凸の影響以外のメカニズムが影響していることも示唆される。

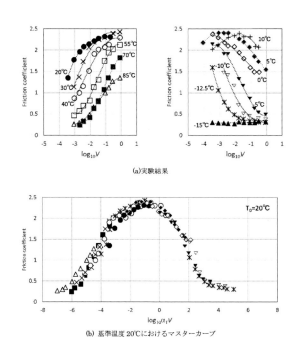

(a) 実験結果

(b) 基準温度20℃におけるマスターカーブ

図3　アクリルニトリルゴムとガラス波面の摩擦係数測定値とマスターカーブ[9]

3.2 ヒステリシス摩擦

　ヒステリシス摩擦の発生メカニズムを簡潔に表すと，エラストマーの変形と回復過程における応力の非対称性によりエネルギー損失が生じ，摩擦力として発現することである。つまり，非線形弾性体としての負荷・除荷過程の非対称性と，変形速度に対する抵抗（粘性）が重要な構成要素である。非線形弾性体としての特性も，弾性回復の時定数に起因する広い意味での粘弾性に関係した特性であるので，貯蔵弾性率と損失弾性率からなる複素弾性率の周波数特性がキーとなる。ヒステリシス摩擦の発現メカニズムを剛体突起が（転がって）通過するエラストマー平滑面を使って説明する[10]と，次の通りである。剛体が通過する前方は負荷がかかり圧縮され，通過した後方では除荷され弾性回復するので，常に剛体の前方を押し込むのに必要な仕事が後方の回復によって戻る仕事に比べて大きいので，その差に相当するエネルギーを消費することになる。速度が大きくなると変動の周波数も大きくなる。これらの現象は，金属などでも起こりうることであるが，エラストマーのように粘弾性を持ち，大きく変形する場合，影響は顕著である。例えばタイヤで発生する摩擦力の多くはヒステリシス摩擦である。Mooreによると，貯蔵弾性率 E'，損失正接 $\tan \delta$ のエラストマーに，突起が平均面圧 p で接触する場合のヒステリシス摩擦係数は，以下の式で与えられる[8]。

$$\mu_{def} = 4 C_{def} \left(\frac{p}{E'} \right)^n \tan \delta \tag{2}$$

　尚，C_{def} および $n \geq 1$ は，突起形状（半球面・コーン・円筒など）で決まる定数であり，貯蔵弾性率・損失正接の値は材料の動的粘弾性特性試験で得られる周波数（速度）の関数である。また，この式から分かる通り，摩擦力と荷重は「比例」しないので「摩擦係数」という概念は微妙であるといえる。実際は表面粗さの空間周波数特性を用い，押し込み量（変動振幅），速度（すべり・転がり）に対し外乱の周波数特性を考慮して，周波数毎に整理し，重ねあわせることで摩擦特性を推定可能である。この考え方を応用し，表面粗さのフラクタル特性と組み合わせ，ヒステリシス摩擦を算出する例が近年多く報告されている[11〜13]。

3.3 凝着摩擦

　エラストマーの凝着摩擦は，接触により形成されたエラストマーと相手固体との界面の相互作用によって生じる摩擦力のことである。エラストマーの凝着摩擦は，いわゆる摩擦の凝着仮説とはメカニズムが異なる。そのメカニズムを考える上では接触力学としてのマクロな凝着現象と，凝着部で生じている高分子材料の物理化学的特性による分子鎖の挙動が重要である。まずエラストマーの凝着現象であるが，エラストマーと相手面が外力によって押し付けられ接触すると，接触応力による歪エネルギーの変化が生じ，同時に界面形成に伴う表面・界面のエネルギー変化も生じる。一旦形成された凝着部を破壊し，引き離すために必要なエネルギーによって引き離し力が規定される。荷重の変化によって界面が縮退する現象を界面の破壊現象とみなすと，界面の縮退に伴い新たな表面が形成される際に必要なエネルギー（凝着仕事）W_{12} と，界面の移動に伴う

第3章 ゴム・エラストマーのトライボロジー

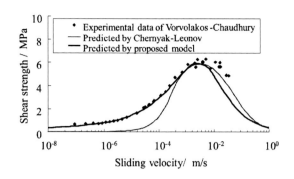

図4　凝着摩擦モデルによる計算例[27]

変形によって開放される歪エネルギー（単位長さ当たりの歪エネルギー：ひずみエネルギー開放率）G_{st} は，平衡状態においては等しくなる（$G_{st} = W_{12}$）。

各表面自由エネルギーを γ_1, γ_2, 界面自由エネルギーを γ_{12} とすると，凝着仕事 W_{12} は表面の自由エネルギーの合計から界面自由エネルギーを差し引いたもの（$\gamma_1 + \gamma_2 - \gamma_{12}$）として与えられ，一方のひずみエネルギー開放率は凝着部外縁をき裂とみなし，き裂付近の応力分布がき裂を開く（開口）のに必要な単位長さあたりの仕事から求められる。

このひずみエネルギー開放率は，内部応力分布形状，エラストマー表面と相手面の相互作用で決定される。この内部応力に対し，JKRモデル[14]を始めいくつかのモデルが提案されている。尚，エラストマーの凝着は比較的JKRモデルに近いとされている。

一方，この凝着の生じている状況ですべり出しが発生すると，凝着部界面の破壊と，凝着部界面内でのすべりが同時発生する。また，摩擦に伴う界面破壊は，平衡状態の凝着とは異なり，動的な現象であり，凝着部近傍の応力分布にも動的な影響を受けるはずである。

Groschの実験からも分かるように，凝着摩擦も明確な速度依存性をもつが，その速度特性の説明としては次のようなモデルが提案されている。速度による抵抗力の上昇と面積の低下を粘弾性の特性から説明したモデル[15]，凝着摩擦をマクロな凝着部の破壊現象と捉え粘弾性と破壊モードの影響を考慮したモデル[16~22]，界面の分子の吸着と変形を元に構築されたモデル[23~27]などである。また，エラストマー分子鎖の集団としての凝着の強さ（速度の上昇に伴い減少）を動的な凝着仕事とみなし，更に粘弾性による界面破壊抵抗（速度の上昇に伴いべき乗則で増加）の両者の影響を組み合わせて摩擦力を説明する提案もなされていて[28]，図4に示す通り，実験結果との相関が良いことが示されている。

3.4　凝着摩擦とヒステリシス摩擦の関係

前述のように，Mooreの摩擦式は，ヒステリシス摩擦と凝着による摩擦が分離できるという前提で提案されたものである。しかし，凝着摩擦のメカニズムを考えると，凝着による損失の多くは，凝着過程におけるヒステリシスと，界面破壊による一種の粘弾性抵抗であるので，本質的

には同じような変形抵抗に起因する損失と考えても良さそうである。しかし，観測によれば凝着摩擦は低速側でしか発現せず，ヒステリシス摩擦は高速側でピークを迎えるという違いが見受けられる。その違いは，現象が発現する空間的・時間的なスケールから生じている。凝着は，分子鎖の吸着現象というスケールで生じている現象であるので，分子レベルの吸着点のスケールで考えると，吸着した分子が引き延ばされ脱着するまでの距離を移動する非常に短い時間である。よって速度が大きくなると，すぐに脱着し，あるいは吸着に至らないケースもある。また，粗さの突起レベルの凝着部でも突起の大きさ程度の移動は大きなすべり量である。つまり，滑り速度が低速（〜1 mm/s）であっても，個々の分子鎖や接触突起の変形からみれば，十分に速い現象であり，より高速な条件だと分子鎖の付着や粗さ突起が変形から回復をする時間がとれないため，強く凝着できなくなると考えられる。一方，ヒステリシス摩擦は，あらゆるスケールの凹凸の変形に見られるので，どのような速度の相対運動であっても，突起の大きさに応じた周期の変動を受ける。つまり，ヒステリシス摩擦はマルチスケール性が強く，凝着摩擦は界面のスポットの大きさに依存するため，これらを分離したMooreの考え方が近似的に成立する場合も多々みられるのである。また，このマルチスケール性によって，ヒステリシス摩擦は，広い範囲で比較的大きな値を示すため，実用的なしゅう動・転がり条件では，ヒステリシス摩擦からの寄与が大半を占めている[29]。

3.5 分離波と類似現象

凝着を伴うエラストマーのしゅう動において，ある種の弾性波が凝着部近傍で観測されることがある。これらの弾性波は，分離波（detachment wave）[30〜32]や再付着溝（reattachment fold）[33]として知られている．前者は発見者の名前をとってSchallamach波とも呼ばれていて，高分子の摩擦現象の中でも特に有名な現象の一つである。

発生する波はどちらも，凝着を伴うしゅう動によって，せん断応力ひずみが内部で蓄積し溝（fold）が発生し，ある限界値を超えると凝着部の移動や剥がれを生じることが原因であり，これらを繰り返すことで波となる。前者のSchallamach波の発生機構は剛体圧子がスライダとしてエラストマー平面上を滑るとした場合を考えると次の通りだと考えられている。まず，剛体スライダの接触部前縁のエラストマーが凝着によってせん断を受けると，局所的に圧縮され折り畳まされる。このとき溝（空隙）が形成される。この溝が圧子の移動に伴い後縁へと移動していくことになる。溝が出来ただけエラストマーは引き延ばされていることになるので，強く押し付けられる中央部を通過するに従い溝の移動速度は速くなる。この溝（波）は，良くカーペットの端を上下させ作った波が別の端まで移動する現象に例えられるが，これはエラストマーと圧子の間の相対すべりを少なくするように溝が動くというメカニズムに類似していることにある。溝の前後と接触域の後縁で見られる凝着部の引き剥がしが摩擦力として現れることになり，溝の形成・通過に対応した摩擦変動が観測される。再付着溝の場合もメカニズムは非常に似ているが，比較的大きな突起あるいはエラストマー側の凹凸が平滑面に押し付けられているような系では前

第 3 章　ゴム・エラストマーのトライボロジー

縁での折り畳まりが発生せず後縁での引き剥がし部で凝着によって蓄えられた弾性歪の蓄積と開放が繰り返されるため，このような現象が発生する。エラストマーにはこれ以外にも表面の応力分布や相手面との相対すべり量の不均一性などから，スティック・スリップ状の振動が界面付近で発生する。これらの摩擦振動は，不快な振動・音を発生するだけではなく，不要な散逸や摩耗の原因にもなる。これらの振動の発生条件をマップとして整理した例も報告されている[34]。

4　エラストマーの摩耗

金属やプラスチック材料で見られるいわゆる凝着摩耗（表面の変質による剥離層の形成と移着を伴う摩耗）は，消しゴムやレーシングカータイヤのような特に柔らかく凝着が強い例を除き，工業用のエラストマーの場合ほとんど発生しない。多くの場合，エラストマーの摩耗は表面近傍で発生する疲労破壊によって進展する破壊現象と考えられている。この根拠として，単位長さあたりの摩耗量が摩擦と同様にWLF式に従う[35]ことが挙げられる。摩耗を破壊現象としてとらえたものとしては，舌状のエラストマー片が破壊する現象としてクラックの成長と摩耗量の関係を求めたThomas理論が有名である[36]。摩耗の起点としては，前述の表面で発生する摩擦振動や皺などにより，繰り返し荷重をうけることが挙げられ，波状の摩耗痕（アブレーションパターン）として観測されることが挙げられる。この摩耗パターンは，摩擦振動や弾性波と対応していると考えられていて，その間隔（周期）とすべり速度にべき乗則が成立することが知られている[37]。

また，摩耗が進行する過程において，粘稠な液体が浸みだしたように摩擦面に付着することがあるが，これは摩擦による発熱でエラストマーが化学的に劣化し，分子鎖が切れ低分子化された生成物が油のようになって浸み出したものと言われている。これにはもともと含まれる軟化剤や架橋されなかったエラストマーの低分子成分なども含まれており，これらによって，摩耗がマイルドになることが知られている。

エラストマーの耐摩耗性を向上させるには，摩耗量が歪に敏感であることを考えると，エラストマーに課せられる繰り返し荷重と変動に伴う変形を押さえる工夫が有効である。よって，カーボンなどの適切な補強により，エラストマーの変形や弾性波・微小振動を抑制することが可能である。また，もし潤滑することが可能であれば，凝着による直接的な接触が根本的に避けられるため，摩耗低減効果が大きいと予想される。同様に，エラストマーに含まれる軟化剤や低分子成分も潤滑剤として作用できるので，摩耗を押さえる目的であれば，（これらによる汚染が問題にならない場合は）あえてブリードさせて潤滑するという方法も考慮に入れて良いであろう[3]。

文　献

1) 伊藤眞義：図解入門最新ゴムの基本と仕組み, 株式会社秀和システム (2009)
2) 東京工業大学国際高分子基礎研究センター：ここだけは抑えておきたい高分子の基礎知識, 日刊工業新聞社 (2012)
3) 深堀美英, 設計のための高分子の力学, 技報堂出版 (2000)
4) M. L. Williams *et al.*, *J. Am. Chem. Soc.*, **77**, 3701 (1955)
5) J. A. Greenwood & J. B. P. Williamson, *Proc. Roy. Soc. London A*, **295**, 300 (1966)
6) B. N. J. Persson *et al.*, *J. Phys.: Condensed Matter*, **17**, R1 (2005)
7) 松田健次ほか：トライボロジスト, **55**, 509 (2010)
8) D. F. Moore, "The friction and lubrication of elastomers", Pergamon Press (1972)
9) K. A. Grosch, *Proc. Roy. Soc. London A*, **274**, 21 (1963)
10) J. A. Greenwood & D. Tabor, *Proc. Phys. Soc.*, **71**, 289 (1969)
11) G. Heinrich, *Rubber Chem. Technol.*, **70**, 1 (1997)
12) A. Le Gal, & M. Klüppel, *J. Phys.: Condensed Matter*, **20**, 015007 (2008)
13) P. Wriggers & J. Reinelt, *Comput. Methods Appl. Mech. Engrg.*, **198**, 1996 (2009)
14) K. L. Johnson *et al.*, *Proc. Roy. Soc. London A*, **324**, 301 (1971)
15) K. C. Ludema & D. Tabor, *Wear*, **9**, 329 (1966)
16) D. Maugis & M. Barquins, *J. Phys. D: Appl. Phys.*, **11**, 1989 (1978)
17) A. Gent *et al.*, *Proc. Roy. Soc. London A*, **310**, 433 (1969)
18) A. R. Savkoor & G. A. D. Briggs, *Proc. Roy. Soc. London A*, **356**, 103 (1977)
19) K. L. Johnson, *Proc. Roy. Soc. London A*, **453**, 163 (1997)
20) B. Z. Newby & M. K. Chaudhury, *Langmuir*, **13**, 1805 (1997)
21) P. -G. de Gennes, *Langmuir*, **12**, 4497 (1996)
22) B. N. J. Persson, *J. Chem. Phys.*, **115**, 3840 (2001)
23) A. Schallamach, *Wear*, **6**, 375 (1963)
24) H. W. Kummer, *Eng. Res. Bulletin Penn. State Univ.*, **B-94** (1966)
25) Y. U. B. Chernyak & A. I. Leonov, *Wear*, **108**, 105 (1986)
26) F. Brochard-Wyart & P. -G. de Gennes, *Euro. Phys. J., E*, **23**, 439 (2007)
27) K. Vorvolakos & M. K. Chaudhury, *Langmuir*, **19**, 6778 (2003)
28) S. Momozono *et al.*, *J. Chem. Phys.*, **132**, 114105 (2010)
29) A. D. Roberts, *Rubber Chem. Technol.*, **65**, 673 (1992)
30) A. Schallamach, *Wear*, **17**, 301 (1971)
31) M. Barquins & R. Coutel, *Wear*, **32**, 133 (1975)
32) M. Barquins *et al.*, *Wear*, **38**, 385 (1976)
33) M. Barquins, *Wear*, **97**, 111 (1984) ※ reattachment wave
34) S. Maegawa & K. Nakano, *J. Adv. Mech. Design. Syst. Manuf.*, **1**, 553 (2007)
35) K. A. Grosch & A. Schallamach, *Rubber Chem. Tech.*, **39**. 287 (1966)
36) A. G. Thomas, *J. Polm. Sci. Symp.*, **48**, 145 (1974)
37) S. B. Ratner *et al.*, *Rubber Chem. Tech.*, **32**, 471 (1959)

第4章 ナノスクラッチ挙動

上原宏樹[*1]，山延 健[*2]

1 はじめに

　近年，薄膜や表面，異種材料界面など，原子や分子の運動をナノ領域内で制限することで非平衡状態を誘起し，その高いエネルギー準位を利用して特異な構造や物性を得ようとする試みが行われている。このような非平衡状態では階層構造が形成されやすく，これがナノ材料が特異な物性を発現する要因の一つとなっている。例えば，非晶性高分子の最表面の分子鎖は運動性が高いため，バルクよりもガラス転移温度が低下することが知られている[1,2]。同様に，高分子材料表面の機械的特性もバルク状態と大きく異なると予想されるが，表面領域の物質量は少ないため，これらを解析する手段は限られている。

　我々は，走査プローブ顕微鏡（SPM）の探針を高分子フィルム表面に押し付け，これをしゅう動させることで，nmレベルのスクラッチ試験を行い，その結果から，高分子材料表面の変形特性を見積もるとともに，表面から内部にかけての階層構造形成や表面層の分子配向性を評価してきた。本章では，いくつかの高分子材料にこの「SPMナノ・スクラッチ試験」を適用した結果を例にとり，nmレベルでの高分子材料表面のスクラッチ挙動を解説する[3]。

2 SPMナノ・スクラッチ試験

　高分子材料表面に対するSPMナノ・スクラッチは，1992年にLeungら[4]により初めて行われた。図1に，我々が行っている標準的なナノ・スクラッチ試験の方法を示した。まず，探針をnNオーダーの任意の荷重（5～100 nN）で試料表面に押し当て，この状態で，カンチレバーに対して垂直方向（図1では左右方向）に1μm幅で走査する。これをカンチレバーに対して垂直方向に少しずつ移動させながら，通常256回（2の乗数回）の走査を行うことで1μm×1μmの領域をまんべんなくスクラッチする（1stスクラッチ）。

　この1stスクラッチ後に，測定範囲を1.5μm×1.5μmに拡大し，2ndスキャンを行う。この時は，荷重をなるべくかけずにスクラッチされた領域の形状像を観察する。スラッチ領域（1μm×1μm）を中央にして，スクラッチしていない外側部分も同一画像内に記録することで，スクラッチ前後での形状変化（例えば，掘り込み深さや磨耗粉の量など）を数値的に解析するこ

[*1] Hiroki Uehara　群馬大学　大学院理工学府　分子科学部門　准教授
[*2] Takeshi Yamanobe　群馬大学　大学院理工学府　分子科学部門　教授

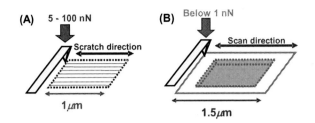

図1　SPMナノ・スクラッチ試験の概略
1μm×1μmのスクラッチ（A）後に，1.5μm×1.5μmで形状観察（B）を行う．カンチレバーに印加する荷重は5～100nNで変化させる．

とができる．

　ナノ・スクラッチ試験のパラメーターとしては，荷重，スクラッチ（走査）回数，スクラッチ周波数，スクラッチ方向等が挙げられるが，荷重を変えてスクラッチ像を記録し，これらを比較することで，材料最表面から内部にかけての機械特性の変化を見積もるのが一般的である．荷重が小さい場合は最表面層の，また，荷重が大きいときは，より深い領域の機械特性の情報が得られる．どの程度の深さ領域に対応しているかは，断面プロファイルによって確認することができる．また，スクラッチ方向を変化させれば，対応する深さ領域での分子配向性を見積もることができる．

　ナノ・スクラッチ試験に供する試料表面は平滑であることが好ましい．なぜなら，試料表面に凹凸があると，しばしば，これを強調したナノ・スクラッチ像が得られてしまうからである．特に周期的な凹凸パターンが初めから材料表面に存在する場合，この初期凹凸に起因したナノ・スクラッチ・パターンを，対象高分子特有の分子特性（分子鎖の剛直性や配向性）や相構造（結晶構造や結晶性）と誤認してしまうことがある．したがって，ナノ・スクラッチ前の試料形状を把握しておくことは極めて重要である．

3　ポリスチレン[5]

　高分子材料は非常に長い鎖状の分子形態を有するために，分子鎖同士が「絡み合う」という点が低分子量の有機材料や金属材料と大きく異なる点である．このような分子鎖絡み合いは，一定以上の分子量で発生し，この分子量は臨界絡み合い分子量（M_c）と定義されている．この臨界分子量以上では，高分子材料特有の粘弾性挙動が発現するとともに，破断強度が急激に上昇する．SPMナノ・スクラッチ試験による表面変形挙動は，nmレベルの破壊現象であるため，このような分子量依存性が強く発現すると予想される．このようなナノ・スクラッチ挙動の分子量依存性を調べるために，対象試料としてポリスチレン（PS）を選択した．PSは分子量測定の標準物質に用いられており，様々な分子量かつ単分散（分子量分布がほぼ1）の試料が市販されている．そこで，PSのM_cである30,000[6]を挟んだ分子量8,000（8 k）から984,000（984 k）ま

第4章 ナノスクラッチ挙動

での5つの試料を溶液キャストして平滑フィルムを作製し，そのSPMナノ・スクラッチ挙動を比較した。図2は，これらのフィルム表面を荷重10 nNでスクラッチして得られた形状像である。これを見ると，分子量8 kと15.8 kでは，スクラッチ領域にパターンは認められず，均一に掘り込まれていることがわかる。また，最終スクラッチ・ライン（スクラッチ領域の最下部）の外側に白く写った盛り上がり領域が観察されている。この盛り上がり領域は，再度スキャンすると分子量8 kの場合のように，他の部分にも移動していたことから，スクラッチによって発生した磨耗粉であることがわかる。一方，分子量58 k以上では，このような磨耗粉は一切観察されず，代わりに，スクラッチ領域内に特徴的な周期パターンが発生していることがわかる。この周期パターンの形状は，再スキャンしてもまったく変化していないので，磨耗粉に起因するものでない。このような周期構造形成は crack-opening 現象[7] によって形成されると考えられており[8]，PSのガラス転移温度が室温以上であるためにスクラッチにより試料表面に周期的に亀裂が入り，これが探針の移動によって拡大することで特有の凹凸パターンが形成されると解釈されている。大きさはμmレベルであるものの，同様の周期的なクラックが通常の摩擦試験（荷重数Nレベル）を行ったPSフィルム表面でも観察されており[8]，このようなスケールを超えた平面変形挙動の類似性は興味深い。

これら磨耗粉を発生させる低分子量PSと周期構造を与える高分子量PSをブレンドした場合，いずれかのスクラッチ・パターンが優勢となっていれば，フィルム表面での分子量の偏析が起こっていることがわかる。そこで，M_c以下の分子量8 kのPSとM_c以上の分子量164 kのPSを様々な比率で混合してキャスト・フィルムを調製し，そのナノ・スクラッチ試験を行った。図3に荷重10 nNでスクラッチした結果を示した。これを見ると，スクラッチ後の形状像は，低分子量成分（8 k）が増えるにつれて，周期構造が徐々に不明瞭になり，磨耗粉の発生量

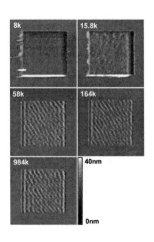

図2　分子量の異なる単分散PSのキャスト・フィルムのナノ・スクラッチ像

分子量8,000（8k）～984,000（984k）についての結果を比較した。スクラッチ領域は1μm×1μm，印加荷重は10nN，スクラッチ方向は左右方向。

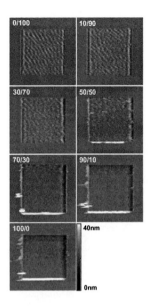

図3 低分子量PS (15.8k) と高分子量PS (164k) のブレンド・フィルムのナノ・スクラッチ像
15.8k/164k のブレンド比率が示してある。スクラッチ領域は 1μm × 1μm，スクラッチ荷重は 10nN。

が増大していることがわかる。このような周期構造から磨耗粉発生への連続的な変化は，荷重を変えてスクラッチした場合も同様であった。これらのことから，非晶性高分子である PS では，フィルム表面での分子量の偏析は起こらないと言える。

4 ポリエチレン[9]

これに対して，結晶性高分子ブレンド系ではナノ・スクラッチ挙動が大きく異なる。まず，最も一般的な結晶性高分子であるポリエチレン（PE）について，ナノ・スクラッチ挙動の分子量依存性を検討した。PE の場合，単分散かつ高分子量の試料が市販されていないので，メタロセン系触媒で合成された分子量分布の狭い試料を用いた。図4に，高分子量フィルム（分子量：583,000）と低分子量フィルム（分子量：110,000）のナノ・スクラッチ変形挙動を比較した。結晶性高分子の場合，溶液キャスト後の乾燥時にフィルム表面に凹凸が形成されてしまうので，融点以上の 180℃でプレス成形を行って平滑表面を有するフィルムを得た。なお，このプレス成形時の溶融保持時間を 1分〜6 時間で変化させた。図4から，分子量や溶融保持時間に関わらず，PE 表面のナノ・スクラッチでは，フィブリル状のパターンが得られており，PS 表面のような周期構造は形成されないことがわかる。これらのことは，結晶性高分子では，ナノ・スクラッチ過程で分子配向が起こることを示唆している。このような分子配向は，通常の摩擦試験後の PE 表面でも観察されており[10]，特に高分子量 PE が優れたしゅう動特性（低摩擦係数）を示す原因となっている。

第4章 ナノスクラッチ挙動

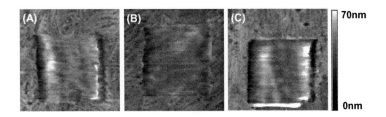

図4 高分子量PE（A, B）および低分子量PE（C）フィルムのナノ・スクラッチ像
スクラッチ領域は1μm×1μm，スクラッチ荷重は30nN，スクラッチ方向は左右方向。(A)の溶融保持時間は5分，(B)と(C)は3時間でフィルムを作製した。

　高分子量フィルムの表面形状像では，溶融保持時間に関わらず，スクラッチ領域の端に摩耗粉は現れていない。ここで断面プロファイルを切り出すことによりフィルム表面の掘り込み深さを計測すると，溶融保持時間5分（A）および3時間（B）ともに，深さ約30 nmまで掘り込まれていることが分かった。したがって，ナノ・スクラッチ挙動から見る限り，この溶融保持時間範囲ではフィルム表面の分子量低下は起こっていないと考えられる。一方，低分子量フィルムの表面形状像（C）では，スクラッチ領域の端に摩耗粉の堆積が観察された。また，断面プロファイルから見積もった掘り込み深さも50 nm以上と高分子量フィルムよりも大きくなっていた。これらのことは，摩耗粉の有無と掘り込み深さによって低分子量PE表面と高分子量PE表面が区別できることを意味している。
　次に，PS同様に分子量ブレンドがナノ・スクラッチ変形挙動に及ぼす効果を検討するため，これら異なる分子量を有するPE試料を様々な比率（低分子量：高分子量）で溶液混合してブレンド試料を調製し，これをさらにプレス成形してブレンドフィルムを得た。図5は50：50ブレ

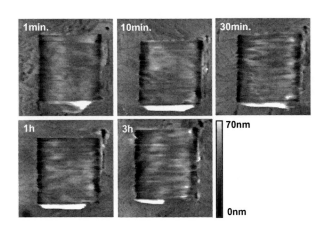

図5 低分子量PEと高分子量PEの50：50ブレンドフィルムのナノ・スクラッチ像
図中の時間は溶融保持時間，スクラッチ領域は1μm×1μm，スクラッチ荷重は30nN，スクラッチ方向は左右方向。

ンドフィルムについて，プレス成形時の溶融保持時間を1分～3時間として作製した50：50ブレンドフィルムのナノ・スクラッチ後の形状像を比較したものである。溶融保持時間に関係なく，どのフィルム表面でもスクラッチ領域の端に摩耗粉が現れていることがわかる。これは図4で示した低分子量フィルムの表面変形挙動とよく一致している。このことから50：50ブレンドフィルムの表面には低分子量成分が偏析していると言える。

同様に25：75ブレンドフィルムに対してもナノ・スクラッチ試験を行ったところ，50：50ブレンドフィルムと同様，全ての溶融保持時間において摩耗粉の堆積が確認できた。しかし，同一保持時間1時間で比較をすると（図6），高分子量成分の多い25：75ブレンドフィルムでは，50：50ブレンドフィルムに比べて，掘り込み深さが小さかった。10：90ブレンドについても，断面プロファイルより掘り込み深さを計測し，これらの値を溶融保持時間に対してプロットしたところ，図7のようになった。図中の赤い点線は低分子量フィルムの掘り込み深さ，緑の点線は高分子量フィルムの掘り込み深さを表しており，溶融保持時間に依存せず，ほぼ一定であった。これを見ると，50：50ブレンドフィルムでは溶融保持時間の増加に伴って掘り込み深さが増大し，次第に低分子量フィルムの値に近づいていっていることがわかる。これらの結果は，ブレンドフィルムの表面では，溶融保持時間の増加に従って低分子量成分のフィルム表面への偏析が進行することを示唆している。一方，25：75ブレンドフィルムにおいては，溶融保持時間が短い場合は掘り込み深さの変化は小さいものの，溶融時間1時間を越えたあたりから急激に掘り込み深さが上昇し，溶融保持時間3時間で調製したフィルムでは低分子量フィルムの掘り込み深さに近い値となった。しかしながら，さらに高分子量成分の多い10：90ブレンドフィルムでは，溶融保持時間6時間まで長くしても，掘り込み深さがほとんど変化していなかった。このことは，高分子量成分が多くなると，これをすり抜けて低分子量成分が表面偏析してくるのに時間がかかることを示唆している。前述したように，このような表面層への低分子量成分の偏析はPSでは

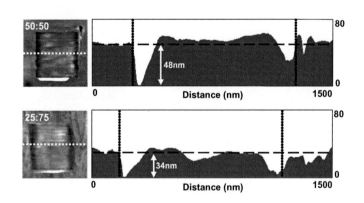

図6　溶融保持時間1時間で調製したブレンドフィルム（低分子量PE：高分子量PE＝50：50および25：75）のナノ・スクラッチ像と断面プロファイル
スクラッチ像中の白点線に沿ってプロファイルを切り出してある。プロファイル中の横破線はスクラッチ前のフィルム表面高さ，縦点線間の1μmの範囲を荷重30nNで左右方向にスクラッチした。

第4章 ナノスクラッチ挙動

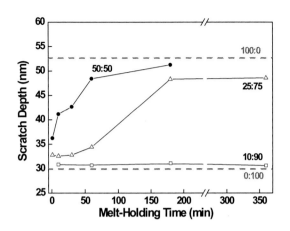

図7 溶融保持時間に対する平均掘り込み深さ（荷重30nN）の関係
図中の数値は低分子量PE：高分子量PEの比率，低分子量のみ（100：0）および高分子量のみ（0：100）の値が灰色点線で示してある。

確認されておらず，結晶化がこの低分子量成分のブリード・アウト現象に大きな影響を及ぼしていることが明らかとなった。

5 ポリ乳酸[11]

ポリ乳酸（PLA）は，再生可能資源から生産可能であるため，脱化石燃料化および炭素固定化が図れると期待されている環境低負荷型生分解性高分子である。このポリ乳酸の結晶構造は成形条件によって異なり，特にL体PLA（PLLA）とD体PLA（PDLA）のブレンドによって発現するステレオコンプレックス晶（Sc晶）の融点は220℃と，通常のPLLA及びPDLA単品から形成されるα晶（170℃）よりも顕著に高く[12]，その耐熱性や耐加水分解性[13]が注目されている。

そこで，同程度の分子量（約230,000）を有するPLLAとPDLAを50：50の比率で溶液キャストしてブレンドフィルムを作製した。これを250℃において5分間融解後，プレス成形し，さらに液体窒素中に投入して急冷フィルムを作製した。また，同様にキャストフィルムを250℃で溶融プレス後，100℃および150℃に冷却して1時間，等温結晶化させたフィルムを作製した。これらプレス成形後の各フィルムについて，ゲル濾過クロマトグラフィー測定を行なって試料分子量を確認したところ，どのフィルムも原料の分子量が維持されていた。

まず，これら結晶化条件の異なるフィルムのナノ・スクラッチ後のフィルムの形状像を比較した（図8）。急冷フィルムのスクラッチ像（A）では，スクラッチ領域内部で周期的な構造が観察されている。この現象は前述した非晶性高分子であるPSフィルムのナノ・スクラッチ結果と類似している。斜入射X線回折測定（GIXD）の結果からも，この急冷フィルムの表面領域，

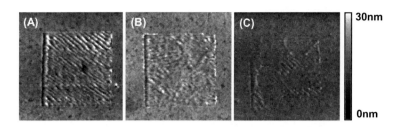

図8 PLLA:PDLA = 50:50 ブレンドフィルムのナノ・スクラッチ像
(A) 急冷フィルム, (B) 100℃結晶化フィルム, (C) 150℃結晶化フィルム。スクラッチ領域は1μm×1μm, スクラッチ荷重は30nN, スクラッチ方向は左右方向。

バルク領域ともに完全非晶状態であることが確認できた。

一方, 比較的低い温度 (100℃) で結晶化させたフィルム (B) を見ると (A) のような周期構造は観察されず, 結晶化によって表面変形が抑制されることを示唆している。このフィルムのナノ・スクラッチ試験を荷重を変えて行なったところ, どの荷重においても元々存在していたラメラ構造に起因するモルフォロジーが観察されていた。GIXD測定の結果もこの結果とよく一致しており, 表面領域, バルク領域ともにα晶由来の回折プロファイルが得られ, 結晶化度も約40%でほぼ同じであった。これらのことは, PLAのα晶はスクラッチしても分子配向しにくいことを示している。

これに対して, 150℃で結晶化させたフィルム (C) では, 殆ど変形していない部分が存在することがわかる。このような硬さの異なる構造の共存は, 荷重を変えて得られたナノ・スクラッチ像においても観察されていた (図9)。このフィルムのGIXD測定結果は, Sc晶が存在していることを示しており, 特に表面領域でSc晶の含有割合が増加していた。これが, 150℃結晶化フィルムの表面変形が抑制されていた原因であると推測される。

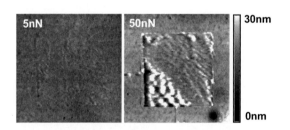

図9 150℃結晶化フィルムのスクラッチ荷重依存性
スクラッチ領域は1μm×1μm, スクラッチ荷重は30nN, スクラッチ方向は左右方向。

6　配向 PET フィルム[14]

　これら高分子鎖の「絡み合い」の効果の他に，鎖状の分子構造がもたらすもう一つの特徴である分子鎖の「異方性」についても，ナノ・スクラッチ挙動への影響を検討した。

　ここで，分子配向させたフィルムを調製する方法として，各種の延伸法が挙げられるが，PE のような高結晶性材料を延伸すると配向結晶化により数 μm 幅のマクロ・フィブリルが形成されてしまうため，平滑表面にならない欠点がある。そこで，結晶性が低く，かつ，高延伸が可能なポリエチレンテレフタレート（PET）を試料として選択した。実際，延伸によって製造された PET 配向フィルムは，ディスプレー等に用いる偏光材料として広く用いられている。

　まず，原料である固有粘度 0.5 g/dl（分子量 18000 に相当）の低分子量 PET を融点以下の 220℃で 36 時間，減圧することで固相重合し，固有粘度 0.8 g/dl の高分子量 PET を調製した。これらの試料を，270℃で溶融プレス後，0℃に急冷し，さらにガラス転移温度以下の 70℃で延伸比約 5 倍に一軸延伸して，配向フィルムを調製した。この配向フィルムの延伸方向に対して平行方向（0°方向）および垂直方向（90°方向）にナノ・スクラッチを行った。まず，低分子量 PET の配向フィルムのナノ・スクラッチ結果（図 10）を見ると，低荷重においても表面破壊に起因する摩耗粉がスクラッチ領域の外周部に観察されていることがわかる。また，0°方向，90°

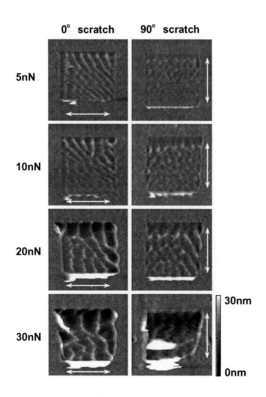

図 10　低分子量 PET 配向フィルムのスクラッチ荷重依存性
スクラッチ領域は 1 μm × 1 μm，矢印はフィルムの延伸方向，スクラッチ方向は左右方向。

方向ともに，スクラッチ方向に対してほぼ垂直に周期構造が現れていた。これらのナノスクラッチ挙動は，前述の PS 表面に類似しており，分子鎖の配向方向への異方性は確認できなかった。

一方，高分子量 PET の配向フィルム（図11）では，高荷重においても低分子量フィルムで観察された摩耗粉が認められないことから，分子量の増加に伴い，表面の機械的強度も向上していると言える。ここで，0°スクラッチでは，荷重の上昇に伴って，延伸方向に対して平行に溝の入ったフィブリル状組織が発現している。このスクラッチ条件において，スクラッチ回数を 256 → 128 → 64 → 32 → 16 と減少させたところ，スクラッチ後に得られた形状像ではスクラッチ回数に対応した本数の溝が観察された。従って，このようなフィブリル状組織は，探針がフィルム表面を延伸方向と平行に引き裂くことによって形成されることが明らかとなった。これは，前述の PS 表面における周期構造の形成メカニズムとは全く異なっている。

これに対して，90°スクラッチにおいては，低荷重から明瞭に周期構造が現れており，0°スクラッチにおけるフィブリル状組織とは大きく異なっている。同様の周期構造が低分子量 PET 配向フィルム（図10）でも観察されていることを考えると，この特異な変形構造の発現は，フィルム表面領域における分子鎖の移動に起因していると考えられる。

このような表面変形挙動をバルク状態での変形挙動と比較するため，試料フィルムの引張り試験を行ったところ，0°方向（延伸方向と平行に引張り試験）では，高い降伏応力を示し，低歪み

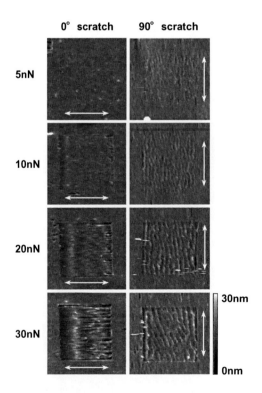

図11　高分子量 PET 配向フィルムのスクラッチ荷重依存性
スクラッチ領域は $1\mu m \times 1\mu m$，矢印はフィルムの延伸方向，スクラッチ方向は左右方向。

で破断に至っているのに対して，90°方向（延伸方向と垂直に試験）では，降伏応力が低く，かつ，降伏後にネック変形が進行するため，極めて大きな破断伸びを示していた。このことは，バルク状態においても，延伸方向と垂直方向に分子鎖が変形しやすいことを意味している。

以上のことにより，高分子量PETを0°スクラッチした際にフィブリル状組織が発現する理由は，分子鎖方向の変形応力の方が分子鎖間のファンデルワールス力よりも大きいためであると考えられる。一方，90°スクラッチで周期構造が発現するのは，配向分子鎖が垂直方向に移動しやすいためであり，その降伏応力が小さいことに起因して，低荷重から変形モルフォロジーが観察されると考えられる。

7 まとめ

本章では，我々がこれまで各種高分子材料表面を対象に行ってきた，SPMナノ・スクラッチ試験の結果を元に，nmレベルの変形特性からフィルム最表面の構造を評価する手法を紹介してきた。荷重依存性からは階層構造化に関する情報が，また，スクラッチ角度依存性からは分子配向性に関する情報が得られる。これらnmレベルでの機械物性は，バルク材料を対象とした通常の引張り試験では評価することのできない指標である。今後，MEMS等の発達による高分子部材の微小化の要請に伴い，これらSPMナノ・スクラッチ試験による材料最表面の機械特性の解析が階層構造化等の材料設計にも貢献できると期待される。

謝辞
本研究の一部はNEDO産業技術研究助成事業によって行われました。

文　献

1) Forrest, J. A. *et al.*, *Phys. Rev. Lett.*, **77**, 2002 (1996)
2) Tanaka, K., Takahara, A., Kajiyama, T., *Macromolecules*, **30**, 6626 (1997)
3) 上原宏樹, 山延健, 成形加工, **25**, 367 (2013)
4) Leung, O. M., Goh, M. C., *Science*, **255**, 64 (1992)
5) Aoike, T. *et al.*, *Langmuir*, **17**, 5688 (2001)
6) Graessley, W. W., *Adv. Polym. Sci.*, **16**, 1 (1974)
7) Elkaakour, Z. *et al.*, *Phys. Rev. Lett.*, **73**, 3231 (1994)
8) Aoike, T. *et al.*, *Langmuir*, **17**, 2153 (2001)
9) Suwa, J. *et al.*, *Langmuir*, **23**, 5882 (2007)
10) Komoto, T., Hironaka, S., *Angew. Makromol. Chem.*, **150**, 189 (1987)
11) Kakiage, M. *et al.*, *ACS Appl. Mater. Interfaces*, **2**, 633 (2010)
12) Ikada, Y., Jamshidi, K., Tsuji, H., Hyon, S.-H.: *Macromolecules*, **20**, 904 (1987)
13) Tsuji, H., *Polymer*, **41**, 3621 (2000)
14) Uehara, H. *et al.*, *Langmuir*, **22**, 4985 (2006)

第5章 摩擦振動の基礎

田所千治[*1]，中野　健[*2]

1　はじめに

「動く」という機械の本質を担う可動部の多くは，二面の接触が生む垂直抗力で負荷を支えながら，目的とする相対運動を実現する。この状況において，接触部に作用する接線方向の抵抗力（すなわち摩擦力）が原因となり発生する振動を，一般に摩擦振動と呼ぶ。

なめらかに運動することを想定して設計されたすべり摩擦システムに摩擦振動が発生すると，運動が間欠的となり，機械の主たる機能が著しく損なわれる場合がある。あるいは，摩擦振動の振幅が機械の性能を低下させるほど大きくなくとも，摩擦振動に起因する異音の発生が機械の商品価値を低下させる場合もある。また，異音の騒音レベルの絶対値が高くなくとも，環境騒音の低下やユーザの要求の高度化にともない，相対的に問題として浮かび上がるケースも少なくない。摩擦振動の問題は，まさに千差万別である。

例えば，図1のような1自由度系では，最大静止摩擦力と動摩擦力の差を駆動源として発生するスティックスリップ，または，相対速度に対して減少する動摩擦力（動摩擦力の速度弱化特性）を駆動源として発生する自励振動が現れる[1]。前者は平衡点が安定でも発生し，後者は平衡点の不安定性により発生する（ただし，後者は振動の成長により，最終的には前者と同化する[1]）。一方，材料の柔軟性を考慮した図2のような2自由度系では，負荷に依存する動摩擦力ではなく，動摩擦係数の絶対値が，モード結合型の摩擦振動の発生限界を支配する[2]。このように，

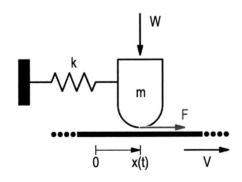

図1　摩擦振動を表現する最小構成要素モデル：摩擦力 F が作用する1自由度振動系

---

*1　Chiharu Tadokoro　東京理科大学　工学部　機械工学科　助教
*2　Ken Nakano　横浜国立大学　大学院環境情報研究院　准教授

第 5 章　摩擦振動の基礎

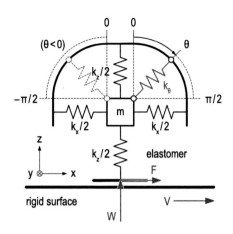

図 2　バルクの振動のモデリング：摩擦力 F が作用する 2 自由度振動系（接線方向と法線方向）

高々 2 自由度の 2 種類の系に限っても，異なる 3 種類のメカニズムがあり得るので，ある機械での摩擦振動の抑制に効果のあった処方が，他の機械では効果が現れないという場合も十分にあり得る。

2　摩擦振動を表現する最小構成要素モデル

摩擦振動という現象が「摩擦＋振動」である以上，振動を表現する最小構成要素としての質量とばねに加えて，摩擦力の作用点がそこに含まれなければならない。従って，摩擦振動を表現可能な最小構成要素モデルとは，図 1 の 1 自由度振動系に他ならない。

1 自由度振動系に作用する摩擦力として，クーロン摩擦則（「①静摩擦係数は垂直荷重によらず一定，②動摩擦係数は垂直荷重と相対速度によらず一定，③静摩擦係数は動摩擦係数よりも大きい」ことを仮定する摩擦則）（図 3（a））を仮定すると，スティックスリップの基本的な性質の多くを説明することができる（3 節）。また，相対速度に対して減少する動摩擦力（図 3（b））を仮定すれば，自励振動の発生メカニズムを説明することができる（4 節）。

ただし，しゅう動面の少なくとも一方がゴムなどの弾性体で構成されるとき，しゅう動材自身の変形がもたらす摩擦振動が問題になる場合もある。弾性体は，慣性（質量の作用）と弾性（ばねの作用）を併せもつので，それ単体で振動系を構成することができる。しかし，弾性体の動特性を表す質量とばねを，図 1 の 1 自由度振動系でモデリングするのは必ずしも適切でない。弾性体の摩擦振動と向き合う際には，「弾性体のどのような変形（変形箇所と変形方向）に着目するのかを明確にする」ことが重要である。5 節では，ソフトマテリアルの柔軟性を考慮した 2 自由度系に現れる摩擦振動として，バルクの接線方向の変形をともなうスティックスリップと，モードカップリング不安定性による自励振動について触れる。

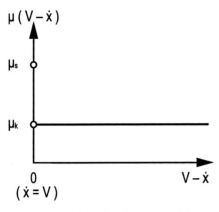
(a) 静摩擦係数と動摩擦係数の差（クーロン摩擦モデル）

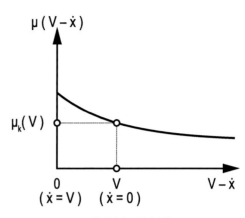
(b) 動摩擦力の速度弱化

図3　摩擦振動の駆動源となる摩擦特性：(a) 静摩擦係数と動摩擦係数の差（クーロン摩擦モデル），(b) 動摩擦力の速度弱化

3　静摩擦と動摩擦の差によるスティックスリップ

3.1　支配方程式

図1に示した1自由度振動系について，時間をt，物体の質量をm，剛性をk，摩擦力をF，$F=0$とした平衡点からの物体の変位をxとすると，物体の運動方程式は次式で表される。

$$m\ddot{x} + kx = F \tag{1}$$

ただし，$(\dot{\ })$は時間tに関する微分である。また，摩擦力Fは，二面の相対速度によって3種類の状態がある。相対速度が零の場合，静摩擦力F_sが作用し，相対速度が非零の場合，動摩擦力F_kが作用する。動摩擦力は二面の相対運動を妨げる方向に働くので，床面の駆動速度をVとすれば摩擦力Fは次式のように表せる。

$$F = \begin{cases} F_s & \text{when } V - \dot{x} = 0 \\ F_k & \text{when } V - \dot{x} > 0 \\ -F_k & \text{when } V - \dot{x} < 0 \end{cases} \tag{2}$$

ただし，静摩擦力F_sについては，力のつり合いによって以下の範囲で値が変わる。

$$-\mu_s W = -F_{smax} \leq F_s \leq F_{smax} = \mu_s W \tag{3}$$

ここで，F_{smax}は最大静摩擦力，μ_sは静摩擦係数である。また，動摩擦力F_kについては，動摩擦係数μ_kを用いて次式のように与えられる。

$$F_k = \mu_k W \tag{4}$$

第 5 章　摩擦振動の基礎

クーロン摩擦を仮定すれば，摩擦係数 μ は

$$\mu = \begin{cases} \mu_s = \text{const.} & \text{when} \quad V - \dot{x} = 0 \\ \mu_k = \text{const.} & \text{when} \quad V - \dot{x} \neq 0 \end{cases} \quad (5)$$

ただし，$\mu_s > \mu_k$ である。

以上の式(1)〜(5)が，1自由度振動系に現れるスティックスリップを表現するための支配方程式である。

3.2　スティックスリップを特徴づけるパラメータ

この系を特定するためには6個のパラメータ（質量 m，剛性 k，垂直荷重 W，駆動速度 V，静摩擦係数 μ_s，動摩擦係数 μ_k）が必要だが，実はこれらの影響は，スティックスリップパラメータと呼ばれる無次元量 λ：

$$\lambda = \frac{(\mu_s - \mu_k)W}{V\sqrt{mk}} \quad (6)$$

に集約できることがわかっている[1]。振動波形は $\lambda \ll 1$ のとき正弦波状，$\lambda \gg 1$ のとき鋸歯波状となり，発生する振動の周波数 f_{ss} および振幅 A_{ss} は

$$\frac{f_{ss}}{f_n} = \left\{1 + \frac{1}{\pi}\left(\lambda - \tan^{-1}\lambda\right)\right\}^{-1} = \begin{cases} 1 & \text{when} \quad \lambda \ll 1 \\ \pi\lambda^{-1} & \text{when} \quad \lambda \gg 1 \end{cases} \quad (7)$$

$$\frac{A_{ss}}{A_n} = \sqrt{1 + \lambda^2} = \begin{cases} 1 & \text{when} \quad \lambda \ll 1 \\ \lambda & \text{when} \quad \lambda \gg 1 \end{cases} \quad (8)$$

で与えられることが知られている[1]。ただし，左辺の分母はそれぞれ $f_n = \omega_n/2\pi$，$A_n = V/\omega_n$ で，ω_n は系の固有角周波数（$\omega_n = \sqrt{k/m}$）を表す。一般に，低駆動速度のとき鋸歯波状の摩擦振動が発生すると言われているが，それは駆動速度 V の値そのものが問題なのではなく，式(6)で定義される λ が1に対して十分大きいこと（すなわち，$V \ll (\mu_s - \mu_k)W/\sqrt{mk}$ であること）が現象の本質である。

式(7)と式(8)の第2辺に示した厳密解は必ずしも簡単な形ではないが，$\lambda \ll 1$ または $\lambda \gg 1$ の極限では，第3辺に示した簡単な近似解が得られる。これは，$\lambda \ll 1$ では振動のほぼすべてがスリップ状態，$\lambda \gg 1$ では振動のほぼすべてがスティック状態にあるので，実際にはスティック状態とスリップ状態を繰り返す現象が，見掛けの上で簡単化されることによる。

図4はこのことを模式的に表している。図4（a）は，$\lambda = 10$ に相当する条件で発生するスティックスリップについて，物体の速度（上）と変位の時間変化（下）を示している。変位のグラフに着目すると，ゆっくりと線形的に増加するスティック状態（図中のST）が，調和的に振

動するスリップ状態（図中のSL）よりも時間がかかるために，全体としては鋸歯波状の波形が現れている。スティック状態からスリップ状態への遷移（図中の〇）は変位に規定される。変位がF_{smax}/kに達すると物体はすべり始め，図4(a)ではこれが鋸歯の頂点にほぼ一致する。一方，スリップ状態からスティック状態への遷移（図中の●）は速度に規定される。すなわち図中の〇において正の速度Vですべり始めた物体は，負の復元力により直ちに減速されて負の速度に転じるが，引き続き正に転じた復元力により増速され，速度がVに回復して相対速度が零となるとき，図中の●において物体は再び固着する。

ここで図4(a)の駆動速度を10倍（$\lambda=1$に相当）にすると，状況は図4(b)のように変化する。変位のグラフを見ると，スリップ状態での固有周期を変えずにスティック状態での勾配が10倍に変化して，スティック状態よりもスリップ状態をとる時間が長くなっている。さらに速度のグラフでは，図中の〇での正の速度Vが負に転じるまでに要する時間がもはや無視できない。このことが，変位のグラフにおいて図中の〇から右斜め上に伸びる明確な正弦波の頂点を形成し，全体としてはもはや鋸歯波ではなく，むしろ正弦波と見間違うような波形を生む。

スティックスリップの特徴を表1にまとめておく。λ値の大小によって，定性的な傾向が全く異なることに注意して欲しい。例えば摩擦振動の周波数は，$\lambda \gg 1$ではm以外の5種類のパラメータに依存するが，$\lambda \ll 1$ではmとkのみで決まる固有周波数に一致する。従って，摩擦振動問題の適切な対策を講じるためには，その系におけるλ値を知ることが極めて重要である。

3.3 スティックスリップの発生・非発生条件

スティックスリップの駆動源となる最大静摩擦力と動摩擦力の差を零とするもしくは最大静摩擦力よりも動摩擦力の方が大きくなるように摩擦特性を設計することができれば，スティックスリップを回避できるが，そのようなアプローチを都合良く取れるとは限らない。最大静摩擦力が動摩擦力より大きくともスティックスリップを回避可能とするためには，系のエネルギーを散逸させる粘性減衰が系の構成要素として必要である。そこで，図1の1自由度系に粘性減衰cを加

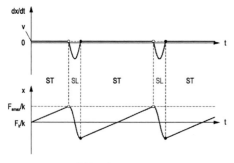

(a) $\lambda=10$の場合に生じるスティックスリップ

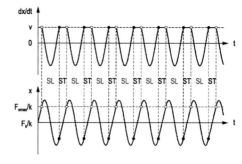

(b) $\lambda=1$の場合に生じるスティックスリップ

図4 スティックスリップの変位と速度の時間変化：(b)は(a)の駆動速度を10倍にしたもの
　　（ST：スティック状態，SL：スリップ状態）

第5章　摩擦振動の基礎

表1　クーロン摩擦が作用する1自由度振動系の摩擦振動の特徴

λ [see Eq. (6)]	$\lambda \ll 1$	$\lambda \sim 1$	$\lambda \gg 1$
Waveform	Sinusoidal	Quasi-sinusoidal	Sawtooth
Frequency	$f_{ss} = \dfrac{1}{2\pi}\sqrt{\dfrac{k}{m}}$	[see Eq. (7)]	$f_{ss} = \dfrac{kV}{2(\mu_s - \mu_k)W}$
Amplitude	$A_{ss} = V\sqrt{\dfrac{m}{k}}$	[see Eq. (8)]	$A_{ss} = \dfrac{(\mu_s - \mu_k)W}{k}$

えたモデルを想定して，スティックスリップの回避について考える。物体の運動方程式は，次式で表される。

$$m\ddot{x} + c\dot{x} + kx = F \tag{9}$$

スティックスリップを回避するためには，スティック状態からスリップ状態に遷移した後，粘性減衰作用により再スティックしないようにすれば良い。ただし，そのために必要な粘性減衰は，スティックスリップパラメータλに依存する。次式は，スティックスリップの発生限界を示す厳密解である[1]。

$$\ln(1 - 2\zeta\lambda + \lambda^2) = \frac{\zeta}{\sqrt{1-\zeta^2}}\left(3\pi + 2\tan^{-1}\frac{1-\zeta\lambda}{\lambda\sqrt{1-\zeta^2}}\right) \tag{10}$$

ただし，ζは減衰比（$\zeta = c/2\sqrt{mk}$）である。スティックスリップの発生限界と2個の無次元パラメータ（λとζ）の関係を図5に示す。式(10)の漸近線として次式がある。

$$\zeta = \begin{cases} (4\pi)^{-1}\lambda^2 & \text{when } \lambda \ll 1 \\ 1 & \text{when } \lambda \gg 1 \end{cases} \tag{11}$$

また，式(10)の近似解として次式が得られている。

$$(1-\zeta)^n \lambda^2 = 4\pi\zeta \tag{12}$$

図5に示されているように，式(12)は$n = 5$のときに厳密解と良好な一致を示す。

3.4　スティックスリップ回避のための設計指針

図5に示したスティックスリップの発生限界に着目すると，$\zeta > 1$の場合，スティックスリップは発生しないことがわかる。また，有限のζがあれば，λを小さくすることにより，スティックスリップが発生しない状況を作れることがわかる。スティックスリップを回避するための基本

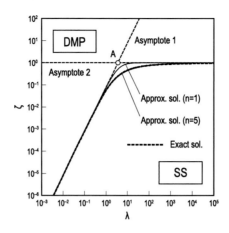

図5 スティックスリップの発生・非発生マップ

設計指針としては，λ を小さく（$\mu_s - \mu_k$，W を小さく，m，k，V を大きく），ζ を大きく（c を大きく，m，k を小さく）することである．ただし，m と k は，λ と ζ に含まれているので，図5のマップにおける現在地次第で変更の指針を判断する必要がある．

4 動摩擦力の速度弱化による自励振動

4.1 自励振動の発生・非発生条件

粘性減衰を有する1自由度振動系を力学モデルとし，図3（b）のように，動摩擦係数を相対速度の関数 $\mu_k(V - \dot{x})$ で表す．$\mu_k(V - \dot{x})$ を平衡点のまわりで線形化すれば，動摩擦力は，

$$F_k = \mu_k(V - \dot{x})W \simeq \left(\mu_k(V) - \mu_k'(V)\dot{x}\right)W \tag{13}$$

ただし，$\mu_k'(V)$ は，相対速度 V における $\mu_k(V - \dot{x})$ の微係数を意味する．運動方程式の式(9)に式(13)を代入して，平衡点を基準 $x = 0$ にとりなおせば，

$$m\ddot{x} + \left(c + \mu_k'(V)W\right)\dot{x} + kx = 0 \tag{14}$$

従って，平衡点の安定性は，

$$\begin{cases} \text{stable when } c + \mu_k'(V)W > 0 \\ \text{unstable when } c + \mu_k'(V)W < 0 \end{cases} \tag{15}$$

となる．平衡点が不安定の場合，振幅が指数関数的に増大する自励振動が発生する．平衡点が不安定となるのは，動摩擦係数が相対速度に対して負の依存性（動摩擦係数の速度弱化特性）を示

す場合である。ただし，式(15)に示されているように，動摩擦係数が速度弱化特性を示す場合であっても，粘性減衰を大きくする設計の変更，もしくは荷重を低くする作動条件の変更が可能であれば，平衡点を安定化して自励振動を抑制できる。また，粘性減衰や荷重の変更が難しい場合には，次節に示す制振法が有効である。

4.2 ヨー角ミスアライメントを利用した制振法

材料や潤滑剤の組合せや，作動条件（垂直荷重および駆動速度）はもちろんのこと，系の動特性を決める諸元（可動部の質量および支持部の剛性と減衰係数）にも手を加えることなく摩擦振動を抑制する制振法として，ヨー角ミスアライメントを積極利用した制振法[3]を紹介する。

制振原理を表す力学モデルを図6に示す。図6に示した1自由度振動系を横から見ると，図1の1自由度振動系と変わらない。ただし，系を上から見たとき，下面の駆動方向がx軸と角度φ（ミスアライメント角）をなしている。

物体の運動方程式から平衡点の安定性を調べると，次の安定条件が得られる[3]。

$$c_1 + c_2 > 0 \tag{16}$$

ただし，

$$c_1 = \mu_k'(V) W \cos^2 \varphi \tag{17}$$

$$c_2 = \frac{\mu_k(V) W}{V} \sin^2 \varphi \tag{18}$$

ここで，c_1は，摩擦係数の相対速度依存性により発現する粘性減衰作用を表し，動摩擦係数が速度弱化特性を示す場合に負の値をとる。c_2は，非零のミスアライメント角を与えることにより発現する粘性減衰作用を表し，常に正の値をとる。式(16)〜(18)を整理すると，平衡点の安定条件として，次の不等式を得る。

$$\tan^2 \varphi > -\frac{\mu_k'(V) V}{\mu_k(V)} \tag{19}$$

従って，$\varphi > \tan^{-1} \sqrt{\mu_k'(V) V / \mu_k(V)}$ のミスアライメント角を与えることで，ミスアライメントにより発現する粘性減衰効果により摩擦振動を抑制することができる。図7は，ミスアライメントによる減衰効果を実験的に証明した結果である[3]。$\varphi = 0°$の往復しゅう動中に現れた摩擦振動が，$\varphi = 30°$では消失したことがわかる。

ただし，側方すべり成分（図中の$V \sin \varphi$）の方向（y軸方向）の自由度を無視できない場合には，2自由度モデルとして扱う必要がある。その場合，x軸方向とy軸方向の剛性が異なる異方的な剛性支持とし，その剛性の主軸と駆動方向のなす角を$\varphi = 45°$とすることで，最も高い制

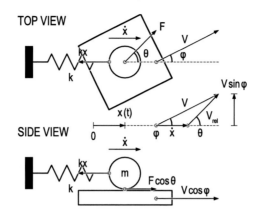

図6　ヨー角ミスアライメントφを有する1自由度振動系

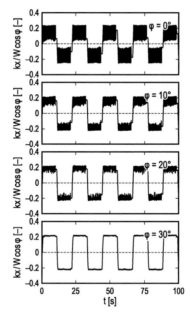

図7　ヨー角ミスアライメントによる摩擦振動の抑制

振効果が得られることが知られている[4]。

5　ソフトマテリアルの摩擦振動

5.1　バルクの接線変形をともなうスティックスリップ

　弾性体のバルクの変形をともなう摩擦振動を考察するにあたり，図1の1自由度振動系の剛なピンの先端を弾性体で置き換えた状況を考える（図8(a)）。弾性体は，垂直荷重Wによって法線方向に変形すると同時に，接触点に作用する摩擦力Fによって接線方向にも変形する[5]。後者

第5章　摩擦振動の基礎

の変形に着目して，弾性体をばねでモデリングしたものが図8（b）である[6]。この系の動力学を記述するためには，2個の従属変数（①支持部を表すばね k_1 の伸び $x_1(t)$，②弾性体を表すばね k_2 の伸び $x_2(t)$）が必要なので，図8（b）は2自由度振動系である。運動方程式は，次式により表される[6]。

$$m_1\ddot{x}_1 + c_1\dot{x}_1 - c_2\dot{x}_2 + k_1 x_1 - k_2 x_2 = 0 \tag{20}$$

$$m_2(\ddot{x}_1 + \ddot{x}_2) + c_2\dot{x}_2 + k_2 x_2 = F \tag{21}$$

バルクの変形により加わった k_2 の最大の影響は，質量（m_1）が2個のばね（k_1 と k_2）に挟まれて「宙に浮いている」ので，接触点が剛平面と固着したスティック状態にあっても，質量が振動可能となったことにある。従って，図8（b）の2自由度振動系に発生する典型的な摩擦振動波形は，図9のようになる。これは，$\lambda = 10$ に相当する条件での計算結果である。1自由度振動系では鋸歯波状の振動波形が現れていた（図4（a））のに対して，2自由度振動系ではスティック状態に高周波振動が現れる（図9）。

2自由度振動系に現れるスティックスリップの発生・非発生マップを図10に示す[6]。ただし，無次元パラメータ $\lambda = (\mu_s - \mu_k)W/V\sqrt{m_1 k_1}$，$\zeta = c_1/2\sqrt{m_1 k_1}$，$\kappa = k_2/k_1$，$\eta = c_2/c_1$ によって整理されている。図10は，スティックスリップの発生を●で，非発生を○で示している（◉は，擬似スティックスリップの発生）。図10（a）の実線は，1自由度振動系のスティックスリップ発生限界（式(10)）を示している。2自由度振動系では，1自由度振動系よりも発生領域が狭くなっている。また，図10（b）は，スティックスリップの発生・非発生と新たな無次元パラメータである剛性比 κ と減衰係数比 η の関係を示している。図10（b）の実線は，次式によって与えられ

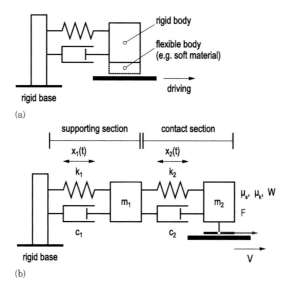

図8　弾性体の接線変形を考慮した2自由度振動系

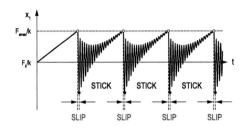

図9 弾性体の接線変形を考慮した2自由度振動系に現れるスティックスリップ

るスティックスリップ発生限界を示している。

$$\kappa = \frac{2\eta\zeta}{\varphi}\ln\left\{2\eta\zeta\left(1-\frac{1}{\lambda}\right)\right\}^{-1} \tag{22}$$

ただし，$\varphi = 3\pi/2$ とした。図10(b)より，減衰係数比 η を小さく（支持部の減衰作用 c_1 を大きく）しすぎても，大きく（弾性体の減衰作用 c_2 を大きく）しすぎても，スティックスリップを抑制できないことがわかる。このように，弾性体に現れるスティックスリップは，系の粘性減衰を大きくしても，それが必ずしも制振に繋がらない場合があることに注意が必要である。

5.2 モードカップリング不安定性による自励振動

図2に示した材料の柔軟性を考慮した2自由度系では，弾性体ブロックを表す質点が，自身の剛性を表すばねによって接線方向と法線方向に支持されている。さらに，弾性体ブロックの構造

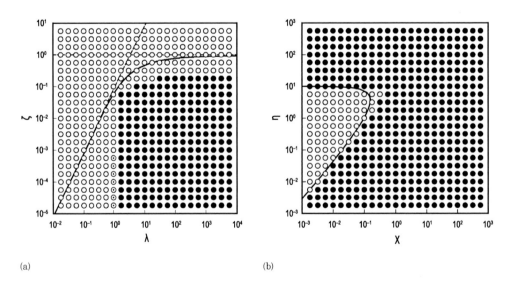

図10 2自由度系におけるスティックスリップの発生・非発生マップ
（●：発生，○：非発生，◉：疑似スティックスリップ）

第5章 摩擦振動の基礎

や物性に由来する斜めのばねが加えられている。このように弾性体の運動を許容した2自由度系では，ふたつの振動モードが連結して平衡点を不安定化（モードカップリング不安定性）し，自励振動が現れることがある。実現象に合わせてモデルに粘性減衰作用を加えると，物体の運動方程式は次式で表せる[7]。

$$\begin{bmatrix} m & 0 \\ 0 & m \end{bmatrix} \begin{Bmatrix} \ddot{x} \\ \ddot{z} \end{Bmatrix} + \begin{bmatrix} c_x & 0 \\ 0 & c_z \end{bmatrix} \begin{Bmatrix} \dot{x} \\ \dot{z} \end{Bmatrix} + \begin{bmatrix} k_x + k_\theta/2 & -k_\theta/2 + \mu_k k_z \\ -k_\theta/2 & k_z + k_\theta/2 \end{bmatrix} \begin{Bmatrix} x \\ z \end{Bmatrix} = 0 \quad (23)$$

ただし，斜めのばねの取り付け角度は$\theta = -45°$としている。式(23)について固有値解析を行い求めた固有値$s = \sigma + i\omega$に対する動摩擦係数の影響を図11に示す[7]。ωは振動数を示し，σは振幅の成長率を示している。実部が正（$\sigma > 0$）の場合，平衡点が不安定となる。動摩擦係数が小さい場合には，ωに2個の値が現れているが，実部が負（$\sigma < 0$）なので系の平衡点は安定である。動摩擦係数が大きくなるに従い，ωの2個の値は近づき，単一の値となる（モードが結合する）と，σの値が2個現れて，1個でも$\sigma > 0$となると平衡点は不安定（モードカップリング不安定性）となる。平衡点が不安定になると，擾乱によって自励振動が発生し，振幅は接線方向と法線方向ともに指数関数的に増大する[8]。このモードカップリング不安定性による自励振動は，振動抑制のために弾性体材料の粘性減衰作用を大きくすると，逆に振動が生じやすくなる場合がある[7]ので，注意が必要である。

6 おわりに

摩擦振動の基礎として，摩擦振動を表現する最小構成要素のモデルを用いて，摩擦振動の特徴，非発生条件，振動回避のための設計指針についてまとめた。1自由度系に現れる摩擦振動は，発生メカニズムによらず粘性減衰作用を大きくすることで抑制可能である。一方，ソフトマテリアルの柔軟性を考慮した2自由度系に現れる摩擦振動は，粘性減衰作用を単純に大きくするのみでは抑制できず，系の構成要素のバランスを考える必要があることに注意しなければならない。

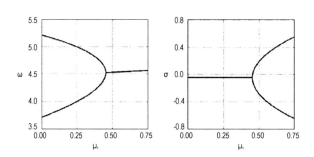

図11 モードカップリング不安定性による平衡点の不安定化

ただし，ソフトマテリアルの摩擦振動は，今回紹介した2種類の2自由度系からもわかるように，どの変形に着目するかで，得られる結論が大きく異なる．また，現状では，実際に振動や異音として問題となる摩擦振動が「いつ・どこで」発生したのか，不明な場合も少なくない．従って，ソフトマテリアルの摩擦振動の問題を根本的に解決するためには，本稿のような理論的な枠組みとは別に，接触界面のダイナミクスの可視化もまた極めて重要である[9]．

文　献

1) K. Nakano & S. Maegawa, *Lubrication Science*, **22**, 1-18 (2010)
2) N. Hoffmann, M. Fischer, R. Allgaier, & L. Gaul, *Mechanics Research Communications*, **29**, 197-205 (2002)
3) 角直広・田所千治・中野健, 日本機械学会論文集C編, **79**, 2635-2643 (2013)
4) 田所千治・中野健, トライボロジー会議予稿集（日本トライボロジー学会）（東京 2012-5) 59-60
5) K. L. Johnson: Contact Mechanics, Cambridge University Press, 202-241 (1985)
6) K. Nakano & S. Maegawa, *Tribology International*, **42**, 1771-1780 (2009)
7) N. Hoffmann & L. Gaul, *ZAMM-Journal of Applied Mathematics and Mechanics / Zeitschrift für Angewandte Mathematik und Mechanik*, **83**, 524-534 (2003)
8) N. Hoffmann, S. Bieser, & L. Gaul, *Technische Mechanik*, **24**, 185-197 (2004)
9) 中野健, トライボロジスト, **59**, 277-282 (2014)

第6章　トライボロジー評価法

梅田一徳*

1　はじめに

しゅう動材料そのものやそこに使用する潤滑剤のトライボロジー特性を評価するためには，摩擦・摩耗試験機を活用してそれらの基礎データを取得した上で，さらに，実際のトライボシステム（実機）による評価を行い，目的に合った材料や潤滑剤を選定するのが常識的な方法である。ここでは摩擦・摩耗試験の方法およびその評価にあたり重要なファクターとなるものや実験上注意すべき点を中心に述べてみたい。

2　摩擦・摩耗試験法

摩擦・摩耗試験の方法は，摩擦形態ではすべり摩擦試験法（図1）と転がり摩擦試験法（図2）がある[1]。それぞれの試験法について，さらに接触面形状で分けると，点接触，線接触，面接触に分けることができる。また，運動の方向について考えると，それぞれ一方向運動および往復運動が考えられる。転がり摩擦試験法では，摩擦対の速度を同じにした場合が純転がりであり，異なる速度にした場合が転がり－すべりと呼んでいる。

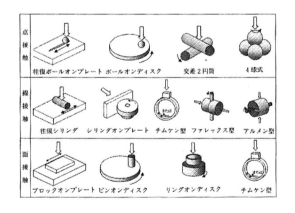

図1　すべり摩擦試験法[1]

---

*　Kazunori Umeda　国立研究開発法人　産業技術総合研究所　先進製造プロセス研究部門
　　トライボロジー研究グループ　テクニカルスタッフ

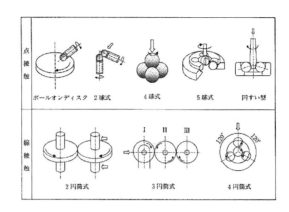

図2　転がり摩擦試験法[1]

摩耗試験のJIS規格および前記の日本機械学会基準の摩耗試験の規格としては下記がある。
1) JIS K7218　プラスチックの摩耗試験方法
2) JIS R1613　ファインセラミックスのボールオンディスクによる摩耗試験方法
3) JSME S 013　摩耗の標準試験方法（対象：金属材料）

上記3種は摩耗試験の方法として規格化されているが，摩耗試験の際には摩擦特性も同時に測定するのが一般的である。これら摩耗試験の規格には試験の手順が詳細に書かれているので参考にするとよい。これら規格化されている摩耗試験法でも下記のような問題点が挙げられる。
1) 同一条件でもばらつくことがある。
2) 摩擦・摩耗試験の結果が実機の特性と異なることが多い。
3) 試験機が異なると実験結果も異なることが多く互換性は少なく優劣が逆転する場合もある。

摩擦・摩耗試験は上記の問題点を抱えているが，第一段階のスクリーニングとして行われているのが現状である。

一般的に摩擦・摩耗試験は次のような目的で行われる。
1) 摩擦・摩耗現象やメカニズムの解明
2) 目的に合ったトライボ材料の比較試験
3) トライボ候補材料の摩擦・摩耗特性を評価し使用限界条件を予測する
4) トライボ特性を効果的に発揮させるための製造条件や品質管理
5) 実機に近い試験機によるトライボ寿命予測などである。

図3は日本機械学会基準の摩耗試験法[2]である。図4は我々が使用した高温仕様の往復動摩擦試験法の一例である[3,4]。この装置は高周波誘導加熱のため昇温・冷却速度が速く，実験の効率は良い。

図5のごとく，往復動摩擦試験においては，すべり速度は両端においてゼロとなるため，等速

第6章 トライボロジー評価法

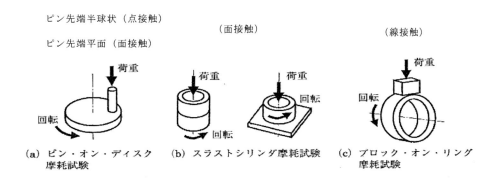

図3 日本機械学会基準の摩耗試験法[2]

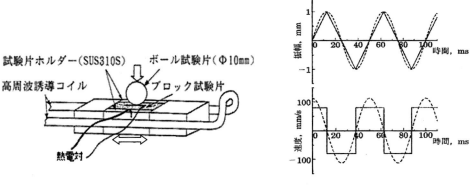

図4 往復動摩擦試験機(高温仕様)の一例[3,4]　　図5 往復動摩擦試験のすべり速度[4]

運動では振幅は三角形で表現され速度は矩形波となる。一方,速度は一定ではないがサインカーブにする場合も多い。

図6[5]は165編の論文より分類した試験片形状と摩擦対であり,実際には様々な試験方法が使用されていることがわかる。この調査の結果によると,多く行われている摩擦試験の方法としてはピン／ディスク試験とピン／リング試験であり,リング／リング試験は僅かである。

3 データのばらつきの因子

表1[6]は摩擦・摩耗試験にあたりデータの再現性の妨げとなる因子を列挙したものである。以下参考のため実験の段取ごとに説明したいと思う。

3.1 試験片

摩擦・摩耗試験に当たっては試験片の準備段階から注意する必要がある。試験片ごとの組成の相違や加工変質層の違いによる表面硬度の違いを避けなければならない。従って試験片の加工方

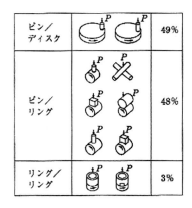

図6　試験片形状と摩擦対[5]

法は一定とし，加工後は試験片同士や他の硬いものとの衝突による摩擦表面の変化に注意する必要がある。環境からの汚染や酸化を防ぐことも必要不可欠である。そのためには試験片は湿度管理されたデシケータに保存することを勧める。コーティング材料では同じバッチでもコーティングするときの試験片の位置などによって膜の組成や物性にばらつきが生じることは少なくない。まして，バッチが異なると僅かなコーティング条件（雰囲気，温度，その他）の相違が再現性に影響することも多い。

表1　試験結果のばらつきとなる因子[6]

実験の段取	項目	原因となる因子
試験片の準備	素材	組成，均一性，純度，内部欠陥
	加工	形状精度，焼入れ深さ，酸化
	表面処理	膜厚，焼入れ深さ，酸化
	洗浄	コンタミ除去，洗浄液の浸み込み，吸着
	取付け	取付け不良，試験片の汚染，損傷
試験条件	雰囲気	湿度，雰囲気組成，コンタミネーション
	温度	温度測定法，測定点，温度制御
	荷重	荷重負荷方式，荷重制御方式
	速度	速度検出方法，速度制御方式
	潤滑	潤滑油性状，固体潤滑剤性状，供給方式
試験機	摩擦系	摩擦力測定方法，固有振動数，剛性
	外乱	振動，電磁ノイズ，漏電流
摩耗測定	重量測定	摩耗粉の除去，潤滑油，洗浄液の浸み込み，試験片の磁化　試験片の摩耗以外の破損
	形状測定	測定箇所，測定方法，摩耗前後の比較
その他	データ数	試験当たりの測定数，試験片履歴

3.2 試験条件

試験条件として，まず雰囲気は重要なファクターである。例えば，大気中，常温であっても湿度が異なる場合を例に挙げてみよう。油で潤滑した場合，雰囲気の比較的影響は少ないが，無潤滑や固体被膜による潤滑の場合においては，摩擦・摩耗に影響することは常識となっている。

温度，荷重，速度についてはそれぞれの測定法，負荷法，検出法や制御方式によって異なる結果をもたらすので注意を要する。潤滑油の場合は僅かな粘度，添加剤などの相違，固体被膜潤滑剤の場合は被膜の厚さ，硬さ，基板との密着性などの相違に影響される。

3.3 試験機

摩擦試験機が変わると結果が異なる場合はよくあることである。摩擦力の測定法が異なることで固有振動数や剛性が異なるためと思われる。当然試験機全体の剛性にも左右される。また，外部からの振動や電磁気等の影響も無視はできない。焼付き等による過度の摩擦力等から試験機を保護するためには，摩擦力の上限値を定めて試験機を停止さることや，試験片の摩耗寸法をモニターして一定寸法を超えたら試験機を停止させる工夫もあるとよい。また，試験片の温度をモニター，記録することも試験後のデータの解析に有効である。

3.4 摩擦力測定

摩擦力（摩擦係数）は時間の経過とともに変動するので，摩擦試験中の全時間について記録すべきである。例えば，表面あらさの影響などで，摩擦初期の摩擦係数の値は大きく，定常状態では値が減少していることが殆どである。また，試験中にも摩擦力の変動が頻繁に表れる場合も多い。また，突然に急激な摩擦の上昇が現れ，焼付きが発生するような場合もある。

3.5 摩耗測定

摩擦試験後に摩耗量を測定する場合，実験前後の試験片の重量ないし摩擦痕の形状から摩耗体積を算出することになるが，重量法については摩耗粉や潤滑剤の除去を怠らないこと，形状法については摩耗痕内外の基準面を見極めることが肝要である。

文　　献

1） 社団法人日本トライボロジー学会編：セラミックスのトライボロジー（2003）
2） 日本機械学会：摩耗の標準試験方法, 日本機械学会基準 JSME S013（1999）
3） 梅田一徳：無潤滑往復すべりにおけるセラミックスの摩擦・摩耗に及ぼす温度の影響 － Al_2O_3, ZrO_2, Si_3N_4 について－, 機械技術研究所所報, 6(50), 141（1996）
4） 社団法人日本トライボロジー学会編：摩擦・摩耗試験機とその活用, 22（2007）
5） 社団法人日本トライボロジー学会編：摩擦・摩耗試験機とその活用, 286（2007）
6） 社団法人日本トライボロジー学会編：摩擦・摩耗試験機とその活用, 277（2007）

第7章　摩擦面観察（物理分析）

佐々木信也[*]

　トライボロジー現象の場合，表面表層における原子・分子レベルの特性が，マクロな摩擦・摩耗特性を支配することがある。かつては想像の域を出なかった原子・分子レベルでの摩擦・摩耗メカニズムの議論も，最近では精密かつ高感度な表面計測・分析技術を用いることによってその検証ができるようになり，詳細なメカニズムの解明と理解を通して新しいしゅう動材料や潤滑剤の開発などに大きく役立っている[1]。本章では，高分子材料をトライボロジー用途に活用する際に必要な物理的な物性測定方法について述べる。

1　物理分析の目的と意義

　一般に固体表面は，図1に示すように周囲の雰囲気とバルク固体との間を連続させる界面構造を有している。ナノ・マイクロオーダーの構造は，より大きな表面構造であるサブミクロンオーダーのうねりや粗さの上にシームレスに形成されており，それぞれのスケールレベルにおける様々な因子が，表面物性およびトライボロジー特性に影響を及ぼしている。
　表面性状はトライボロジー特性を支配する重要な因子の1つである。表面のうねりや粗さは相手表面との接触状態を決定し初期なじみ過程に大きな影響を及ぼすとともに，二固体間の硬度差が大きい場合にはアブレシブ摩耗の支配的要因となる。高分子材料の場合，構造強度強化のために添加されたフィラーの表面における分散状態などがミクロな表面性状に影響を及ぼし，トライ

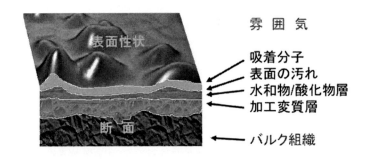

図1　固体表面の構造

---

*　Shinya Sasaki　東京理科大学　工学部　機械工学科　教授

第7章 摩擦面観察（物理分析）

ボロジー特性を支配する。特に高分子材料がしゅう動材料として応用されることの多いシールやパッキンにおいては，濡れ性や漏れ挙動など支配する因子として，表面性状は極めて重要な役割を果たす。機械要素設計においてしゅう動部分の表面仕上げに細心の注意が必要とされるのはこのためであり，製品の品質管理の一環として表面粗さやうねりは外すことのできない必須の検査項目となっている。

一方で，表面性状をコントロールしてトライボ特性向上を図る表面改質技術の1つとして表面テクスチャリングがある。最近ではパターンの微細化が進むとともに，マクロなテクスチャリング構造との複合化を図るマルチスケール・テクスチャリングの概念が注目されている[2]。このようなテクスチャ表面の性状計測では，ナノオーダーからミリメートルオーダーまでの広いダイナミックレンジでの高さ方向分解能と，センチメートルオーダーの広い測定領域が要求される。高分子材料の場合，摩擦に伴う表面変形や僅かな摩耗量を測定対象にすることも多いため，表面形状を正確に把握する必要から3次元形状計測装置の利用が広がっている。

摩擦・摩耗メカニズムを理解する上では，表面の性状や化学的特性もさることながら，表面の機械的な性質も重要な因子である。中でも硬さや粘弾性は，摩擦面の弾性・塑性変形および真実接触状態などに直接影響する因子であるため，その定量的な評価は必要不可欠となる。ただし，高分子材料の場合には，一般に表面の結晶構造は内部組織とは異なることが知られており，バルクで測定された値をそのまま利用することができない場合もある。最近では，ナノインデンターやSPM（走査型プローブ顕微鏡）を利用して，高分子材料の表面極近傍の機械的特性を高精度で測定しようとする試みも本格化している。

2 表面性状測定

表面性状を計測する方法は，表1に示したように接触式と非接触式に大別される。尚，この表で示した垂直分解能と測定領域は，市販装置における一般的な範囲を示したものである。接触式

表1 表面性状の主な測定機器と性能

	プローブ	計測装置	垂直分解能*	水平分解能*	測定範囲**
接触式	ダイヤモンド針	触針式粗さ計	1 nm	10 nm	50 mm
	AFMカンチレバー	原子間力顕微鏡 AFM	0.01 nm	1 nm	$50 \times 50\,\mu m^2$
非接触式	光	レーザ変位式 3次元形状測定器	$0.1\,\mu m$	$10\,\mu m$	$50 \times 50\,mm^2$
		白色干渉光学式 3次元形状測定器	0.1 nm	$1\,\mu m$	$5 \times 5\,mm^2$
		共焦点レーザ走査型顕微鏡	10 nm	$0.5\,\mu m$	$2 \times 2\,mm^2$
	電子／イオン	走査型電子顕微鏡 SEM 走査型イオン顕微鏡 SIM	空間分解能 2 nm 5 nm		$1 \times 1\,mm^2$

* 分解能は標準的な機器性能。** 測定範囲は倍率や画像重合により大きく変わるためあくまでも目安。

形状測定装置を代表するものとしては，従来型の触針式表面粗さ計とAFM（原子間力顕微鏡）がある（図2）。AFMは原子レベルの凹凸を識別する高い分解能を有するものもあるが，測定可能な範囲は垂直および水平方向ともに限定されるため，荒れた摩耗面の観察や大きなうねりの測定には適さない。

非接触式形状測定装置としては，光をプローブに用いるものが主であるが，電子線を用いたSEM（走査型電子顕微鏡）やイオンビームを用いたイオン顕微鏡なども形状観察に利用できる。光プローブ方式では，白色干渉光学系（図3）や共焦点光学系を用いたもののほか，レーザ変位計を触針プローブの代わりに用いた表面形状測定装置などもある。また，共焦点方式と白色干渉方式を組み合わせた3次元形状測定装置や，AFMと光学顕微鏡を一体化したレーザ顕微鏡など様々な複合機種も実用化されている。これらの複合装置は，全体像を見ながら，特定の部位の高精度計測が可能なため，利便性の点で優れている。

摩擦後のしゅう動面の損傷状態を観察する際，3次元形状を視覚的に把握し易いSEM観察は

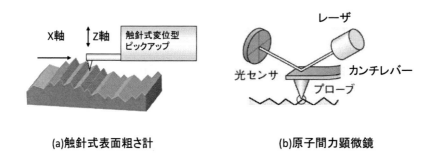

(a)触針式表面粗さ計　　　　　　　　(b)原子間力顕微鏡

図2　触針式表面形状測定法

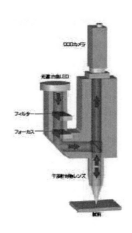

図3　白色干渉光学式3次元形状測定器の原理
（キヤノンマーケティングジャパン株式会社）

第7章 摩擦面観察（物理分析）

金属材料の場合には必須とも言える分析手法である。しかし，導電性を有しない高分子材料の場合には，導電性金属やカーボンなどの蒸着膜付与の前処理が必要になる。ただし，蒸着膜を施すことにより表面状態が変わる場合もあるため，これまでは高分子摩擦面の SEM 観察は敬遠される傾向にあった。最近，導電性があり真空中でも蒸発しないイオン液体を利用し，導電性のない高分子や無機材料をコーティングなしで SEM 観察する手法の有用性が知られるようになった[3]。イオン液体を使った SEM 観察は，これまでには困難であった高分子の微細な摩耗粉やフィラー分散状態の分析に応用が期待される。

3 機械的物性測定

　トライボロジーにもっとも大きな影響を及ぼす表面の機械的性質は，硬さならびにヤング率である。摩擦接触面における真実接触面積は，変形を支配するヤング率と塑性流動圧力の大きさで決まり，金属材料においては塑性流動圧力が支配的となるためにこれに相当する物性値として硬さがその指標として用いられている。しかし，硬さは表面に傷や損傷の起こりやすさの間接的な評価手段として用いられたもので，材料物性という観点からは物理的意味を持たない値である[4]。工業的には重要な指標であるため，引っ掻きによるモース硬さにはじまった尺度化は，押込みによるブリネル硬さの普及を経て，その後は評価対象や用途によって様々な測定方法が利用されるようになった。測定方法から，(1) 静的な押込み，(2) 動的反発，(3) 引っ掻きの3つの方法に分類される。静的押込み硬さ試験方法としては，ブリネル（HB），ビッカース（HV），ヌープ（HK），ロックウェル硬さ（HR）などがある。動的反発硬さ試験方法にはショア硬さ（HS）などが，引っ掻き硬さ試験法には，マルテンス硬さなどがある。表2に代表的な硬さ試験法を示す[5]。高分子材料，特にゴムなどの柔らかい弾性体は，ショア硬さによる評価が行われる。

　高分子の表面・界面は異種媒体と接触しているためにバルクとは異なったエネルギー状態となり，その凝集構造および分子運動特性はバルク内部とは異なる。例えば，高分子薄膜ではバルクとは異なる表面特有のガラス転移温度（T_g）を示すことがわかっている[6]。また SPM による解析から，表面の T_g は，バルクの T_g よりも低い温度であることが確認されている[7]。そこで，高

表2　代表的な硬さ試験方法[4]

硬さ試験法	圧子	試験力	くぼみ直径	くぼみ深さ
ビッカース硬さ	ダイヤモンド正四角錐圧子	0.09807～980.7 N	1.4～0.005 mm	0.2～0.001 mm
ロックウェル硬さCスケール	ダイヤモンド円錐圧子	1471.0 N	1～0.4 mm	0.16～0.06 mm
ブリネル硬さ	超硬合金球 10～1 mm径	29.42 kN	6～2.4 mm	1～0.15 mm
ショア硬さ	ダイヤモンド先端の落下用ハンマ	一定の高さからの落下による衝突	0.6～0.3 mm	0.04～0.01 mm

分子薄膜の機能を十分に発現させるには，ある特定領域の凝集構造および分子運動特性を選択的に評価しこれらを制御する方法を見出す必要があり，特に表面の力学的特性と表面特性との関係を明らかにすることが強く求められている。

表面深さ数μm領域での硬さやヤング率を定量的に測定する場合には，図4に示すようなナノインデンテーション装置[8]を用いる必要がある。ナノインデンテーション法は，OliverとPharrが提案したDepth Sensing法[9]を基本原理として，国際標準規格（ISO14577[10]）に制定された測定手法である。通常のビッカース硬さ測定などとの違いは，圧痕形状を直接計測するのではなく，図5に示す荷重－押込み曲線からヤング率と硬さを算出する点にある。ただし，高分

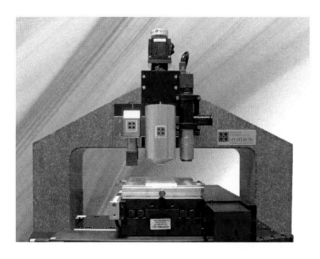

図4　ナノインデンテーション装置の概略

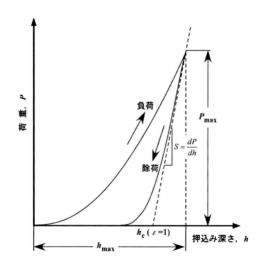

図5　荷重－押込み深さ曲線の概念図

第 7 章　摩擦面観察（物理分析）

子材料の深さ 10 nm 程度までの領域での測定には，荷重および位置分解能の点から AFM に優位性がある[11]。図 6 に AFM インデンテーションによるポリスチレン（PS）薄膜の機械的特性の測定例を示す[11]。形状の異なる探針を使用して，膜厚 150μm の PS 膜のインデンテーション試験を行った際の最大押し込み荷重と押し込み深さの関係を示している。押し込み深さは荷重とともに大きくなり，その深さ依存性は探針形状に強く依存しているのがわかる。

探針先端と試料表面間の接触状態の解析には，弾塑性変形モデルあるいは Johnson-Kendal-Roberts（JKR）モデルの適用が考えられる。それぞれのモデルの計算結果を図 6 中に併せて示す。それぞれの変形モデルにおいて，荷重 P と押し込み深さ h の関係は次式のように表される。

(1) 弾塑性変形モデル

$$P = Hch^2 \qquad \text{（三角錐圧子）} \tag{1}$$

$$P = (2\pi Rh - h^2)H \qquad \text{（球圧子）} \tag{2}$$

(2) JKR モデル

$$P = \frac{3}{2}\left(\frac{E^*a}{\pi R}\right) - \left\{\frac{3}{2}\left(\frac{E^*W}{\pi a}\right)\right\}^{\frac{1}{2}} \tag{3}$$

ここで，H は押し込み硬さ，c は定数，E^* は複合弾性率，a は接触面積，R は探針の曲率半径，W は接着仕事である。図 6 より，三角錐状および $R = 100$ nm の球状の探針を用いた場合には弾塑性変形モデルで記述できることが明らかである。しかしながら，押し込み深さが 10 nm 以下になると，徐々に JKR モデルに近づいていく。$R = 300$ nm の球状探針では押し込み初期は JKR モデルで表されるが，10 nm 以上の深さに押し込むと弾塑性モデルと一致し，変形様式が押し込み深さにより変化しているのがわかる。

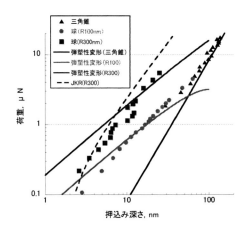

図 6　圧子形状の違いによる荷重の押込み深さ依存性への影響

図7にカンチレバー剛性（k_{lever}）= 205 N/m, R 〜 25 nm のダイヤモンド三角錐カンチレバーおよび k_{lever} = 44 N/m, R 〜 100 nm のカンチレバーを用いた場合の硬さおよび弾性率の押込み深さ依存性を示す。硬さは探針の先端形状に関係なく，ほぼ一定値となるのがわかる。膜厚以下の押し込み深さでは基板（下層構造）に対してあまり感度はないが，5 nm 以下の押し込み深さでは，弾性率はバルクの値よりも小さくなっている。これは，表面とバルク中での分子の運動性の違いにより，表面では，圧子により負荷される応力が，バルクと比較して容易に緩和されることに由来するものと考えられる[12]。PSのようなガラス状高分子薄膜あるいは表面近傍の弾性率を選択的に評価するには，十分に曲率半径の大きい探針を用いるなど，AFMの探針形状およびカンチレバーのバネ定数を最適化することが必要である。

高分子材料では，表面の粘弾性も重要な性質の1つであり，最近のナノインデンテーション装置やAFMには，これに対応する測定モードが備わったものもある。図8にポリメタクリル酸メチル（PMMA）の測定例を示す[13]。測定に用いた装置はHysitron社TI950nanoDMA IIIで，圧子にはバーコビッチを用い，周波数ωは1 Hz，押し込み深さは300 nm以上であった。引張りモードによるマクロな動的粘弾性測定（DMA）値との比較においては，数値に若干の違いがあるものの，これは圧縮と引張りによる測定モードの違いによるものと考えられる。

表面近傍のヤング率を求める手法としては，他に表面弾性波を用いた測定方法[14]もあるが，高分子材料の場合には弾性波の減衰が大きいため，測定可能な対象は限定される。

トライボロジーに関係するこの他の機械的性質としては，脆性材料の場合には表面の破壊じん性が，コーティング材料の場合には膜の密着性などが挙げられよう。薄膜の密着性試験方法[15]には，スクラッチ法，引きはがし法，引っ張り法，引き倒し法，捩り法などの様々な評価方法がある（図9）。しかし，各評価手法間の互換性はもとよりスクラッチ法によるデータに限っても，膜の剥離が起こる臨界荷重の測定値には絶対的な意味は存在しない。すなわち，同一の装置と測

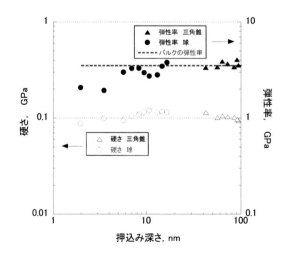

図7　ポリスチレンの硬さおよび弾性率の押込み深さ依存性

第 7 章　摩擦面観察（物理分析）

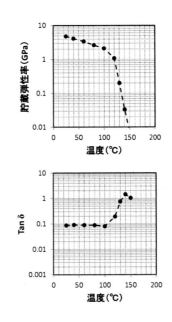

図 8　PMMA の粘弾性特性の温度依存性[12]

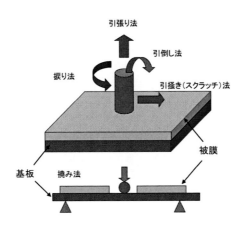

図 9　薄膜の密着性評価方法

定条件下で得られた臨界荷重値の大小からは膜の密着性の優劣は判断できたとしても，他の装置や手法によって得られた値を比較することはできないのが現状である．高分子材料の場合には，スクラッチ傷を自己修復するような材料も実用化されているが，ナノインデターを用いたナノスクラッチ法においては，ダイヤモンド圧子先端の押し込み深さを正確に測定・制御した上で，スクラッチ後の回復形状の計測が可能であるため，自己修復機能を定量評価する際に有効な手法となる．

4　摩擦面観察で留意すべきこと

　摩擦表面の特徴は，摩擦・摩耗によって表面状態が多様に変化すること，そしてその表面状態は動的環境下においてのみ存在するという点にある．すなわち，摩擦状態から解放された表面はすでに真の摩擦面ではなく，計測や分析のために表面洗浄等の処理が施された表面は，生き物に例えるならば"化石"状態にあるということができよう．そのため，摩擦面分析は本来，摩擦条件下の生きた状態を観察するのが理想である．特に高分子材料の場合には，ゴムに代表されるような大きな弾性変形量とともに，動的に変化する粘弾性が界面状態を支配するため，摩擦界面における接触形状を正確に把握することは，その場観察以外には他に手段がない．ただし，光透過性材料を用い，これに高分子材料を摩擦させてその場観察する場合でも，透過性材料の表面は実際のしゅう動材料とは材質や表面性状が異なるため，せん断応力や変形周波数の違いから実際のしゅう動状態を完全に模擬できないなどの問題点が残る．高分子材料のトライボロジー特性を制御し，その向上を図るに際しては，内部とは異なる表面近傍の物性を高精度で測定するとともに，摩擦界面における表面性状や物性の動的な変化を正確に把握する手法の開発が強く望まれる．

文　　献

1)　佐々木, 志摩ほか：「はじめてのトライボロジー」, 講談社（2013）
2)　佐々木信也："表面テクスチャリングによるトライボロジー特性の向上", 表面技術, **65**(12), 24-28（2014）
3)　有本聡ほか："種々の走査型電子顕微鏡を用いたイオン液体中での電極表面その場観察技術", 表面科学, **30**(7), 368-373（2009）
4)　「硬さのおはなし」：寺澤正男, 岩崎昌三, 日本規格協会（2001）
5)　「トライボロジーハンドブック」：日本トライボロジー学会編, 養賢堂（2001）
6)　J. A. Forrest, K. Dalnosk-Veress, J. R. Stevens and J. R. Dutcher: *Phys. Rev. Lett.*, **77**, 2002（1996）
7)　N. Satomi, A. Takahara and T. Kajiyama: *Macromolecules*, **32**, 4474（1999）
8)　佐々木信也："ナノインデンテーション法によるトライボ表面の機械的物性評価", トライボロジスト, **47**(3), 177-183（2002）
9)　W.C. Oliver and G.M. Pharr, *J. Mater. Res.*, **7**(4), 1564-1583（1992）
10)　ISO14577："Metallic materials - Instrumented indentation test for hardness and materials parameters -"
11)　三宅晃司ほか："ナノインデンテーション法による薄膜材料の機械的特性評価", 応用物理, **79**(4), 341-345（2011）
12)　K. Miyake, N. Satomi and S. Sasaki: *Appl. Phys. Lett.*, **89**, 031925（2006）
13)　"高分子薄膜の粘弾性特性評価への期待", オミクロナノテクノロジージャパン株式会社技術

第7章 摩擦面観察(物理分析)

資料
14) 佐々木信也:"レーザ励起表面弾性波法による薄膜のヤング率測定", トライボロジスト, **57** (7), 461 (2012)
15)「薄膜材料の測定と評価」: 金原粲ほか, 技術情報協会 (1991)

第8章 表面分析法（化学分析）

荒木祥和[*]

1 はじめに

トライボロジーにおいて摩擦・摩耗の最前線である表面の元素組成や化学状態を把握し，現象と関連づけることは摩擦摩耗特性を考察するうえで非常に重要である。本章では，特に高分子を対象とした表面分析法としてX線光電子分光分析法（XPS：X-ray Photoelectron Spectroscopy）および飛行時間型二次イオン質量分析法（TOF-SIMS：Time-Of-Flight Secondary Ion Mass Spectrometry）の原理と測定事例を紹介する。

2 X線光電子分光分析法（XPS）

2.1 原理

試料の表面に軟X線を照射し，表面（数nm）から放出される電子（光電子）を検出する手法である。光電子は各電子軌道から放出され，その各々が固有のエネルギーをもって検出される。検出された光電子のエネルギーおよび数は，表面に存在する元素の種類とその量に対応づけられることから，XPSを分析することで試料表面に含有する元素種と組成に関する情報が得られる。さらに，光電子のエネルギー分布を詳細に調べることにより，化学結合状態の情報が得られる。XPSの別名，ESCA：Electron Spectroscopy for Chemical Analysis は，まさに化学状態を判定することができることを示しており，高分子のトライボロジーをはじめ各種材料の表面の劣化解析，接合不良の解析，機能性薄膜や触媒性能の評価など幅広い分野で活用されている。

放出された光電子のもつ運動エネルギーは，照射されたX線のエネルギーからイオン化に必要なエネルギーを差し引いたものになる。すなわち，以下の関係式が成り立つ。

$$E_k = h\nu - E_b - \phi$$

ここで，E_kは光電子の運動エネルギー，$h\nu$は照射X線のエネルギー，E_bは束縛電子の結合エネルギー，ϕは装置（分光器）の仕事関数である。図1に模式図を示す。

XPSでは，超高真空中に入れることができれば，導電性の有無に関わらず分析が可能である。励起X線としてはAl K_a線（1486.6 eV）やMg K_a線（1253.6 eV）など比較的低いエネルギーのものが用いられる。最近ではZr L_a（2042.0 eV），Ag L_a（2984.2 eV），Cr K_a（5414.7 eV）等，よ

---

[*] Sawa Araki ㈱日産アーク マテリアル解析部 機器分析室 室長代理

第 8 章　表面分析法（化学分析）

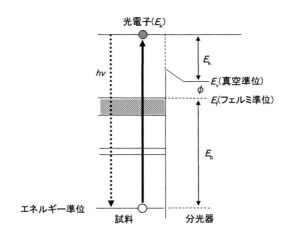

図1　固体からの光電子放出の模式図

り高いエネルギーを持つ X 線源を装備した装置が市販され，従来は検出することのできなかった深い領域までラボレベルで分析できるようになってきた。さらには SPring-8 等の放射光施設を利用した光電子分光が積極的に産業利用されるようになってきている。また，従来は単色化していない X 線源を用いることが多く，試料ダメージや不純 X 線に由来するゴーストピークが観測されるなどの問題があったが，単色化した X 線を用いることで上記の問題を解決し，さらに空間分解能を高めた装置が一般的となってきている。

2.2　XPS を用いた解析事例

XPS では通常表面数 nm の情報を得ることができるが，試料によっては，より深い領域までの情報を得たい場合がある。そのようなときには多くの市販装置で標準装備されている装置付属のイオンエッチング機能を併用して，測定とイオンエッチングを繰り返しながら，深さ方向の元素プロファイル（デプスプロファイル）を得ることができる。従来は，このエッチングのイオン源として Ar^+ イオンを用いる場合がほとんどであったが，高分子材料を分析対象とした場合，エッチングによるダメージにより試料表面の化学状態が変化してしまうことが多かった。近年，これを改善するために Ar^+ イオンに代わってクラスターイオンを備えた装置が続々と市販されている。たとえば，フラーレン（C_{60}），コロネン（$C_{24}H_{12}$），$Ar_{\sim 2500}$ クラスター等である。

ポリテトラフルオロエチレン（PTFE：polytetrafluoroethylene）は，テフロン（Teflon，デュポン社）の商品名でも知られている。摩擦係数が非常に低く，化学的に安定で，耐熱性や耐薬品性に優れた高分子材料であり，その特性を活かして固体潤滑剤として幅広く利用されている。

この PTFE の表面に汚染層が存在する試料について，コロネンを用いた XPS デプスプロファイル結果を図 2 に示す。XPS では，有機物の分子構造の違いが炭素の結合状態の違いとしてスペクトルに反映され，そこから官能基の情報を得ることができる。一般的に，電気吸引性の高い元素，たとえば F（フッ素）や O（酸素）等と結合している場合には，ピークは高結合エネ

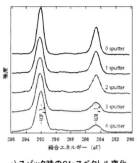 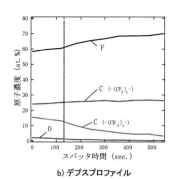

a) スパッタ時のC1sスペクトル変化 b) デプスプロファイル

図2　表面が汚染されたPTFEのXPSデプスプロファイル

ギー側にシフトし，逆に電気供与性の高い元素と結合している場合には，ピークは低結合エネルギー側にシフトする．図2a）に示すC1sの光電子スペクトルから，表面から内部にかけていずれの深さでも約285eVおよび約292eVに2つのピークが認められる．このピークトップのエネルギー値を市販のハンドブック[1,2]やインターネット上で検索できるデータベース[3,4]を参照することで，化学状態を推測できる．図2a）の2つのピークは，約285eVが炭化水素：$-(CH_2)_n-$，約292eVがPTFE：$-(CF_2)_n-$に由来する．深くなるに従い炭化水素の割合が小さくなり，PTFEの割合が高くなることから，PTFEの表面に存在する汚染物質の主成分は炭化水素であることがわかる．

3　飛行時間型二次イオン質量分析法（TOF-SIMS）

3.1　原理

　試料表面にパルス状の一次イオンを照射し，表面1〜2原子層（数Å）から放出される二次イオンを検出する手法である．放出された二次イオンは，その質量によって試料から検出器に到達するまでの時間が異なるため，その飛行時間を測ることで質量分離することができる．

　放出二次イオンの飛行時間 t は，以下の式に示すとおり二次イオンの質量 m の関数として与えられる．

$$t = \frac{L_o \sqrt{m}}{\sqrt{2E_{kin}}}$$

　ここで，L_o は引出電極と検出器の距離，E_{kin} は運動エネルギーである．この式からわかるとおり，質量数が小さいイオンほど速く検出器に到達し，質量数が大きいイオンほど遅く検出器に到達する（図3）．

　TOF-SIMSは他の多くの表面分析法にはない特徴として，水素を検出することができるほか，空間分解能が比較的高いため2次元または3次元のイメージングが可能，フラグメンテー

第8章 表面分析法（化学分析）

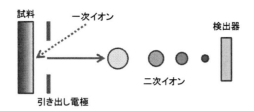

図3　TOF-SIMS原理

ションから有機材料の化学構造情報が得られる，同位体分析ができる等の利点がある。

プローブとしての一次イオン源は，現在では収束できる液体金属イオン源（LMIG）が用いられることが多い。金属種としてはGa，Au，Biの3種であるが，AuやBiは多量体イオンを多く含み，有機高分子を効率良く分析することが可能である。また，深さ方向分析を行うためのスパッタリング用のイオン源として，無機材料に対してはO^{2+}，Cs^+等が用いられるが，有機材料に対してはXPSと同様にガスクラスターイオン（GCIB）が利用され始めている。GCIBを用いることにより，μmオーダーの厚さの有機物積層体について低ダメージで深さ方向分析が可能なため，実用的な3次元イメージングが可能である[5]。

3.2　TOF-SIMSを用いた解析事例

ハードディスクドライブ（以下，HDD）は，コンピュータの外部記憶装置として一般的に広く普及している。この磁気記録媒体の表面には，磁性層を保護する目的でDLC保護層が存在し，さらにその上層に摩耗耐久性向上のために潤滑剤が塗布されている。このHDDは必ずしも理想的な環境下で使用されるわけではなく，モバイル用や車載用HDDでは，高温・多湿環境にさらされる可能性がある。そこで，摩擦特性の湿度依存性を環境制御型走査プローブ顕微鏡（SPM：Scanning Probe Microscope）により調べるとともに，潤滑剤の化学状態変化をTOF-SIMSにて調べ，潤滑剤の摩擦特性と化学状態の関連性について考察した[6]。

試料として市販されているHDDを分解し，磁気ディスクを取り出した。この磁気ディスクの層構造を図4 a）に，また，潤滑剤の分子構造を図4 b）に示す。

この潤滑層について，SPMを用いて高荷重でスクラッチして潤滑層を除去した後，摩擦分布を測定した結果を図5に示す。摩擦像において，明るく見える箇所は高摩擦，暗く見える箇所は低摩擦であることを意味する。測定の結果，摩擦特性は湿度条件によって異なる挙動を示した。湿度が低い条件（20%RH）では，潤滑膜を除去した中央部において高摩擦に変化しているのに対し，湿度が高い条件（90%RH）では，逆に低摩擦化した。

次に，この90%RH試料についてTOF-SIMSを用いて低摩擦化した領域とその周囲の化学状態の差異を調査した。測定はGa^+一次イオンを用い，二次イオンは正・負ともに検出した。また，質量範囲は0～3000 amuとした。得られた負イオンマススペクトルを図6に示し，検出された主要フラグメントのうち，低質量数のフラグメントについて低摩擦化領域と周辺部の強度

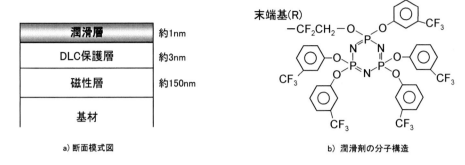

図4　試料の構造
a) 断面模式図
b) 潤滑剤の分子構造

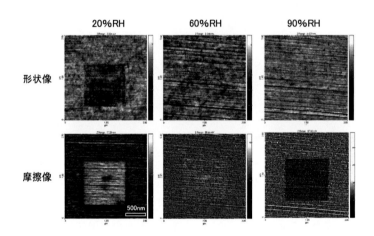

図5　スクラッチによる潤滑膜除去後の形状像および摩擦像

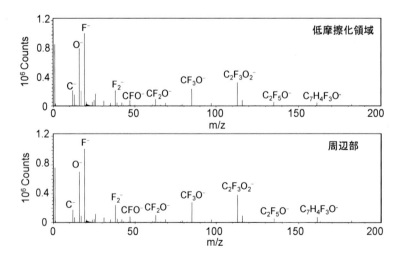

図6　90%RH試料のHDD表面の負イオンスペクトル

第 8 章　表面分析法（化学分析）

を比較した結果を図 7 に示す。低摩擦化領域では CF, CF$_3$, C$_2$F$_4$, C$_2$F$_4$O などの潤滑剤由来のフラグメント強度が若干減少し，一方で CO, CHO, OH, COOH などのフラグメント強度が増加した。次に，m/z = 300 ～ 500 における正イオンマススペクトルを図 8 に，検出された主要なフラグメント強度の比較結果を図 9 に示す。顕著な増加が認められた各フラグメントは，それぞれ図 10 に示すとおり，潤滑剤の分子構造の主鎖が切断され，生成したフラグメントと推測される。

以上から，90%RH 試料にて潤滑層が除去されたにも関わらず低摩擦化したメカニズムを考察する。図 11 に示すように，高荷重でスクラッチすることで DLC 表面の一部が破壊され，そこに湿潤環境からの水が反応し，親水基が生成する。この親水基により周囲の水を安定して表面に

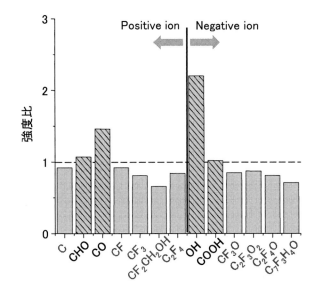

図 7　90%RH 試料の検出フラグメント比（低摩擦化領域 / 周辺部）

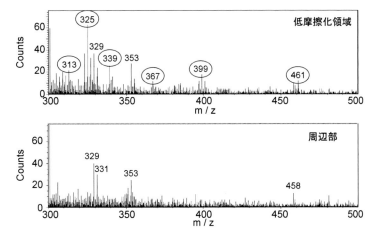

図 8　90%RH 試料の HDD 表面の正イオンスペクトル

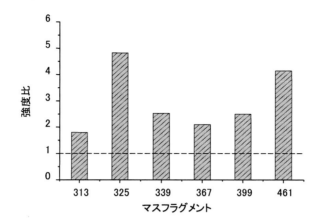

図9 90%RH試料の検出フラグメント強度比（低摩擦化領域／周辺部）

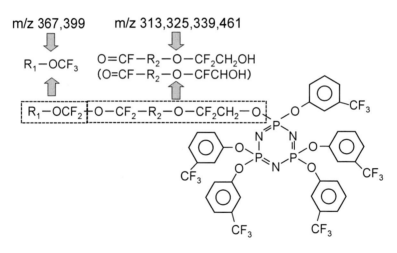

図10 90%RH試料の検出フラグメントと潤滑剤の分子構造

保持することができ，残存した潤滑剤やその変質物が混在する水の吸着層を形成することで，低摩擦化したと推測される。

4 表面分析における注意点

XPSやTOF-SIMSは表面敏感な分析法であるがゆえに，試料の取り扱いが不適切であると，表面組成や状態は変化し，本来の姿を捉えることができない。ISO 18116 Surface chemical analysis - Guidelines for preparation and mounting of specimens for analysisでは，試料の保管・搬送を含めた取り扱い方法（handling），ホルダへの取り付け方法（mounting），試料の前処理方法（preparation）について規格化されている。ISOの中では，試料の汚染と試料損傷に関する注意が何度となく記述されており，それらの回避が正しい分析をおこなう前提になるこ

第 8 章　表面分析法 (化学分析)

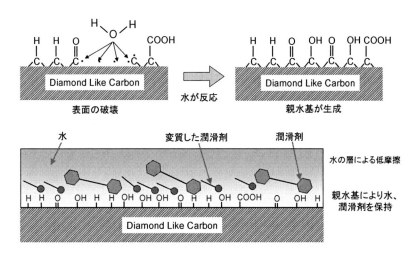

図 11　90％RH 試料の低摩擦化メカニズム

とがうかがえる。

　また，高分子材料では分析中の試料ダメージにも気を配る必要がある。XPS は他の表面分析に比べて励起源によるダメージが少ないと言われているが，その XPS でもダメージを受けて特定の官能基が脱離していく現象が観測されることがある。材料種によってダメージの度合いは異なり，ナイロン 6 やテフロンでは照射 2 時間で 10％以上の組成変化が認められるという報告[7]のほか，一般的に高分子中のハロゲン元素は脱離しやすいことがこれまでの調査からわかっている。高分子を分析対象とする場合には，なるべくダメージを与えず試料本来の姿をとらえられるような分析条件を検討する必要がある。

文　　献

1） J. F. Moulder, W. F. Stickle, P. E. Sobol and K. D. Bomben, "Handbook of X-ray Photoelectron Spectroscopy", Physical Electronics Inc. (1995)
2） G. Beamson and D. Briggs, "High Resolution XPS of Organic Polymers The Scienta ESCA300 Database", John Wiley & Sons Ltd. (1992)
3） サーモフィッシャーサイエンティフィック XPS データベース, http://www.lasurface.com/database/elementxps.php
4） NIST データベース, http://srdata.nist.gov/xps/Default.aspx
5） 宮山卓也, J. Vac. Soc. Jpn., 56, p.348（2013）
6） 沼田俊充, 叶際平, 七尾英孝, トライボロジー会議 2007 秋予稿集（2007）
7） 中山陽一, 石谷　烱, 熱硬化性樹脂, 8, p.8（1987）

【第2編　トライボロジーの制御】

第9章　アロイ・ブレンド・複合材料による制御

西谷要介[*]

1　はじめに

　機械しゅう動部材（トライボマテリアル）としてプラスチックやゴム・エラストマーをはじめとした高分子材料を用いる場合，そのまま単体で用いることもあるが，多くの場合は何らかの手法により改質・改善して使用されるのが一般的である。その手法としては，①ポリマーアロイ・ポリマーブレンド（アロイ・ブレンド化），②複合材料（複合化，いわゆる強化繊維，充填材や固体潤滑剤の添加），③潤滑剤（油）の塗布や含浸，④表面処理やコーティング，⑤化学的改質などがあげられ[1～7]，その中でも，①および②に示したポリマーアロイ（Polymer Alloy），ポリマーブレンド（Polymer Blend）および複合材料（ポリマーコンポジット，Polymer Composites），いわゆる高分子ABC（アロイ・ブレンド・複合材料）技術[8]は，工業的に簡便かつ既存の装置を利用できるため，低コストかつ短時間で複数の機能や物性を両立できることから，高分子材料のトライボロジー的性質を制御する方法として活発に検討されている。本章では，これら高分子ABC技術について，筆者らの検討例を中心に解説する。

2　ポリマーアロイ・ポリマーブレンド

2.1　ポリマーアロイ・ポリマーブレンドについて

　ポリマーアロイおよびポリマーブレンドの定義には複数ある[8～12]が，ここでは次のように分類する。ポリマーブレンドは2種類以上のポリマーや共重合体の混合物であり，分子レベルまで均一に相溶性（miscibility）を示す相溶性ポリマーブレンドと，単なるブレンド（混合）で分散系を示す非相溶性ポリマーブレンドがある。また，異種ポリマーを化学的に結合したグラフト共重合体やブロック共重合体，さらには非相溶性ポリマーブレンドの1種であるが，界面や相構造が修飾され相容化（compatibility）した系，すなわち，巨視的にみて均一な材料を総称してポリマーアロイと呼ぶ。

　このポリマーアロイ・ブレンドは機能・性能・耐久性などの物性の他に，成形加工性や経済性など複数の目的を達成するために利用されており，トライボマテリアル用途としても摩擦特性や耐摩耗性など相反する性能を同時に改善する手法として期待されている[1,2,13～15]。基本的には相溶性ブレンドでは材料選択が重要となるが，一般的に異種ポリマーの組み合わせでは相溶性を示

---

　*　Yosuke Nishitani　工学院大学　工学部　機械工学科　准教授

第9章　アロイ・ブレンド・複合材料による制御

さないものがほとんどであり，何らかの方法を用いて界面制御を行い，材料内部構造（特に相分離構造）を上手く制御して，得られた材料内部構造からどのような性能・機能を引き出すかがポリマーアロイ・ブレンドにおける材料設計ポイントとなる。そのためには，化学的手法と物理的手法，またそれらの手法を組み合わせて設計することが多い[16]。前者の化学的手法としてはポリマーや相容化剤（Compatibilizer）の選択，ポリマーの変性，および相互侵入高分子網目（IPN）などによる方法がある。特に混合組成，溶融粘度，界面張力，および官能基の導入などが構造制御に大きく影響するため，適切に材料設計をする必要がある。一方，後者の物理的手法としては二軸押出機などの混練装置による機械的な混合・分散操作が主流である。これは強い混練力による微分散効果を狙ったものである。最近では高トルク化や高せん断速度化などの混練装置も進化しており，ナノメートルオーダーでの分散構造を形成させることにより特異な高性能化効果が得られる例[17,18]なども見出されており，今後これらの技術などがトライボマテリアル分野へ応用されることも期待される。

2.2　ポリマーアロイ・ポリマーブレンドによる改質例

　本節では，ポリマーアロイ・ブレンドによる高分子材料のトライボロジー的性質を改質した典型的な事例を紹介する。図1に熱可塑性ポリウレタンエラストマー（TPU）とポリアミド12エラストマー（PA12E）をポリマーブレンドしたPA12E/TPUブレンドのトライボロジー的性質を示す[19]。ただし，相手材に耐水研磨紙（cc#240）を使用したピンオンディスク型すべり摩耗試験（$P = 4.9\,\mathrm{N}$, $v = 0.05\,\mathrm{m/s}$, $L = 80\,\mathrm{m}$）の結果である。TPUにPA12Eを添加すると，摩擦係数および比摩耗量ともにPA12Eブレンド量の増加に伴い単調に低下する。これはTPUおよびPA12Eとも分子構造中にエーテル基を有しているため，部分相溶系ポリマーブレンドを形成しているためであり，PA12E添加量の増加に伴いPA12Eの性質が前面に現れたためである。具体的にはPA12E添加量の増加に伴い，ロール状摩耗粉の形状が小さくなるとともに，相手材表面に薄い均一な移着膜が形成され，試験片（ブレンド材）と研磨紙間から試験片と移着膜間の摩擦摩耗に変化するためである。

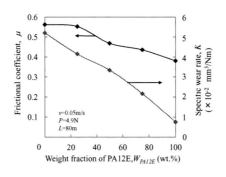

図1　PA12E/TPUブレンドのトライボロジー特性[19]

図2にポリアセタール（POM）およびPAにポリブタジエン（PB）をブレンドした系（POM/PBおよびPA/PBブレンド）のトライボロジー的性質を示す[14]。ただし，相手材に軟鋼を使用したスラスト型（円筒端面型）すべり摩耗試験（$P = 51$ Nまたは90 N, $v = 0.8$ m/s, $L = 3,000$ mまたは5,000 m）の結果である。POM/PBブレンド系では摩擦係数はPB 5 ％添加系において極小値を有するものの，比摩耗量は大きく改善されブレンド効果が強く現れる。一方，PA/PBブレンド系ではPB添加に伴い，摩擦係数および比摩耗量ともにPB添加による改善効果が現れる。このPBの添加効果は摩擦後表面に数μm程度のロール状PB粒子が小さい摩擦力で転がり－すべりを生じ，また粘着力の大きいPB粒子が微細摩耗粉を結合するバインダーの役目をし，摩耗粉の脱落を防ぐとともに荷重を支え，かつ相手材との接触が少なくなるためと考察されている。このようなPBをはじめとしたゴム・エラストマー成分とのブレンドによるトライボロジー的性質の改質例は，ポリスチレン（PS）[2] やフェノール樹脂（PF）[20] など多数の報告がある。

図3に非相溶系ポリマーブレンドの典型例として，ポリアミド6（PA6）およびポリプロピレン（PP）のPA6/PPブレンドのトライボロジー的性質を示す[21]。ただし，相手材として機械構

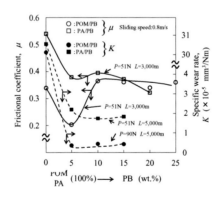

図2　POM/PBおよびPA/PBブレンドのトライボロジー特性 [14]

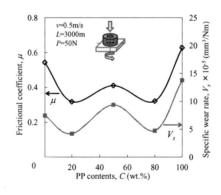

図3　PA6/PPブレンドのトライボロジー的性質 [21]

第9章 アロイ・ブレンド・複合材料による制御

造用炭素鋼（S45C）を使用したリングオンプレート型すべり摩耗試験（$P = 50$ N, $v = 0.5$ m/s, $L = 3,000$ m）の結果である。摩擦係数および比摩耗量ともに，PP添加量に対して"W"字型の傾向を示し，相分離構造（海島構造）を有するPA6/PP = 80/20および20/80の場合に最も良好なトライボロジー的性質を示す。これはPA6/PP = 80/20および20/80の摩擦後の相手材表面を観察すると，両者とも薄く均一な移着膜が形成されており，この移着膜形成により摩擦モードが変化するためであるが，移着膜や摩耗粉の形成メカニズムはPA6/PPブレンドの比率により異なっており，それらは材料内部構造（モルフォロジー）の変化が強く影響を与えているためである。

次にポリマーアロイの典型例として，相容化剤を添加した系のトライボロジー的性質を示す。図4に高密度ポリエチレン（HDPE）とPPのHDPE/PPブレンドのトライボロジー的性質を示す[22]。相容化剤としてスチレン－エチレン／ブチレン－スチレンブロックコポリマー（SEBS）を用い，相手材として軸受鋼（SUJ2ボール，$\phi 2.5$ mm）を使用したボールオンプレート型すべり摩耗試験（$P = 10$ N, $v = 0.2$ m/s, $L = 1,000$ m）の結果である。摩擦係数（図4（a））は相容化剤SEBSの有無に関わらず，PP添加量$C_{PP} = 60$ wt%まで摩擦係数は0.1以下のほぼ一定値をとるものの，それ以上のC_{PP}では，C_{PP}増加につれて上昇し，PP 100%では摩擦係数は0.3以上の値をとる。一方，比摩耗量（図4（b），対数スケールに注意）のC_{PP}依存性は"U"字型を示し，ポリマーブレンド比の影響が現れるが，相容化剤SEBS添加により無添加のPE/PPブレンドよりも低い値を示し，相容化剤添加の効果が強く現れていることがわかる。これは相容化剤SEBS添加により材料内部構造が変化することにより機械的性質等が変化するため，その結果，移着膜や摩耗粉などの形成，つまり摩擦摩耗のメカニズムが変化したことによるものと考えられる。このように相容化剤添加によるトライボロジー的性質を改善した報告例としては，PA6/ポリオレフィン（HDPE, LDPE, PPなどのPO）ブレンド[23,24]，PA66/PEブレンド[25]，およびPA66/PPブレンド[26]など多数あるが，材料の組み合わせや相容化剤の違いだけでなく，試験条件や成形法の違いなどによっても相容化剤添加効果が異なる傾向を示すことが報告されて

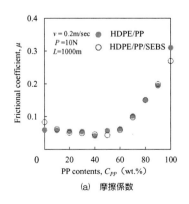
(a) 摩擦係数

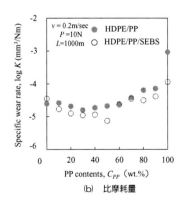
(b) 比摩耗量

図4　HDPE/PPブレンドのトライボロジー的性質[22]

いるため，慎重な材料設計が必要となる。詳細はポリマーアロイやポリマーブレンドに関する解説[13~15,27]などを参考にして頂きたい。

3 高分子複合材料（ポリマーコンポジット）

3.1 高分子複合材料について

　複合材料（Composites）[28]は，性質の異なる2種類以上の材料を組み合わせることによって創製され，単一材料にはない性能や機能を発揮する材料のことであり，高分子複合材料（ポリマーコンポジット）はポリマーを母材（マトリックス樹脂）に，各種フィラー（充填材）や強化繊維などを充填したものである。高分子トライボマテリアルにおける複合化の手法としては，摩擦および摩耗特性の両者を，単独のフィラーで大きく改質・改善できる固体潤滑剤，特にグラファイト（黒鉛，Gr），二硫化モリブデン（MoS_2）およびポリテトラフルオロエチレン（PTFE）の3種類が一般的にも多く用いられている[1,2,7,29~31]。基本的にこれらの固体潤滑剤は層状化合物であり，良好な潤滑性を示す理由としては，その層状構造に起因するものである。また，荷重支持効果を上げるための充填材として，工業的にも利用しやすいことから，ガラス繊維（GF）や炭素繊維（CF）などの強化繊維が多く使用されているが，アスペクト比の大きい鉱物系などの無機フィラーも同様に利用されている。これら繊維やアスペクト比の大きいフィラーを充填すると機械的性質や耐熱性が向上するため，その結果，限界pv値などの使用限界や耐摩耗性の向上が図れることもあり，多く採用されている。また，前述した固体潤滑剤や強化繊維の他にも，金属フィラー，無機フィラー，および有機フィラーなどの各種フィラー，さらに最近では，ナノスケールのサイズを有するナノフィラーなども積極的に検討されている。基本的には摩擦特性と摩耗特性の相関性は少ないとされているが，後述する高分子トライボマテリアル向けフィラーとして利用されているものには摩擦および摩耗特性の両者を同時に改質・改善するものも多い。また，1種類のフィラーだけを充填する場合もあるが，複数のフィラーを同時に充填することで，フィラーによる改善・改質効果を相乗的に出現させる場合が多いのも特徴の一つである。高分子複合材料の物性や機能を効率よく改善するための材料設計ポイントとしては，適切なフィラー（種類，形状，大きさ（長さ・径），アスペクト比）の選択はもちろんのこと，充填量，組成比（複数の充填材を添加した系においては特に重要），配向，分散状態，界面（接着性・親和性など），表面処理有無や成形加工法などを十分考慮することが重要となる[6,31]。特に，高分子複合材料においてもフィラーや繊維の分散状態や樹脂との界面状態が物性に大きく影響を及ぼすため注意が必要である[16,32,33]。

3.2 高分子トライボマテリアル向けフィラー

　高分子トライボマテリアル向けフィラーの中で最も使用されている固体潤滑剤に分類される主な充填材の一覧を表1に示す[29,30]。高分子トライボマテリアルにおいては，ブレーキやクラッチ

第9章 アロイ・ブレンド・複合材料による制御

表1 主な固体潤滑剤一覧[29,30]

固体潤滑剤	炭素系材料	グラファイト,ダイヤモンド,窒化炭素,ナノカーボン
	硫化物	二硫化モリブデン,二硫化タングステン,
	窒化物	窒化ホウ素
	高分子材料	PTFE, UHMWPE
	軟質金属	Au, Ag, Pb, Sn, In
	セラミックス	アルミナ,ジルコニア,ケイ素系セラミックス,自己潤滑性セラミックス
	ケイ酸塩	マイカ,ケイ酸カルシウム
	その他	メラミンシアヌレート,アミノ酸化合物

などではエネルギー効率を上手く利用するために高摩擦化を狙う場合もあるものの,基本的には省エネルギー化につながる低摩擦化や,また長寿命化につながる耐摩耗性や耐久性の向上が目標となる。そのため,これらの用途に求められる高分子トライボマテリアル向けフィラーの目的を大別すると,次の4点が考えられる。

(1) 摩擦制御(摩擦係数制御,低摩擦化,高摩擦化,摩擦係数の安定化など)
(2) 耐摩耗性向上(低摩耗量化,摩耗率の安定化など)
(3) 耐久性向上(限界 pv 値向上,長寿命化など)
(4) その他(機械的性質向上,振動・騒音抑制,耐熱性向上,化学安定性など)

これらの目的を達成するために,高分子トライボマテリアル向けフィラーに求められる主な役割[29,30]としては,表2に示す内容が考えられ,以下にその概要を説明する。ただし,これらの役割は,それぞれ単独に現れるものではなく,複数の役割を同時に現れることもあり,また相反する内容もあるので,注意が必要である。

(1) 潤滑効果

摩擦材フィラー充填により潤滑性を付与して摩擦係数を下げ,また摩擦界面における潤滑膜を形成させる役割。

表2 高分子トライボマテリアル向けフィラーに求められる役割[29,30]

潤滑効果	潤滑性付与,摩擦調整,潤滑膜形成
表面エネルギー調整効果	表面エネルギー調整,濡れ性変化,摩擦調整
荷重支持効果	機械的性質増大,破壊強度向上,耐摩耗性向上,限界 pv 値向上,流出防止
摩擦熱抑制効果	熱伝導,耐熱性,耐久性向上
摩擦面改善効果	移着膜形成,移着膜の安定性,付着増強効果,移着物調整,相手面研磨,トライボケミカル反応
平滑性付与効果	表面粗さ,接触状態変化
内部構造制御効果	モルフォロジー変化,分子配向,結晶構造,結晶化度,充填材配向
材料物性制御効果	機械的性質変化・柔軟性付与・破壊靭性値などの変化,耐摩耗性向上,耐久性向上,面圧均一化
振動・騒音抑制効果	振動抑制,鳴き防止,摩擦係数の速度依存性

(2) 表面エネルギー調整効果

　表面エネルギーの異なるフィラーを導入することにより，母材の表面の濡れ性などを改質し，摩擦係数を調整する役割。

(3) 荷重支持効果

　フィラー充填により優先的な荷重支持が起こり，また複合材料として機械的性質を増大させることにより，破壊強度などを向上させ，耐摩耗性や耐久性などを向上させる役割。同時に摩擦面のプラスチック溶融層の流出も防止する役割。

(4) 摩擦熱抑制効果

　摩擦面における摩擦熱を抑制する役割。特に高熱伝導率を有するフィラーの充填による熱伝導率の改善や，耐熱性向上による耐久性を改善する役割。

(5) 摩擦面改善効果

　相手材表面に移着膜を形成させる役割。また形成した移着膜の安定性やその増強効果，さらには移着物の調整などを行う役割。一方，相手材の研磨や新生面の創製などの役割。

(6) 平滑性付与効果

　板状フィラーなどの充填による材料表面の平滑性付与および表面粗さ改善などの役割。またそれらによる接触状態変化させる役割。

(7) 内部構造制御効果

　フィラー充填によりモルフォロジー（材料内部構造）が変化し，それに伴い材料物性も大きく変化する。モルフォロジー変化としては，分子配向，結晶構造，結晶化度，充填材配向，表面構造，界面状態などが挙げられ，これらを変化させる役割。

(8) 材料物性制御効果

　フィラー充填により上記（7）等の変化により，機械的性質などの材料物性を変化させる役割。特に破壊靭性値などを変化させ，耐摩耗性や耐久性などを向上する役割。また柔軟性付与による面圧の均一化などをはかる役割。

(9) 振動・騒音抑制効果

　ダンピング性能の高いフィラー充填による振動や騒音の抑制，鳴きの防止などの役割。また，摩擦係数の速度依存性を調整する（速度上昇に伴う，摩擦係数の低下を抑制する）役割。

3.3　高分子複合材料による改質例

　本節では，高分子複合材料（複合化）による高分子材料のトライボロジー的性質を改質した典型的な事例を紹介する。図5に各種固体潤滑剤としてGr，MoS_2およびPTFEを充填したポリイミド（PI）系複合材料のトライボロジー特性を示す[34]。ただし，相手材にS45Cを使用したリングオンプレート型すべり摩耗試験の結果である。固体潤滑剤の種類により低下率は異なるものの，基本的にはフィラー充填量の増加に伴い，摩擦係数および比摩耗量は低下する傾向を示す。このPI系複合材料では，充填効果がPTFE > Gr > MoS_2の順であるが，この充填効果はマト

第9章 アロイ・ブレンド・複合材料による制御

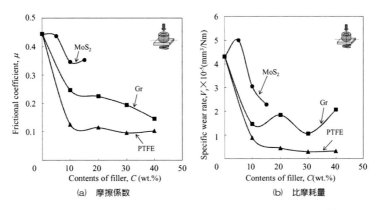

図5 各種固体潤滑剤充填系ポリイミド複合材料の摩擦特性[34]

リックス樹脂の種類だけでなく，試験方法（摩擦形態や試験条件などの違いを含む）でも変化するものである。

図6に各種炭素繊維強化ポリブチレンテレフタレート（PBT）系複合材料の摩擦特性を示す[35]。ただし，ボールオンプレート型すべり摩耗試験（相手材：SUJ2鋼球，ϕ3mm）で検討した結果である。各種炭素繊維として，一般的な強化繊維として使用されているポリアクリロニトリル（PAN）系炭素繊維（CF）（ϕ7μm），石油ピッチ（Pitch）系CF（ϕ13μm），カーボンナノファイバー（CNF）の1種である繊維径の異なる2種類の気相成長炭素繊維[36]（VGCF（ϕ150nm）およびVGCF-S（ϕ100nm））を使用したものである。PAN系CFおよびPitch系CFでは繊維充填量V_f = 1〜5 vol.%添加時には摩擦係数は上昇するが，VGCFおよびVGCF-Sでは微量添加時において逆に摩擦係数が低下する傾向を示す。これはCNF充填系では，微量添加領域において，一般的なCFと比較してしゅう動面に出現する充填材の数が多くなること，またPBTの材料内部構造，特に結晶化度など結晶構造が変化するためである。つまり，CNFは微量添加でトライボロジー的性質を大きく改善できることを示唆している。しかも，フィラー充填系熱可塑

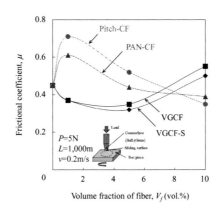

図6 各種炭素繊維強化PBT複合材料の摩擦係数[35]

性樹脂系複合材料においては，成形時に射出成形等の流動成形を採用されることが多いこともあり，微量添加での改質が可能であれば，溶融粘度をあまり上昇させずに，樹脂の易成形性を維持できる利点も有する。CNFを充填した高分子材料のトライボロジー的性質の検討例としては，CNF/ポリスチレン(PS)[37]，CNF/PBT[38]，CNF/PA66[39]およびCNF/PI[40]複合材料などがある。

3.4 フィラーおよび繊維の表面処理効果

複合化は異種材料との組み合わせであるため，フィラーと高分子材料の間には物理的な界面が存在し，何かしらの相互作用が働いており，その量と質が複合材料のバルク物性や機能を大きく左右するので，フィラー表面処理などによる界面制御を行う必要がある[33,41]。フィラー表面処理による強度や弾性率などの機械的性質を改善した研究例は数多くあるが，トライボロジー的性質に及ぼす影響を系統的に検討した例は少なく，今後更なる発展が期待される分野でもある。

まず，サブミクロンオーダーの粒径を有する沈降性炭酸カルシウム（$CaCO_3$）であるコロイド$CaCO_3$を用いた検討例を紹介する。増量用途などをはじめ，汎用的に用いられているミクロンスケールの重質$CaCO_3$に対し，コロイド$CaCO_3$は20〜200 nmの合成炭酸カルシウムの総称であり，樹脂の種類にもよるが，樹脂への充填により弾性率と衝撃特性の両者を改質できることが知られている[32]。このコロイド$CaCO_3$自身は固体潤滑性を示すものではないが，充填効果による機械的性質の改質や低コスト化だけでなく，表面処理による機能発現も期待されるものである。図7にPA6に各種表面処理を施したコロイド$CaCO_3$を充填したPA6/$CaCO_3$複合材料のトライボロジー特性に及ぼす表面処理の影響ついて示す[42,43]。ただし，使用した表面処理は，未処理，脂肪酸（FA），アミノシラン（ASC），アルキルベンゼンスルホン酸（LAS）およびマレイン酸（MA）処理であり，相手材としてS45Cを使用したリングオンプレート型すべり摩耗試験（$P = 100$ N, $v = 0.5$ m/s, $L = 3,000$ m）の結果である。摩擦係数や比摩耗量などのトライボロジー特性はコロイド$CaCO_3$充填量や表面処理の違いにより異なり複雑な挙動を示すが，低$CaCO_3$充填量領域では表面処理効果は小さいのに対し，高$CaCO_3$充填量領域では表面処理効果が大きい。また，充填量ごとに適切な表面処理の選択することによりトライボロジー特性が大き

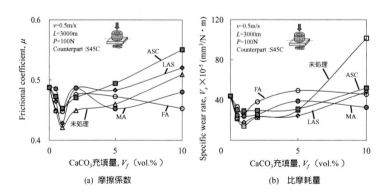

図7　各種表面処理を施したコロイド炭酸カルシウム充填PA6複合材料のトライボロジー特性[42]

第9章 アロイ・ブレンド・複合材料による制御

く改善できることがわかる。これは表面処理を施すことにより$CaCO_3$の分散性や樹脂との界面接着性が変化することで，それに伴い機械的性質が改質されるためである。特に，マレイン酸（MA）処理がトライボロジー特性をバランス良く改善できる。一方，1 vol.％の微量充填系では，サブミクロンスケールのフィラー充填効果が現れ，摩擦係数および比摩耗量ともに急激に改善されていることも特徴的な結果である。これはサブミクロンスケールのコロイド$CaCO_3$がPA6の結晶の核剤的な役割を果たし，結晶化度をはじめとした樹脂内部構造が変化したためと考えられる。このような効果は，他のサブミクロンスケールのフィラー，例えばCNF[39]でも認められるものである。

一方，環境問題の観点から，石油以外の天然資源を利用した高分子系複合材料の開発も活発に行われており，その中でも植物由来原料をベースとしたものが多く研究されている。筆者らも，植物由来原料の樹脂やゴムを用いたトライボマテリアルの開発[43,44]を行っており，現在はポリアミド1010（PA1010）をベースとした複合材料を中心に検討している[45〜47]。PA1010[48]は非可食植物のトウゴマ由来のひまし油から精製したセバシン酸とデカメチレンジアミンを原料とした100％植物由来の樹脂であり，植物繊維との複合化による総植物由来の高性能高分子系複合材料の開発が期待されている。植物繊維との複合化で問題になるのは，繊維中に含まれる水分と樹脂との接着性であり，これらの問題の解決に対しても，表面処理技術は不可欠である。図8に各種表面処理を施した麻繊維をPA1010に充填した麻繊維充填PA1010複合材料のトライボロジー特性を示す[43,46]。ただし，表面処理として，リグニンの除去や繊維表面の凹凸化のためにアルカリ処理を施した後，アミノ基，エポキシ基およびウレイド基の各種官能基を有するシランカップリング剤を用い，リングオンプレート型すべり摩耗試験（$P = 50$ N，$v = 0.2$ m/s，$L = 600$ m，相手材はS45Cリング）により評価した結果である。摩擦係数および比摩耗量ともにシランカップリング剤による表面処理により向上し，特にウレイドシラン処理が最も改質効果が大きいことがわかる。これも表面処理を施すことによりPA1010と麻繊維の界面接着性などが改善され，機械的性質とともにトライボロジー特性が改質されたものと考えられる。

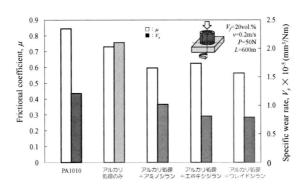

図8 各種表面処理を施した麻繊維充填PA1010複合材料のトライボロジー特性[46]

4 多成分系複合材料

高分子材料の更なる高性能化・高機能化を図るために，ポリマーアロイ・ブレンド技術と複合材料（複合化）技術を組み合わせた多成分系複合材料技術が最近益々注目を集めている[7,12,33]。基本的には，多成分系複合材料においても，材料内部構造（モルフォロジー）を上手く制御して，所望の物性・機能をいかに発現するかが重要となる。特に多量にフィラーを充填した系やナノフィラー分散系などでは単純な機械的な混合・分散操作だけでは良好な分散・分配状態を得るのが難しいため，ポリマーアロイ・ブレンド技術，フィラー表面処理技術，流動場（高せん断流動・伸長流動）などの成形加工技術などを組み合わせることにより，フィラー分散状態，配置，また相分離構造や共連続構造の形成，それらの形状や大きさ，さらにはフィラーの選択的分散などを実現するもので，これまでにはない高性能・高機能な材料開発が可能となる。高分子材料のトライボロジー的性質においても，この多成分系複合材料技術を用いた材料開発が盛んに行われている[7,49,50]。なぜならば，実際のしゅう動部材として用いるためには，トライボロジー的性質はもちろんのこと，機械的性質や成形加工性などが高度にバランスのとれた材料が必要なためである。一般的には，複合材料に第3成分となるポリマー成分（相容化剤を含む）を添加する方法や，マトリックス樹脂そのものにポリマーアロイ・ブレンド材料を採用する方法などが挙げられる。本節では筆者らのグループが検討した多成分系複合材料を用いた高分子トライボマテリアルの開発例を中心に示す。

CNF充填系複合材料に第3成分となる熱可塑性エラストマー（TPE）を添加する方法，具体的には添加するTPEとしてエポキシ基，水酸基およびアミン基などの各種反応性官能基が付与されたスチレン系TPEを用い，VGCF/PBTのトライボロジー特性に及ぼすTPE添加効果を検討したものである[51]。図9にリングオンディスク型すべり摩耗試験（$P = 150$ N，$v = 0.3$ m/s，$L = 1,500$ m，相手材はS45C）による摩擦係数と比摩耗量のTPE分散相の粒径依存性を示す。ここで，TPE分散相の粒径d_vとは，VGCF/PBT/TPE中に分散するTPE相の粒径をSEM観察（および画像処理）により求めた体積平均径のことである。また，図中のアルファベットは官

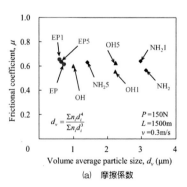

(a) 摩擦係数

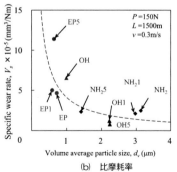

(b) 比摩耗率

図9 3成分系複合材料（VGCF/PBT/TPE）のトライボロジー特性に及ぼすTPE分散相の粒径依存性[51]

第9章 アロイ・ブレンド・複合材料による制御

能基の種類を,その後に続く数字はVGCF充填量である。添加するTPEの種類やVGCF充填量によりTPE分散相の粒径d_vは変化し,摩擦係数(図9(a))はあまり変化しないものの,比摩耗量(図9(b))はd_vが大きくなるほど低下することがわかる。図10にアイゾット衝撃値とd_vの関係を示すが,アイゾット衝撃値はd_vが小さくなるほど良好な結果を示す。したがって,機械的およびトライボロジー的性質のバランスがとれた材料を設計するためには,適切なモルフォロジーが存在することがわかる。

一方,モンモリロナイトなどの層状珪酸塩を充填材としたナノクレイ(Clay)充填系,特にポリアミド(PA,ナイロン)をマトリックス樹脂としたナノコンポジット(PA/Clay)についても,多成分系複合材料による高性能化が検討されている[52,53]。ここでは,TPEとしてスチレン系TPE(スチレン-エチレン/ブチレン-スチレン・コポリマー,SEBS)を用いた3成分系ナノコンポジット(PA6/Clay/SEBS)について,PA中のアミド基との反応を考慮し,SEBSには各種反応性官能基(マレイン酸変性,カルボン酸変性,アミン変性)を付与したものを用い,官能基の種類やTPE添加量がトライボロジー特性に及ぼす影響を検討したものを紹介する。図11に各種官能基を付与したPA6/Clay/SEBSのリングオンプレート型すべり摩耗試験($P=$

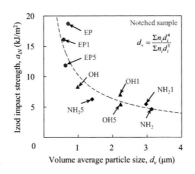

図10 3成分系複合材料(VGCF/PBT/TPE)のアイゾット衝撃特性に及ぼすTPE分散相の粒径依存性[51]

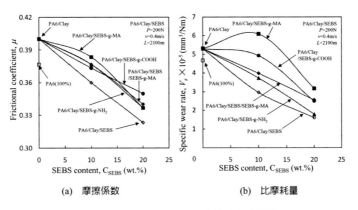

(a) 摩擦係数   (b) 比摩耗量

図11 PA6/Clay/SEBSの摩擦摩耗特性[53]

200 N, $v = 0.4$ m/s, $L = 2,100$ m, 相手材は S45C) の結果を示す[53]。基本的に摩擦係数および比摩耗量ともに，SEBS 添加量の増加に伴い単調に低下し，かつ反応性官能基を付与していない未変性の SEBS が最も改善効果が大きいことがわかる。これらの結果も，TPE 分散相の形状・大きさやフィラー分散状態などの材料内部構造（モルフォロジー）が変化するためである。

また，前述した VGCF/PBT/TPE や PA6/Clay/SEBS などの多成分系複合材料では，成形加工法により，材料内部構造（充填材の分散状態や TPE 分散相の形状・大きさなど）が変化するため，トライボロジー的性質をはじめとした各種物性も，成形加工の影響を強く受けることが知られている[49,50]。その一例として，PA6/Clay/SEBS-g-MA 複合材料の物性に及ぼす溶融混練時における材料投入手順の影響を検討した結果を報告する[54]。ただし，SEBS-g-MA とはマレイン酸変性タイプの SEBS のことである。成形手順の影響を検討するために，3 種類の試料調整手順を検討したものであり，A 法は PA6, Clay, SEBS-g-MA の 3 種類全てを同時に混練する方法，B 法は PA6 と SEBS-g-MA を混練して PA6/SEBS-g-MA を調整した後，これに Clay を後添加する 2 段階調整法である。C 法も 2 段階調整法であるが，はじめに PA6/Clay を調整した後，SEBS-g-MA を後添加したものである。これらの成形法の概略図を図 12 に示す。図 13 (a) に成

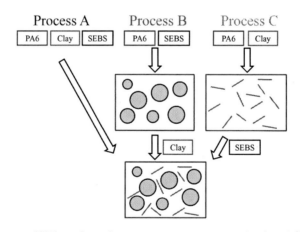

図 12 材料投入手順を変更した PA6/Clay/SEBS の成形加工法[54]

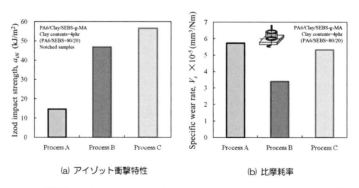

(a) アイゾット衝撃特性　　(b) 比摩耗率

図 13 材料投入手順を変更して成形した PA6/Clay/SEBS の各種物性[54]

形手順を変更した系のアイゾット衝撃試験結果を示すが，Process A ＜ Process B ＜ Process C の順で衝撃特性は向上する。一方，図11と同条件で評価したリングオンディスク型すべり摩耗試験による比摩耗量の測定結果を図13（b）に示す。アイゾット衝撃値とは異なりProcess A ＜ Process C ＜ Process B の順に耐摩耗性は向上する。なお，図表は省略するが全ての系において摩擦係数は0.31程度であり，成形手順を変更してもほとんど影響を受けない。これらの結果から，成形手順変更は各物性により異なり，成形手順の変更により材料内部構造，特にTPE分散相の形状や粒径，VGCFの分散状態などが変化したためである。したがって，目的に応じた成形方法の選択が重要となることがわかる。ちなみに，VGCF/PBT/TPE系複合材料[55,56]やVGCF/PA6/SEBS複合材料[57]においても成形手順の影響は顕著に現れることが報告されており，多成分系複合材料を用いた高分子系トライボマテリアルの開発においては，十分な考慮が必要であることが示唆されている。

5　おわりに

本章では，高分子材料のトライボロジー的性質を制御する方法として，アロイ・ブレンド・複合材料による制御について，筆者らの検討結果を中心に，その概要を説明した。今後，更なる検討が進められ，より高性能な高分子材料を用いたトライボマテリアルが開発されることを期待される。

文　　献

1) 山口章三郎, プラスチック材料の潤滑性, 日刊工業新聞社（1981）
2) 渡辺真, 関口勇, 笠原又一, 広中清一郎, 高分子トライボマテリアル, 共立出版（1990）
3) 関口勇, 野呂瀬進, 似内昭夫, トライボマテリアル活用ノート, 工業調査会（1994）
4) 山口章三郎編, 新版プラスチック材料選択のポイント第2版, 日本規格協会（2003）
5) 関口勇, 材料技術者のためのトライボロジー入門セミナー要旨集,（2004）
6) 広中清一郎, トライボロジスト, **53**, 712（2008）
7) 西谷要介, 材料技術, **28**, 263（2010）
8) 西敏夫, 伊澤槇一, 秋山三郎編, ポリマーABCハンドブック, NTS（2001）
9) 高分子学会編, ポリマーアロイ　基礎と応用（第2版）, 東京化学同人（1993）
10) 大柳康, 原田敏彦, スーパーエンプラ系ポリマーアロイ, 技報堂出版（1991）
11) 秋山三郎, エッセンシャル　ポリマーアロイ, シーエムシー出版（2012）
12) 西敏夫編, 高分子ナノテクノロジーハンドブック, NTS（2014）
13) 関口勇, トライボロジスト, **37**, 445（1992）
14) フィラー研究会編, フィラーと先端複合材料, 関口勇著, 第15章　摺動材料, シーエムシー出版（1994）

15) 関口勇, 成形加工, **9**, 955 (1997)
16) 西敏夫編, 高分子ナノテクノロジーハンドブック, 弘中克彦著, 第5章　設計, NTS (2014)
17) 清水博, プラスチックエージ, **53**, 102 (2007)
18) 小林定之, JETI, **56**, 6 (2008)
19) 鳥羽高志, 西谷要介, 関口勇, 北野武, 成形加工シンポジア' **10**, 41 (2010)
20) Y. Ishii, Y. Nishitani, K. Kokubo, T. Kitano, Proceeidngs of International Tribology Conference Hiroshima 2011 (ITC2011), P05-04, Hiroshima (2011)
21) K. Yamamoto, Y. Nishitani, T. Kitano, Proceeidngs of International Tribology Conference Hiroshima 2011 (ITC2011), P05-05, Hiroshima (2011)
22) 三河和磨, 天野好秋, 西谷要介, 北野武, 成形加工' **14**, 95 (2014)
23) 堀内徹, 山根秀樹, 高橋雅興, 松尾達樹, 成形加工, **9**, 425 (1997)
24) 清水哲也, 石井千春, 小坂雅夫, 藤江裕道, 関口勇, 西谷要介, 材料技術, **22**, 138 (2004)
25) 西谷要介, 大木拓也, 吉田広志, 北野武, 日本トライボロジー学会トライボロジー会議予稿集福岡, 2013-10, E32 (2013)
26) M. Shitsukawa, Y. Nishitani, T. Kitano, Proceedings of 3rd Thailand-Japan Rubber Symposium (3rdTJRS), P-7, Tokyo (2013)
27) 関口勇, 潤滑経済, **496**, 20 (2007)
28) 日本機械学会編, 機械工学便覧 βデザイン編, β2編材料学・工業材料, 第8章複合材料 β 2-209 (2008)
29) フィラー研究会編：機能性フィラー総覧, 関口勇著：3.7摺動性フィラー, テクノネット, (2000)
30) 社団法人日本トライボロジー学会　固体潤滑研究会編：新版固体潤滑ハンドブック, 養賢堂 (2010)
31) 西谷要介, 材料技術者のためのトライボロジー入門セミナー要旨集, (2009)
32) 相馬勲, フィラーデータ活用ブック, 工業調査会 (2004)
33) 由井浩, ポリマー系複合材料－基礎・実践・未来－, プラスチックエージ (2005)
34) 関口勇, 多久美耕治, 内藤啓一, 斎藤工, 渡辺慶喜, 材料技術, **15**, 14 (1997)
35) 内藤貴仁, 西谷要介, 関口勇, 北野武, 成形加工シンポジア' 08, 福井, 339 (2008)
36) 小山恒夫, 遠藤守信, 応用物理, **42**, 690 (1973)
37) K. Enomoto, T. Yasuhara, S. Kitakata, H. Murakami, N. Ohtake, *New Diamond and Frontier Carbon Technology*, **14**, 11 (2004)
38) 西谷要介, 平野雄貴, 関口勇, 石井千春, 北野武, 材料技術, **26**, 114 (2008)
39) 西谷要介, 富樫翔, 関口勇, 石井千春, 北野武, 材料技術, **28**, 292 (2010)
40) 西谷要介, 伊藤純一, 関口勇, 石井千春, 北野武, 材料試験技術, **54**, 12 (2009)
41) 井手文雄, 界面制御と複合材料の設計, シグマ出版 (1995)
42) 漆川壮騎, 西谷要介, 北野武, 日本トライボロジー学会トライボロジー会議予稿集東京, 2012-5, 169 (2012)
43) 西谷要介, 月刊トライボロジー, **312**, 51 (2013)
44) 田中良, 石井千春, 関口勇, 西谷要介, 工学院大学研究報告, **100**, 1 (2006)
45) 荷見愛, 西谷要介, 北野武, 成形加工シンポジア' 11, 秋田, 491 (2011)
46) M. Hasumi, Y. Nishitani, T. Kitano, Proceedings of the 28th International Conference of the Polymer Processing Society (PPS-28), Pattaya, Thailand, P-07-324 (2012)
47) J. Mukaida, Y. Nishitani, T. Kitano, Proceedings of the 30th International Conference of the Polymer Processing Society (PPS-30), Cleveland, Ohio, S05- 371 (2014)
48) 清水琢己, 工業材料, **58**, 48 (2010)

第9章 アロイ・ブレンド・複合材料による制御

49) 西谷要介, 成形加工, **21**, 371（2009）
50) 西谷要介, 潤滑経済, **536**, 25（2010）
51) 内藤貴仁, 西谷要介, 関口勇, 石井千春, 北野武, 成形加工, **22**, 35（2010）
52) Y. Nishitani, K. Ohashi, I. Sekiguchi, C. Ishii, T. Kitano, *Polymer Composites*, **31**, 68 (2010)
53) Y. Nishitani, Y. Yamada, I. Sekiguchi, C. Ishii, T. Kitano, *Polymer Engineering Science*, **50**, 100 (2010)
54) 西谷要介, 川原崇, 関口勇, 北野武, 成形加工' **09**, 181（2009）
55) 鶴渕淳也, 内藤貴仁, 西谷要介, 後藤芳樹, 北野武, 複合材料シンポジウム講演予稿集, **35**, 159（2010）
56) J. Tsurubuchi, T. Naito, Y. Nishitani, Y. Goto, T. Kitano, Proceeidngs of International Tribology Conference Hiroshima 2011 (ITC2011), P05-03, Hiroshima (2011)
57) 竹中裕紀, 佐野将太, 西谷要介, 北野武, 高分子加工技術討論会講演予稿集, **26**, 24（2014）

第10章　高分子の構造物性による制御

甲本忠史*

1　はじめに

　日常生活では，机上の品物などのように静摩擦によってすべらないことを深く考えることはない。静摩擦のみが相対する2つの表面で成立するときは，すべりが起こらなければ，表面の摩耗は生じない。従って，自重で塑性変形しない高分子材料をほぼ水平な表面に物体を置いた場合，摩耗を気にすることはない。

　しかし，荷重下でせん断力が働くすべり摩擦では，ポリスチレン（PS），ポリカーボネート（PC），アクリル樹脂（PMMA）などの非晶性高分子材料は摩耗しやすいため，トライボマテリアルとして推奨されることはない。これは一例であるが，それでは，高分子材料のトライボロジーとはどんな特徴があり，それを制御する因子は何であろうか。

　工業部材等に用いられてきたトライボマテリアルの素材の多くは，金属材料が主であり，摩擦・摩耗・潤滑に関する学術研究および材料開発は，長年に亘って機械工学を基礎として行われてきた。また，金属材料の摩擦を低減するために潤滑剤（液体，固体）が用いられてきた。

　1926年，H. Staudingerの高分子説の提唱の直後，W. H. Carothers（Du Pont）が66ナイロン，脂肪族ポリエステル等を発明し，さらに，1950年代に入り，K. Zieglerによる高密度ポリエチレン（HDPE）の発明，続いてG. Nattaによるアイソタクチックポリプロピレン（PP）の発明，1957年には，A. Kellerのポリエチレン単結晶の折りたたみ構造の提唱によって，合成高分子の構造物性の学問研究が産業の発展に多大な貢献を果たした。その後，高分子材料が耐摩耗性材料として注目されたのは，1963年，J. Charnleyが超高分子量ポリエチレン（UHMWPE）を人工関節に用いたことであろう。

　一般に，高分子材料のトライボロジー特性は，摩擦係数や比摩耗量という実測から得られる値で論じられるため，経験論に基づいて材料開発が行われていることが多い。筆者はこの分野の研究を始めた頃，高分子結晶の表面モルフォロジーをカーボンレプリカ法で観察する研究を行っていた。直感的に，高分子材料の表面に摩擦の履歴が残っているはずであり，その表面の微細構造を解析することにより高分子材料のトライボロジー特性を解明できるのではないかと考えた。その成果に基づいて，本章では，種々の高分子材料の構造物性とトライボロジー特性に着目し，トライボロジー制御を考察する。

---

*　Tadashi Komoto　（一財）地域産学官連携ものづくり研究機構　リサーチフェロー

第10章 高分子の構造物性による制御

2 高分子材料の構造物性と摩擦摩耗特性

2.1 種々の高分子材料の比摩耗量

高分子材料の一般的なアブレッシブ摩耗について，J. K. Lancaster[1]は図1に示すように粗い鋼面（47 μin CLA）上で1回摩擦させたとき，比摩耗量が破壊時の仕事量に相当する量 $S\varepsilon$（S は破壊時の応力，ε は破壊時の伸び）の逆数と関連性が大きいことを示した。

このデータから，比摩耗量の大きい材料は，PMMA，PPO（ポリフェニレンオキシド），ポリサルフォン，PC，PS などのガラス転移温度（Tg）が室温より高い非晶性高分子であることがわかる。エポキシ樹脂のような熱硬化性樹脂は，塑性変形しないため，破壊時の伸び ε が小さく高い比摩耗量を示すと言える。なお，複合材料やポリマーアロイなどの改質剤を含まない高分子の破壊時の応力は，高分子の種類によって大きな差異はないと考えられるので，比摩耗量は破壊時の伸びの大きさに依存すると言える。

一方，低密度ポリエチレン（LDPE），ナイロン 6，ナイロン 66，ナイロン 11，PTFE などの Tg が室温付近またはそれ以下で，塑性変形しやすい結晶性高分子は，せん断によって破壊時の伸び ε が大きいことが低い比摩耗量に対応していることがわかる。なお，PTFE の摩耗[2]は高分子鎖のすべりではなく，結晶間のすべりによる点が他の高分子と異なり，材料としての耐摩耗性は低い。

これら非晶性高分子材料，熱硬化性樹脂（三次元架橋高分子材料），結晶性高分子材料の摩擦挙動についても，高分子材料の構造物性が大きく反映することになる。1966年の Jost 報告によれば，「接触して相対運動する表面に関する科学と技術および実務」からトライボロジーという語が生まれたが，筆者は，「摩擦・摩耗・潤滑に関する科学と技術」をトライボロジーと要約できると考えている。

そのトライボロジー特性は，素材，成形，表面，雰囲気（媒体，温度，面圧，すべり速度等），

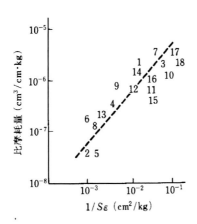

1. PMMA, 2. 低密度ポリエチレン, 3. ポリスチレン, 4. アセタール共重合体, 5. ナイロン66, 6. ポリプロピレン, 7. エポキシ 8. PTFE, 9. PMMA-アクリロニトリル共重合体, 10. ポリエステル, 11. PTFCE, 12. ポリカーボネート, 13. ナイロン11, 14. ABS, 15. PPO, 16. ポリサルフォン 17. PVC, 18. ポリビニリデンクロライド

図1 高分子材料のアブレッシブ摩耗における比摩耗量と $1/S\varepsilon$ の関係

添加剤(固体潤滑剤,複合材料,相溶化剤等),装置等に依存するので,本節では,高分子材料の摩擦・摩耗・潤滑の詳細については各分野の専門家に譲り,筆者らが行った研究から得た高分子材料の構造物性によるトライボロジー制御について述べることとする。

2.2 ポリエチレンの摩擦表面のモルフォロジーとトライボロジー

はじめに述べたカーボンレプリカ法[3](詳細は文献参照)は,真空蒸着装置内で試料表面にカーボンをアーク放電し,次いで,ゼラチン濃厚水溶液を滴下,乾燥後,これを剥離し,KSCN水溶液に浮かべ,ゼラチンを溶解,水洗し,Cu グリッド上にレプリカ膜を捕集し,透過電子顕微鏡(TEM)で観察する手法である。

種々の高分子材料の砂摩耗指数[4]によれば,HDPE は UHMWPE の約 11 倍摩耗しやすい。この差異が TEM 観察から明らかになった。まず,ボール(鋼球)/円板(HDPE)型摩擦試験機を用い,すべり速度 18.8 cm/s,荷重 4.9〜9.8 N において空気中と水中で摩擦試験を行った。摩擦係数は,空気中で 0.13〜0.15,水中で 0.04 と低い値を示した[5]。TEM 観察から,空気中,水中とも推定分子量約 10 万の HDPE の高い分子配向が認められたが,空気中では,図 2 に示すように,摩擦境界部には微細なころ状摩耗粉のほか,ころ状摩耗粉が互いに凝集,成長した数十 μm の摩耗粉も観察された。また,厚さ約 0.1 μm のフィルム状摩耗粉が観察され,摩擦表面での摩耗に加えて,内部破壊による摩耗が認められた。水中では表面で摩擦により配向した微細摩耗粉が母材表面に再沈着する挙動が推察され,低摩擦係数の根拠になっていると結論された。

同様の摩擦試験を推定分子量約 300 万の UHMWPE について実施したところ,摩擦係数は,空気中では荷重依存性はなく約 0.18 であり,水中では荷重とともに 0.09 から 0.13 へ増加した。摩擦係数が空気中,水中とも UHMWPE の方が高い値を示したのは,HDPE より長い分子鎖の絡み合い効果によるもので,フィルム状の薄片の生成は観察されなかったことからも明らかである。

さらに,水中,荷重 9.8 N での UHMWPE の摩擦表面の TEM 像(図 3)には,高配向のリ

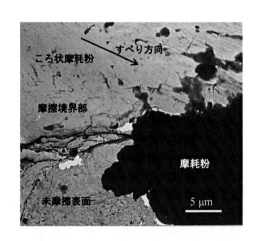

図 2　UHMWPE 摩擦境界部の TEM 像

第 10 章　高分子の構造物性による制御

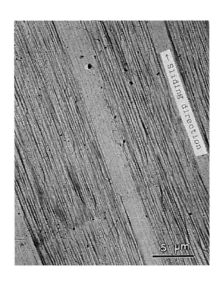

図 3　UHMWPE の摩耗表面の TEM 像（水中，荷重 29.4 N）

ボン状結晶（微細摩耗粉）の生成が見出された。この無数のリボン状結晶が密に集合した領域（幅約 10 μm）とほとんど存在しない領域（幅約 3 μm，母材表面）があることは，鋼球と母材表面は部分的な接触で摩擦していることを示しており，鋼球の荷重によって母材表面に微小な凹凸（うねり）が起こっていることと推察できる。

詳細な TEM 像と電子線回折図（図 4）から，幅 0.1 ～ 0.2 μm の高配向したリボン状結晶（分子鎖：結晶学的 c 軸はすべり方向に平行，a 軸はすべり面に垂直，b 軸はすべり面に平行ですべり方向に垂直）が互いに幅 0.1 ～ 0.2 μm 離れて存在し，リボン状結晶間に母材表面が観察される。

他の高分子材料とも共通した結論として，TEM 観察から明らかになったことの一つに，大き

図 4　UHMWPE の摩耗表面の TEM 像と電子線回折図（水中，荷重 29.4 N）

さが数μm以下の微細摩耗粉は，母材表面から離脱することはないことである。特に，図3および図4に示すように，水中でのUHMWPE摩耗粉の場合，図2（空気中）に見られた大きな摩耗粉は全く観察されなかったこと，他の研究結果から摩耗粉が観察されない母材表面もリボン状結晶と同様の配向を示すこと，そして，水雰囲気中では，リボン状結晶は母材と親和性が高いことなどから，リボン状結晶は母材表面上に特異的にトポタクチック（結晶学的な原子位置の一致）な結晶化に近い沈着を起こしたと考えることができる。

このような機構によって，UHMWPEは水中で高い耐摩耗性を示すと結論される。多くの結晶性高分子の中で，このようなトライボロジー挙動を示すのはUHMWPEのみであろう。従って，ほぼ完全な自己潤滑性を有する高分子と言えるのではないだろうか。UHMWPEが人工関節材料，プールのウオータースライダー，水を撒いたUHMWPEスケート場に使用される理由と言える。

2.3 他の高分子の摩擦表面のモルフォロジーとトライボロジー
(1) ポリプロピレン

前項と同様に空気中で摩擦試験を行ったPPでは，すべり方向に垂直な表面上で凹凸（ゆらぎ）が発現し，この微細な細長い凸部同士が母材表面から鋼球表面に移着しながら，再度，母材表面に再移着し，この挙動が繰り返され，幅約 $0.2\,\mu m$ を超えると，この細長い微細摩耗粉は，もはやすべり方向に平行には沈着できず，すべり方向に垂直に配向して沈着（移着）し，初期のころ状摩耗粉となる。その後は，ころ状摩耗粉の凝集が繰り返される。

摩耗粉形状がポリエチレンと大きく異なる最大の理由は，結晶の場合，PPの分子鎖がほぼ直交する形のクロスハッチ構造[6]という特有の分子配向特性に起因する。しかも，Tgが約$-8°C$[7]とポリエチレンの$-125°C$に比べて高いことが母材表面への沈着後の結晶化が阻害され，結果として，自己潤滑性や耐摩耗性に劣る高分子材料となっている。このように，高分子材料のトライボロジーは，その構造物性に大きく依存することが明らかになった。

(2) 三次元架橋高分子[8,9]

重縮合反応によるフェノール樹脂の摩擦摩耗表面は，凹凸が激しいためカーボンレプリカ膜の作製が困難であったので，電界放射透過電子顕微鏡（FE-SEM）により摩擦表面観察を行った（図5）。この場合，摩擦による高分子鎖のすべりは全く起こらず，表面から内部への破壊と亀裂の進展，層状剥離等により摩耗が進行するというアブレッシブ摩耗に特徴的なモルフォロジーが発現した。

一方，アセチレンと少量のトルエンからPBIID法によって作製したダイヤモンドライクカーボン（DLC）膜の表面には，$200\sim300\,\mu m$ の大きさの半球状の集合体がFE-SEM下で観察された。DLCは緻密な三次元架橋構造であるため，フェノール樹脂に見られた亀裂の発生と成長は起こらず，DLCの半球状の頂点から徐々に摩耗することが明らかになった（図6）。このように，極めて緻密な分子構造を有する三次元架橋高分子は，せん断によって分子鎖が切断されにく

第 10 章　高分子の構造物性による制御

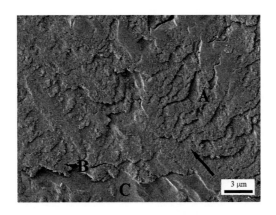

図 5　フェノール樹脂のアブレッシブ摩耗表面の FE-SEM 像
矢印は鋼球（相手材）のすべり方向（A：表面から内部への破壊，
B：亀裂の発生，C：層状剥離後の表面）

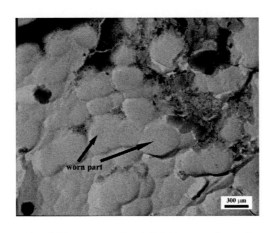

図 6　PBIID 法で作製した DLC 膜の摩耗表面のカーボンレプリカ TEM 像

くなり，耐摩耗性を実現するための一手法になると言える。

2.4　ポリアセタールのトライボロジー制御 [10〜12]

　高分子材料のトライボロジーについていくつか紹介したが，高分子の構造物性がトライボロジー挙動に大きく影響していることを明らかにした。次に，高分子単体のトライボロジーに及ぼす相溶化剤の影響について，モルフォロジーの面から紹介する。

　プラスチック製歯車の素材として用いられているポリアセタール（POM）は，結晶性高分子として 9_5 らせん構造を形成し，結晶内では分子鎖間に静電的相互作用が生じるために，高融点 Tm＝170℃を有するが，低い Tg＝－50℃を持つ柔軟性に富んだ高分子と言える。詳細は文献に譲るが，POM 単体のほか，POM に低密度ポリエチレン（LDPE）を混合したブレンド物（POM/LDPE：ブレンド物と略す），POM に相溶化剤として LDPE にポリスチレン／アクリロ

高分子トライボロジーの制御と応用

ニトリル共重合体をグラフトした LDPE-g-PSAN を添加した POM/LDPE-g-PSAN（アロイと略す）のトライボロジー特性を調べた。

鈴木式摩擦試験機を用い，荷重 98 N，すべり速度 30 cm/s で摩擦試験を行った．摩擦係数は，POM 単体 0.30，ブレンド物 0.23 およびアロイ 0.16 であった．また，比摩耗量は，POM 単体 1.89×10^{-4} mm^3/Nm，ブレンド物 1.05×10^{-4} mm^3/Nm およびアロイ 0.23×10^{-4} mm^3/Nm であった．

ブレンド物は，大きさ約 1.5 μm に最大粒子数を持つ LDPE 粒子が分散した相分離構造を形成した（図 7）．アロイは，LDPE が相溶化剤を界面として大きさ約 0.2 μm に最大粒子数を持つ微分散したミクロ相分離構造を形成した（図 8）．この結果は，固体潤滑剤としての LDPE がミクロ相分離することによって，潤滑効果と耐摩耗性が向上したことを示している．

POM 単体の摩擦表面のカーボンレプリカ TEM 像に，幅約 0.7 μm のころ状摩耗粉が観察さ

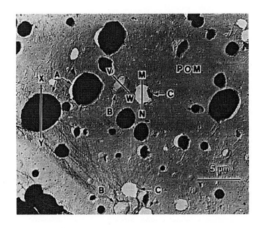

図 7 POM/LDPE ブレンド物のカーボンレプリカ TEM 像
明暗の球状構造は，レプリカの過程で生じた LDPE 相分離を示す

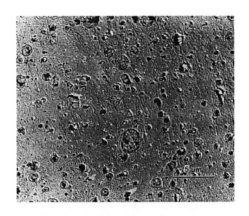

図 8 POM/LDPE-g-PSAN アロイ化によるミクロ相分離構造の
カーボンレプリカ TEM 像

第10章 高分子の構造物性による制御

れたが，ブレンド物およびアロイの摩擦表面に不定形の摩耗粉が観察された。POM が LDPE よりも酸素プラズマによって分解しやすいことから，ブレンド物およびアロイの摩擦表面をプラズマエッチングした。その TEM 像はアロイの摩擦係数と比摩耗量の低い値を立証するものであった。

3 ハイブリッド平歯車の開発研究

3.1 プラスチック歯車の課題

前項までは，高分子単体またはポリマーアロイに関する構造物性によるトライボロジー制御について述べたが，ナノコンポジットなどによる制御は良く知られているところで本節では，紙面の制約上割愛する。高分子材料が機械要素として広く使用されている分野の一つに歯車がある。

プラスチック歯車として OA 機器をはじめ多くの分野で使用されている素材がポリアセタール（POM）である。しかしながら，POM 歯車は，生産性の良さ，形状に対する高い自由度，オイルレス下での使用という長所があるが，素材が高分子材料であるため強度が金属に比べて1桁近く小さい。そのため，少し高いトルク下では，歯にかかる応力によって歯の破損のみならず，歯車としての高精度化の課題が未解決となっている[13]。

3.2 ハイブリッドスプライン[14]

これらの課題を解決するために，筆者らはインサート成形により金属平歯車にプラスチックをコーティングしたハイブリッド平歯車の開発を行った。まず，金型内に金属円板を装填し，その表面に 0.3 mm 厚のプラスチックコーティングを行ったところ，当初は樹脂割れが生じたが，成形条件を改善し樹脂割れのないインサート成形に成功した。次に，金属平歯車の一種であるクラッチ用スプラインの表面に厚さ 0.3 mm のプラスチックをインサート成形した（図9）。このハイブリッドスプラインをクラッチ板に内挿（図10）し，10 G の荷重下，100 Hz で振動試験により耐久性を評価した。図11に示すように，初期には，一見ハイブリッドスプラインの方が摩耗が多いように見えるが，これにはプラスチック層の弾性変形が含まれていると考えられる。後期には，金属スプラインの摩耗が顕著であった。事実，後期には，スプラインが接している外側の金属部分に顕著な変形が認められ，金属歯車にプラスチックをコーティングすることの優位性を示す結果が得られた。

3.3 ハイブリッド平歯車[15]

さらに，金属平歯車およびプラスチック平歯車の各々の欠点を解消し，長所を活かすハイブリッド平歯車の開発を行った。予備実験として，金属平歯車のすべての歯面に厚さ 0.3 mm のプラスチックシート片を貼付したモデルハイブリッド平歯車と金属平歯車の組み合わせで歯車試験を行った（詳細は文献参照）。1×10^4 回転後の添付したプラスチックシートの表面の摩耗はほとんど観測されなかった。さらに，金属歯車対の場合より約 5 dBA 騒音低減されたことが明らか

(a) 金属スプライン

(b) ハイブリッドスプライン

図9　金属スプライン（a）へのインサート成形によって作製したハイブリッドスプライン（b）

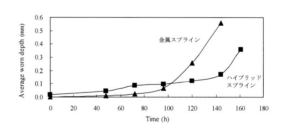

図10　ハイブリッドスプラインを内挿したクラッチ
黒い外周部は摩擦材

図11　振動試験による金属スプラインとハイブリッドスプラインの平均摩耗深さの経時変化

になった。

　高性能化を目指して，ハイブリッド平歯車をインサート成形によって作製（図12）し，金属平歯車を相手材として，入力回転数1,000 rpm，入力トルク1.65 Nmでハイブリッド平歯車の耐久性試験を行った。比較のためにPOM平歯車対の耐久試験を行ったところ，約58万回転で歯および中心部のキー溝の破壊が生じた。一方，ハイブリッド平歯車は，はるかに優れた耐久性を有することが立証され，プラスチック歯車に金属の高強度と高精度を付与し，金属歯車にオイルレス運転，騒音低減等を付与できることが明らかとなった。

　現在，ハイブリッド平歯車の成形方法等の改善を進めているところで，金属平歯車やプラスチック平歯車の長所を活かした新規な高性能・高機能ハイブリッド平歯車の創出を目指している。

第10章 高分子の構造物性による制御

図12 ハイブリッド平歯車（モジュール0.8）

4 まとめ

筆者らの数少ない事例から，高分子材料のトライボロジー制御について高分子の固有の構造物性と摩擦表面および母材内部のモルフォロジーとを関連付けて解析することができたと言える。また，ハイブリッド平歯車のトライボロジー制御については現在，素材高分子の構造物性と歯車試験後のプラスチックの微細構造との関係から，その優れた特性の解明を進めているところであり，その新たな応用分野の広がりが期待される。

文　献

1) J. K. Lancaster, *Wear*, **14**, 223（1969）
2) 田中久一郎, 潤滑, **15**, 123（1970）
3) 甲本忠史, 日本ゴム協会誌, **68**, 863（1995）
4) 甲本忠史, 最新高分子材料技術総覧, p.254, テック出版（1988）
5) T. Komoto et al., *Makromol. Chem., Rapid Commun.*, **2**, 207（1981）
6) 佐野博成ほか, 電子顕微鏡, **32**, 71（1997）
7) 甲本忠史, エコマテリアル学, 基礎と応用, p.107, 日科技連（2002）
8) A. Igarashi et al., *Polymer J.*, **37**, 522（2005）
9) A. Igarashi et al., *J. Mol. Struc.*, **788**, 238（2006）
10) S. Takamatsu et al., *Polymer*, **35**, 3598（1994）
11) S. Takamatsu et al., *Sen-i Gakkaishi*, **50**, 550（1994）
12) 甲本忠史, 日本ゴム協会誌, **68**, 864（1995）
13) 最新成形プラスチック歯車技術－この10年のあゆみ－, ㈳精密工学会 成形プラスチック歯車研究専門委員会（2002）
14) J. Nozawa et al., *Wear*, **266**, 639（2009）
15) J. Nozawa et al., *Wear*, **266**, 893（2009）

第11章　表面改質による制御

広中清一郎[*]

1　はじめに

　高分子材料は板材，棒材，フィルム状薄材，あるいは用途に応じて複雑形状に成形加工され，更にこれら成形品の表面特性を向上させるために，また表面に新しい機能を付与するために表面改質が行われる。一般には表面特性を高めるには，表面の汚れを除去して清浄にしたり，投錨効果を目的として表面積を増大するために粗面化したり，あるいは表面に極性基を誘導したりするなどの方法が採られ，高分子表面への接着性の向上やコーティング膜の形成を容易にすることなどに適用されている。また表面に化学反応層を形成させて表面改質する場合もある。これらの手段として，サンドブラストやエメリー紙による機械的研磨，エッチング，火焔処理や低温プラズマ処理，イオン注入，強酸などによる薬品処理，放射線照射や紫外線照射処理など多くの方法がある。

　トライボロジーにおいても高分子をトライボ材料としてより広く利用するには，やはり表面機能を高め，新しい表面機能を付与する方法が採られる。表面改質によって高分子材料の課題点の表面硬さを増大させたり，耐油性を付与したり，あるいは表面被膜を施してしゅう動部材表面の低摩擦性や耐摩耗性を向上させることは重要である。

　本章では，高分子トライボ材料としての表面改質による摩擦・摩耗特性の向上を中心に解説する。固体潤滑皮膜やDLCコーティングなどの潤滑表面膜については，以下の各論を参考にされたい。

2　高分子の表面機能と改質法

高分子の表面改質によって，
　①表面特性を変える（例えば，疎水性を親水性に変える），
　②新しい表面機能を付与する（例えば，金属メッキをして表面を金属化する），または
　③現在有している表面特性をさらに向上する（低摩擦性の向上など），
が達成される。

　表面機能には，濡れ性（親水性・撥水性，親油性・撥油性），接着性，摩擦・摩耗特性，帯電防止性，耐油性，耐溶媒性，光沢性，防曇性，生体親和性，印刷性，塗装性，O_2やH_2Oのガス

---

[*]　Seiichiro Hironaka　㈱ヒロプランニング・ヒロテクノ研究所　所長

第11章 表面改質による制御

表1 高分子の表面改質法

改質法		電子	イオン	分子	光子（紫外線）	放射線	プラズマ
反応層形成	乾式	電子線照射	—	グラフト化処理	紫外線照射	グラフト化処理	コロナ放電, グロー放電, プラズマ溶射, Casing処理
	湿式	—	—	グラフト化処理 薬品処理	グラフト化処理	グラフト化処理	—
イオン注入	乾式	—	イオン注入	—	—	—	—
	湿式	—	—	—	—	—	—
デポジション	乾式	電子線デポジション	イオンデポジション	CVD, PVD	CVD	放射線処理	プラズマ重合膜
	湿式	—	—	LB膜, 塗膜, 吸着膜	—	—	—
コーティング	乾式	—	—	—	硬化レジスト膜	—	—
	湿式	—	—	メッキ膜, DLC, セミックコーティング プライマー処理	—	—	—
エッチング	乾式	—	スパッタエッチング	気相エッチング	—	—	プラズマエッチング
	湿式	—	薬品処理エッチング	—	—	—	—

Casing：プラズマ処理によって表面層を橋架け強化して凝集力を高める方法。
LB膜：Langmuir-Blogette（累積）膜，水上に展開した単分子膜を何層も累積させた膜。

バリヤ性など非常に多くあり，高分子材料の表面改質による多様性を示している。これらの内で特に摩擦の低減化や耐摩耗性の向上，摩擦による帯電の防止，濡れ性，耐油・耐溶媒性の付与は高分子のトライボロジーにとって不可欠な基礎研究や開発研究の対象となっている。

表1に高分子の表面改質法を示すが，表面改質はトライボロジー特性の向上のみでなく，繊維の切断防止や織物の帯電防止，接着剤や皮膜との界面強度の向上，プラスチック製品の装飾や光沢や印刷性などの向上にも広く適用されている。次節ではトライボロジーにおける表面改質について述べる。

3 表面改質による制御

3.1 界面活性物質の塗布と内部添加による表面改質

高分子トライボ材料の最も簡単な表面改質法は界面活性物質の塗布である。一例としてポリエチレンテレフタレート（PET）フィルム表面に摩擦低減剤（油性剤）として種々の長鎖の界面活性物質をヘキサデカン溶液から塗布した場合の，PETスライダとの摩擦係数を表2[1]に示す。オクタデシルアミンやステアリン酸塗布では無塗布に比べて，摩擦係数は著しく低減しており，金属に対してと同様の効果が得られる。また表3[2]に示すように，フッ素系の界面活性剤をレ

表2 ポリエチレンテレフタレート（PET）の油性剤塗布による摩擦低減効果

潤滑剤	摩擦係数
無塗布	0.29
ステアリン酸エチル	0.22
オクタデカノール	0.20
オクタデシルアミン	0.09
ステアリン酸	0.11

PETフィルムとPETスライダとの摩擦

表3 フッ素系表面塗布剤による帯電防止と摩擦低下の効果

	表面電気抵抗, Ω	摩擦係数
処理1	7.7×10^{11}	0.20
処理2	1.2×10^{12}	0.13
未処理	2.9×10^{13}	0.38

処理1：$C_9F_{19}CONH(CH_2)_3N^+(CH_3)_3Cl^-$：0.05 重量％，
　　　 ヘキサフルオロプロピレンエポキシドの低重合体：0.05 重量％，
　　　 CCl_2FCClF_2：95.9 重量％，エタノール：4.0 重量％

処理2：$C_9F_{19}CONH(CH_2)_3N^+(CH_3)_2CH_2COO^-$：0.04 重量％，
　　　 $C_8F_{17}CH_2CH_2OH$：0.1 重量％，CCl_2FCClF_2：64.86：重量％，
　　　 イソプロパノール：35.0 重量％

コード盤や磁気テープに塗布した場合，表面電気抵抗や摩擦係数が大きく低下し，帯電防止性と潤滑性が付与される。

　また表面改質のもう一つの簡便法は，高分子が高温溶融状態の時に油性剤のような界面活性な物質を添加することである。界面活性物質は表面に吸着配向する性質があるので，表面配向した膜によって工具や金型との摩擦を低下させ，押出し成形などを容易にする。また固化後も高分子しゅう動材として使用する場合にこの吸着配向膜によって表面をすべりやすくして摩擦特性を向上する。

　写真1[3]は，摩擦条件が荷重：1 kgf（9.8 N），すべり速度：18.8 cm/s，相手摩擦材：SUJ2鋼球における，ポリアミド46（ナイロン46）および添加剤（長鎖のアミド系分子）入りポリアミド46EのカーボンレプリカのTEM像を示す。この条件ではいずれも分子配向はあまり高くなく，表面には未だ脱落していない摩耗粒子が存在している。これらの摩耗粒子は，ポリアミド46では延伸された状態になっているが，ポリアミド46Eではコロ状になっていてかなり異なる表面モルホロジーを示す。これは，ポリアミド46Eでは添加剤が表面配向して摩擦調整剤として作用するために，相手鋼表面との凝着力が低下し，表面間がすべりやすく，摩耗粒子は高せん断を受けず，延伸されずにコロ状に残っている。この吸着配向膜の効果を図1に示す。ポリアミド46および46E，ポリアミド66，ポリアセタール（POM）の摩擦係数の荷重依存性を見ると，ポリアミド46では通常のポリアミドと比較して摩擦特性はあまり変わらないが，ポリアミド46EはPOMに近い低摩擦係数が各荷重下で得られている。

第 11 章　表面改質による制御

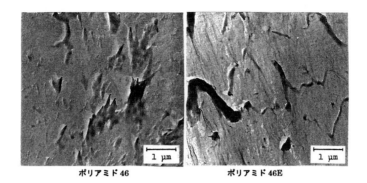

写真 1　ポリアミド 46 摩擦表面のカーボンレプリカの TEM 像
（摩擦相手材：SUJ2 鋼球，荷重：9.8 N，すべり速度：18.8 cm/s）

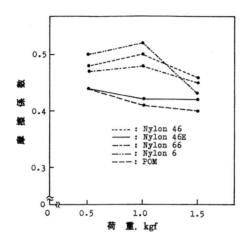

図 1　ポリアミド（Nylon）と POM の摩擦係数の荷重依存性
（Nylon 46E は添加剤入り，摩擦相手材：SUJ2 鋼球，すべり速度：18.8 cm/s）

3.2　放射線照射による表面改質

　放射線（γ線）照射による高分子の表面層の構造変化[4〜8]は，格子欠陥の程度や結晶化度，橋架け重合に関連して，高分子トライボ材料の摩擦・摩耗のメカニズムへ影響することがある。図 2[4]に示すように，γ線照射によってポリエチレンやポリプロピレンなどの高分子の摩擦特性が改良されている。ポリプロピレンやポリカプロアミドは照射量とともに 2.6×10^3 C/kg までは摩擦係数は低下するが，それ以上の照射量になると増大する。この理由として摩擦摩耗のメカニズムが塑性的掘り起こしから微小切削へ移行するためとしている。ポリビニルフルフラールについては分子間の架橋の形成としている。

　HDPE や PTFE の摩擦摩耗特性への放射線の効果についても検討されている[5〜7]。HDPE では照射によって分子間で架橋が起こり，摩擦は増大するが，摩耗については照射線量によって増大することも減少することもあるとしている[6,7]。PTFE では真空中で照射の場合に摩擦は増大

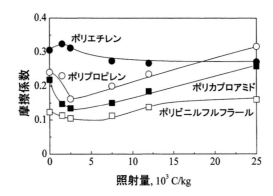

図2　高分子の摩擦係数に対するγ線照射の影響

するが，摩耗は大幅に減少するとしている[8]。

図3は，高密度ポリエチレン（HDPE）の摩擦特性を向上するために，γ線照射によってHDPE表面上に潤滑膜としてポリビニルアルコール（PVA）のグラフト重合膜[9〜11]を形成させたモデル図を示す。またHDPE表面上のPVAグラフト重合膜の水中における膨潤状態の厚さを表4[9]に示す。この膜の乾燥状態における水滴の接触角は，膜無しの88°に対してほぼ0°で

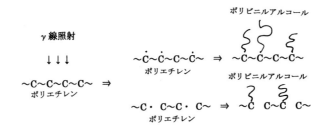

図3　γ線照射によるグラフト重合膜の生成のモデル図
（ポリエチレン表面上にポリビニルアルコールのグラフト重合膜の形成）

表4　HDPE表面上にグラフト化したポリビニルアルコール（PVA）層の厚さ[9]

PVA 水溶液	γ線照射時間, min	厚さ, μm
PVA 10 wt%	120	0.15
	150	1.5
	160	2.2
	170	4.4
	180	26.3
PVA 15 wt%	180	1.2
	190	1.8
	200	3.2
	210	12.8

＊：水中で膨潤状態における厚さ

第11章　表面改質による制御

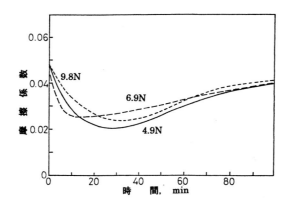

図4　水中におけるPVA-グラフトHDPEの鋼球に対する摩擦特性
（摩擦条件：すべり速度＝18.8 cm/s，水温＝21±1℃）

HDPEの表面が完全に親水化されたためか水滴は存在しない。一例としてグラフト重合条件が10 wt% PVA水溶液，温度：－78℃，160 min のγ線（^{60}Co）照射（0.88×10^6 R（レントゲン）/h，水中の膜厚が2.2 μm の表面膜の水中における鋼球に対する摩擦係数を示す（図4[10]）。各荷重において0.1以下の著しく低い摩擦係数が得られている。このような高分子表面に反応層膜を形成させる表面改質はプラズマ表面処理でも行われている[12,13]。

3.3　イオン注入による表面改質

窒素イオン（N^+）注入による高分子のトライボロジー表面改質[14〜16]があり，ポリイミド（PI）とグラファイト15％充てんPI，強化繊維としてガラス繊維を15％充てんしたPTFE，およびポリエーテルエーテルケトンについて研究されている[14,15]。一例として大越摩耗試験機を用いて，摩擦相手材SUS305におけるポリイミドの比摩耗量の荷重依存性と比摩耗量に対するN^+注入の効果を図5[14]に示す。非注入PIに比較してN^+注入PIの比摩耗量はかなり小さく，荷重依存性も小さい。またバウデン・レーベン型往復動摩擦試験機を用いて，対軸受鋼球による摩擦係数もN^+注入PIがかなり低い結果が得られている。この理由としてPIの表面に厚さ5〜10

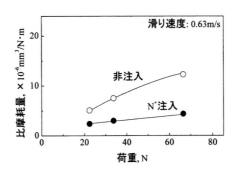

図5　ポリイミドの比摩耗量に対する窒素イオン（N^+）注入の影響

μm 程度の幾分硬くて黒い変質層が形成されているためとしている。従来，イオン注入は金型や工具表面の硬さの増大や耐摩耗性の向上に適用されているが，高分子トライボしゅう動材料の摩擦摩耗特性の向上のための適用も大きく期待される。

3.4 その他の表面改質

高分子表面を粗面化する方法には，サンドブラストやエメリー紙による機械的粗面化，濃硫酸などの強酸に浸漬する薬品処理法，低温プラズマによるエッチングがあり，投錨効果を目的とする。粗面のくぼみに接着剤や皮膜層が入り込み，接着強度が向上し，皮膜が剥がれにくくなる。

また代表的な低温プラズマ処理にはグロー放電処理とコロナ放電処理とがあり，酸素中や空気中の酸素プラズマ処理によって HDPE，ポリエチレンテレフタレート（PET），ポリカーボネート（PC）などの高分子表面にカルボニル（>C=O）基やカルボキシル（-COOH）基などの極性基を導入して濡れ性を良くしたり，表面膜が形成されやすいように接着性を向上する。

紫外線照射法は低圧水銀灯から放射される特定波長の紫外線（例えば，184.9 nm 波長）と酸素が共存すると，

$$O_2 \rightarrow O + O$$
$$O + O_2 \rightarrow O_3$$

の反応が起こり，オゾン（O_3）が発生する。このオゾンは 253.7 nm の紫外線で分解し，非常に強い酸化力の原子状酸素を生ずる。この原子状酸素によって高分子表面に酸素を含有する極性基が導入されて濡れ性の向上や表面膜の接着性が増大される。

その他に火焔処理法があり，この方法は空気または酸素とメタンやプロパンと一定混合割合で完全燃焼させ，この状態で高分子被対象物に吹き付ける処理法である。また濃硫酸やクロム酸混液（重クロム酸塩と濃硫酸の混合）などに浸漬する薬品処理法があり，いずれも高分子表面に極性基を導入する表面改質法であり，接着強度の向上や潤滑膜コーティングの剥離予防を目的とする方法である。

4 おわりに

以上，トライボロジーを中心とした観点からの高分子の表面改質について述べたが，高分子は低密度（軽量）で省エネルギー対策材料であり，複雑形状の成形加工がし易く，生産性に優れる，比較的低コストのものが多いなどの利点があるが，その反面，金属やセラミックス材料に比べて軟質であり，耐熱性，耐酸化性が低く，耐溶媒・耐油性が低いなどの課題点もある。これらの利点を生かし，課題点を克服して，高分子をトライボ材料としてより活用する手段として表面改質も有効な手段の一つである。

最後に，高分子のトライボロジーに関する文献[17~23]も参考にされたい。

第11章　表面改質による制御

文　献

1) T. Fort, *J. Phys. Chem.*, **66**, 1136 (1962)
2) 林　剛, コロイド化学の進歩と実際, 目黒謙次郎監修, 日光ケミカル/日本サーファクタント, p446 (1987)
3) 広中清一郎, 甲本忠史, 中村好雄, 田辺隆喜, 石油学会誌, **36**, 204 (1993)
4) V. A. Belyi, I. V. Kragelski, V. G. Savkin & A. I. Sviridyonok, *Ind. Lubrication & Tribology*, **32**, 44 (1980)
5) K. Matsubara & M. Watanabe, *Wear*, **10**, 214 (1967)
6) 渡辺　真, 日本潤滑学会トライボロジー会議予稿集, 東京, 447 (1990-5)
7) S. Shen & J. H. Dumbleton, *Wear*, **30**, 349 (1974)
8) B. J. Briscoe & Ni Zilong, *Wear*, **100**, 221 (1984)
9) 甲本忠史, 田中研二, 広中清一郎, 繊維学会誌, **40**, T125 (1984)
10) S. Hironaka, K. Tanaka & T. Komoto, *J. Japan Petrol., Inst.*, **28**, 168 (1985)
11) 甲本忠史, 広中清一郎, 松本　武, 潤滑特性にすぐれたグラフト共重合物およびその製造方法, 特開1983-40323 (1983)
12) 葛谷昌之, 表面技術, **52**, 845 (2001)
13) 榊原亜里沙, 糸魚川文広, 中村　隆, 早川伸哉, 表面技術, **62**, 35 (2011)
14) 渡辺　真, 志村洋文, 榎本祐嗣, 日本潤滑学会第33期春季研究発表会予稿集, 375 (1989)
15) W. Liu, S. Yang, C. Li & Y. Sun, *Wear*, **194**, 103 (1996)
16) 岩木正哉, 表面科学, **10**, 136 (1989)
17) 丸茂秀雄, 高分子の表面化学, 産業図書 (1973)
18) 高分子学会高分子表面研究会編, 高分子表面技術, 日刊工業新聞社 (1987)
19) 井手文雄, 高分子表面改質, 近代編集社 (1987)
20) 山口章三郎, プラスチック材料の潤滑性, 日刊工業新聞社 (1981)
21) 渡辺　真, 笠原又一, 関口　勇, 広中清一郎, 高分子トライボマテリアル, 共立出版 (1990)
22) 広中清一郎, 摩擦と摩耗の基本と仕組み, 秀和システム (2010)
23) 広中清一郎, 成形加工, **25**, 58 (2013)

第12章　固体潤滑被膜による制御

柏谷　智*

1　はじめに

　高分子材料の固体潤滑剤での乾性被膜によるトライボロジー特性の制御を考える場合，高分子材料の滑り性を改善する目的で材料に様々な固体潤滑剤を複合してきたことに触れざるをえない。結論から言えば材料の内添的に使用されてきた固体潤滑剤を表面に集中させることが固体潤滑被膜による制御の動機であり歴史でもある。そこでエンジニアリングプラスチックと固体潤滑剤の歴史に少々目を向けたい。固体潤滑剤の代表例でもある PTFE（ポリテトラフルオロエチレン）は四フッ化樹脂とよばれ，もともとの分類はエンジニアリングプラスチックである。この PTFE の潤滑性評価の歴史も長く，1949 年には Shooter と Thomas[1] らが PTFE を含んだ 4 種類の樹脂材料の自己摩擦性評価を行っており，PTFE が極めて低い摩擦係数を示すことが知られるきっかけとなった。その後，1966 年には山口，関口[2] により各種樹脂材料間の動摩擦係数一覧の報告があり，固体潤滑剤を含有したプラスチック材料をしゅう動部材に用いることが日本でも一般的となった。その一方，主に熱可塑性樹脂の成型において離型性や脱型性を高めるためにワックス等の滑剤と称する潤滑成分を添加することは古くから一般的であり，機械的強度や耐摩耗性を付与するフィラーの添加も一般的であった。そのため，1968 年の"Modern Plastics Encyclopedia"[3] においては改良特性別の各充填材料の一覧が記載されるに至った。なお，その中で潤滑性を付与するための充填剤として，白陶土，雲母，二硫化モリブデン，滑石，黒鉛などの材料も見られる。これらの自己潤滑性と機械的強度を維持させるために用いられてきた内添用の固体潤滑剤を，熱硬化性樹脂や溶剤中に分散させた熱可塑性樹脂との組み合わせで潤滑塗料とし，母材表面に塗布し硬化させたものが乾性被膜潤滑剤と呼ばれる表面改質材料である。

2　乾性被膜潤滑剤の概要

　乾性被膜潤滑剤は潤滑機能を持った塗膜であり，その塗布膜を形成するための液の製品形態は一般の塗料とほぼ同様である。ここで一般的な塗料は，顔料粉末と結合樹脂を溶剤中で分散させ噴霧や刷毛塗り等で表面に塗布したのち常温で乾燥硬化させ，樹脂種類によってはさらに加熱処理により熱硬化させ塗膜を形成させる。乾性被膜潤滑剤は前述の顔料粉末が固体潤滑剤に置き換わったものであり，その液も溶剤中に各主成分が分散された状態にある。乾性被膜潤滑剤に使用

---

　*　Satoshi Kashiwaya　住鉱潤滑剤㈱　技術部　部長

第 12 章　固体潤滑被膜による制御

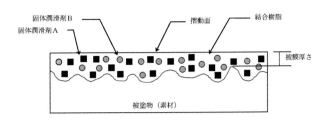

図 1　乾性被膜潤滑剤断面概念図

する固体潤滑剤は，二硫化モリブデン，ポリテトラフルオロエチレン（PTFE），グラファイトなどが主流であり，結合剤となる樹脂はアクリル，エポキシ，フェノール，ポリアミドイミドなど多岐にわたる。なお高分子材料のトライボロジー特性の改良の場合は稀な例になるが，金属材料への塗布の場合は被膜強度を維持向上させるために各種無機フィラーやウィスカー，ファイバー等の添加，防錆機能を持たせるため金属酸化物を添加させる例もある。図 1 に乾性被膜潤滑剤の断面概念図を示す。

3　乾性被膜潤滑剤の液性状

前述のように高分子材料のトライボロジー特性を改善する乾性被膜潤滑剤はその供給形態は塗料と同様である。そのため液性状の表記方法や処理条件も塗料に近似し，評価法もほぼ塗料と同一になる。ここで乾性被膜潤滑剤形成用の液性状の記載例を表 1 に示し，その主な注意点を表 2 に示す。

表1 乾性皮膜潤滑剤性状表例

	試験項目	試験検査方法（JIS）	代表性状・特性値
主組成	結合樹脂	—	ポリアミドイミド系
	固体潤滑剤	—	MoS_2・PTFE
	基溶剤	—	NMP・DMF・キシレン
製品性状	外観	—	黒色均一液状
	密度（20℃，比重カップ法）	JIS K 5400 4.6.2	$1.10 g/cm^3$
	粘度（フォードカップ＃4, 25℃）	JIS K 5400 4.5.4	70秒
	不揮発成分（130℃, 1h）	JIS K 5407 4	26.00 %
被膜特性	使用温度範囲	—	(Max 350℃)
	鉛筆引っかき値（エンピツ硬度）	JIS K 5400 8.4.1（塗膜の破れによる評価）	4 H以上
	エリクセン値	JIS K 5400 8.2.1	8.0 mm 合格
	耐屈曲性試験	JIS K 5400 8.1	2 mmφ 合格
	付着性（碁盤目テープ法1 mm）	JIS K 5400 8.5.2	100/100 合格
	防錆性（5％塩水噴霧試験）	JIS Z 2371	100 時間（下地無，15μm）
	耐ガソリン・耐油性	JIS K 5400 8.24	良好
	(MEK・キシレン)	JIS K 5400 8.24	良好
	耐酸・耐アルカリ性（5％ H2SO4・NaOH）	耐酸 JIS K 5400 8.22	良好
		耐アルカリ JIS K 5400 8.21	
潤滑性	※1 耐荷重能（LCC値）	—	1,500 lbs（下地処理：リン酸 Mn）
	※2 動摩擦係数	—	0.08
	※2 静摩擦係数	—	0.14
使用方法	適用素材	—	金属一般
	標準硬化条件（温度×時間）	—	230℃×30分
	希釈溶剤	—	専用シンナー
表示	消防法危険物表示	—	危険物第4類第2石油類 危険等級Ⅲ
	労働安全衛生法（57条）表示	—	N,N-ジメチルホルムアミド：5〜10％, キシレン：10〜20％

※1 耐荷重能：Falex Pin & V-Block しゅう動速度：0.098 m/sec START：300 lbs STEP 荷重：250 lbs/min
※2 摩擦係数測定：表面性試験機（条件：ボール圧子10mmφ，荷重1 kgf，スピード1,200 mm/min，移動距離100 mm）

第12章　固体潤滑被膜による制御

表2　性状測定項目解説

項目	解説
粘度	塗料の粘性を示す。フォードカップ＃4，ストーマー粘度計，E型粘度計など，粘性により計測方法を選択する。粘性の変化は樹脂の変質や固体沈降など塗料物性面への影響やスプレー塗装における液の吐出量など加工にも大きな影響を与える。
不揮発成分	塗料の有効成分量を示す値である。塗料使用量を試算する際に必要。
鉛筆引っかき値	エンピツ硬度ともいい，塗膜の硬度の指標。
エリクセン値	塗料密着性評価法。塗布された素材が塑性変形した場合の追従性を表す。数値は変形量であり，大きいほど追従性が高い。
耐屈曲性	塗料密着性評価法。塗布された素材が曲げ変形した場合の追従性を表す。数値は曲げ直径であり，小さいほど曲げによる追従性が高い。
付着性（碁盤目テープ法）	塗膜の密着性評価法，碁盤目状に切り込みをいれ，セロテープにて剥離させる。厳しい評価では温水浸漬または煮沸後に試験を行う。
防錆性	塩水噴霧試験による発錆までの時間を表す。純水で行う湿潤試験，温度・湿度変化をサイクルさせるキャステストなどの方法もある。
耐荷重能：（一例）	Falex Pin & Vブロック試験の例を記載した。チムケン式など各社各様
動・静摩擦係数	性状表では被膜の表面における摩擦係数を計測する。摩擦係数は測定方法により異なるため，参考データとして記載。
標準硬化条件	当社が物性評価した際の焼成温度である。小物の場合は焼成炉内の温度管理で十分であるが，基本的には物体表面温度で管理すること。
希釈剤	塗布の方法により任意の粘性に調整するために用いる。

4　乾性被膜潤滑剤の処理方法

　乾性被膜潤滑剤の使い方としては塗料と同様であることは再三述べているが，部材への処理方法とその注意点も塗料と近似している。塗料を部材に塗布するには適切な方法で表面の汚れを落とし，密着性を上げるための下地処理が不可欠である。以下に処理方法とその注意事項に関して述べる。

4.1　前処理

　前処理（下地処理）の目的は以下に大別される。
- 素材表面の清浄――脱脂又は洗浄を行う。
- 密着性の向上―――表面積を増加する。
- 表面性状の改善――異常層の除去又は表面層を改質する。

①脱脂・洗浄

　被塗布物の材質や大きさ，形状，前工程での使用油剤等により，脱脂洗浄の方法を選択する。油脂汚れには主に炭化水素系溶剤等の有機溶剤による浸漬法を用いる。エマルジョン系の残留物には，水系洗浄剤（中性洗剤，アルカリ溶液等）による浸漬法を用い，水洗，湯洗等により粗洗いや乾燥補助を併用する。尚，アルカリ溶液が残留すると塗料の密着性に悪影響を及ぼすことがある。被塗布物が大きい場合，洗浄設備に入らないため，有機溶剤による拭取りを行う。クリー

ナースプレーなども有効である。汚れは単一な物質でないことが多く，上記方法を複合して処理することが多い。

② 下地処理

高分子材料の下地処理はその材料特性から限定され，かつ不要な場合も多いが一般論として金属材料を含めた下地処理方法を紹介する。

・化成被膜

鉄系素材はリン酸処理，アルミ系はアルマイト処理（陽極酸化被膜）が主力である。被膜の特性として，表面積の増加・耐食性の向上，潤滑被膜の残存性向上，表面形状の無方向性などが上げられる。

・ショットブラスト

素材を選ばないことがこの処理の有効なところであり，ショット材としてアルミナ（セラミック），鉄，ガラス等が有りショット材の粒度が選択できる。表面の特性は，表面積の増加，潤滑被膜の残存性向上，表面形状の無方向性，圧縮残留応力の発生，表面欠陥（微細クラック等）の除去などが上げられる。

・熱処理（窒化等）

素材の表面硬度を向上させながら微細な凹凸を形成する方法として窒化法がある。表層に窒化層を作り，鋼材には軟窒化，SUS材にはラジカル窒化がある。

③ 圧縮残留応力

定義としては，静止状態で，外力及び慣性力が全く働いていない物体中に存在する応力である。冷間加工や表面硬化処理等で発生し，表面状態の強化・疲労強度の向上により被膜耐久性能が向上する。

4.2 コーティング方法と機器

代表的なコーティング方法を以下に記す。

① スプレー法

スプレーガンを用いて塗料をミスト化させコーティングするエアスプレーが一般的であり高い精度が得られる工法である。スプレー先端に電圧をチャージして塗装する方法は静電塗装と呼ばれ塗着率の向上が図れるが被塗物の形状やコーティングエリア指定場所により不適の場合がある。エアを使用しない方法として，液を加圧してミスト化するエアレススプレーや，遠心力を応用した遠心霧化式もある。

② タンブリング法

バレル塗装ともいい，筒状のかごにワークを入れ回転させ，塗料を馴染ませながら被覆していく方法である。小物の大量生産を安価でできるメリットがある。1回での塗膜付着量は5μm以下であり，比較的公差も良好である。厚膜に塗装することが困難であることや，エッジ部の被覆が薄くなる傾向にある。

第 12 章　固体潤滑被膜による制御

③浸漬法

　ディッピング法ともいい，液槽をつくり，ワークを沈めて塗装する方法である。大量に安価に加工できるが，塗膜の精度バラツキが大きく，また形状によっては液溜りなどが生じる場合がある。

④印刷法

　スクリーン印刷機を利用したコーティング方法である。スプレーと比較して塗料ロス率が低く，一般に塗料使用量を 1/10 以上大幅に削減できるため，同じ部品を大量に精度良く生産するには好適である。この工法は凹部には塗布できないこと，印刷設定に熟練が要することなどが弱点である。膜厚公差としてはエアスプレーと同程度以上は得られるが，厚膜の塗装には不適である。

4.3　焼成

　焼成はワークも加温することから，その管理は被膜形成のみならず，材料にも影響を与えるものである。焼成炉はバッチ炉（金庫炉）の使用が主流であり，電気式，ガス式による熱風循環炉がある。熱源の種類と，熱源位置，循環方法により炉内温度のバラツキが異なるため，大量に焼成する場合には温度分布に留意が必要である。また同一形状の大型量産では連続炉を使用することがある。熱風循環式は設定や管理が比較的容易であるが，長く大型になることが問題。遠赤外線式，近赤外線式などは，焼成されるワークの材質，質量により設定や管理が難しい。それぞれの特徴を把握し選択するべきである。

5　固体潤滑塗料を用いた高分子材料の潤滑性向上の例

　近年のしゅう動部材はその部品の小型化から，数十μm摩耗すれば部品の破壊とみなせる。逆に数μmでの摩擦や摩耗の制御は表面の潤滑膜の問題となるため，複合材料（母材）で摩擦を制御するより，表面に塗料型の潤滑剤を用いた方がより摩擦を制御しやすい。実際の潤滑性塗料も固体潤滑剤と熱硬化性（場合により熱可塑性の）樹脂を溶剤で希釈した製品であり塗布・乾燥後の材料としてみれば表面に樹脂複合材の被膜を作っている物であり，エンジニアリングプラスチックの表面に塗布する限りはその処理部品そのものが表面傾斜材料的なエンジニアリングプラスチックともいえる。ここでいくつかの高分子材料に乾性塗料を塗布した場合のトライボロジー特性改良の例を紹介する。

5.1　エンジニアリングプラスチックの場合

① ABS への適用例（図 2）

　試験片は ABS でアルキド樹脂をバインダーとして PTFE を塗布し常温乾燥させた仕上がり膜圧 10μm の被膜である。試験条件は，相手材として SUS304 の 3/16 インチ球を用い，滑り速

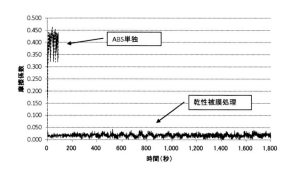

図2　ABSの場合

度 0.05 m/s 荷重 100 g で摩擦試験を行った。ABS 板単独では動摩擦係数として 0.25〜0.45 前後であるが，乾性被膜潤滑剤を処理すると動摩擦係数は 0.05 以下で推移する。上記の Tribology Data Handbook によると，ABS 単独での摩擦係数は 0.35 とのデータがあり，かつ PTFE を 15％複合させた素材の摩擦係数が 0.16 との記載がある。素材重量の 15％相当の PTFE と同等の摩擦低減効果（見方によっては母剤との複合では発現し得ない低摩擦）が 10μm の被膜で発現できることがわかる。以上のようにオイルやグリースを使用せずに摩擦を低減しなければならないような状況においては乾性潤滑被膜の方が適している。

② PC への適用例（図 3）

PC 試験片上にポリエステルをバインダーとした PTFE 粉末を塗布し，焼成温度 100℃で 40 分間処理した場合の仕上がり膜厚 10μm の被膜である。相手材として SUS304 の 3/16 インチ球を用い，滑り速度 0.1 m/s 荷重 100 g で摩擦試験を行った。PC 板単独では動摩擦係数として 0.3〜0.5 前後であるが，乾性被膜潤滑剤を処理すると動摩擦係数は 0.08〜0.15 程度で推移する。Tribology Data Handbook[4] によると，PC 単独での摩擦係数は 0.38 とのデータがあり，かつ PTFE を 15％複合させた素材の摩擦係数が 0.15 との記載がある。素材重量の 15％相当の PTFE と同等の摩擦低減効果が 10μm の被膜で発現できる。

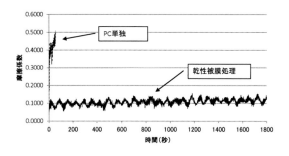

図3　PCの場合

第 12 章　固体潤滑被膜による制御

5.2　ゴムシールの場合

　省エネルギーの観点から要求はあったものの技術的には頓挫していたゴムシールの摩擦低減は再燃したテーマといえる。従来からグリースにより摩擦を低減する方法があるとはいえ，油が排除される用途などでは潤滑皮膜の要求はやまなかった。もっともゴムはプラスチックに比べはるかに軟質であり母材変形に対する皮膜の追随性や密着性の維持など乾性皮膜が解決すべき課題は多かった。

　写真 1 に示すように母材を大きく変形させても追随性と密着性を維持できるように皮膜を改善し，これらの技術的課題を解決した複数の製品の性能紹介として，以下にそれぞれのゴム材料に対する固体潤滑塗料の摩擦係数低減効果を述べる。

① NBR への適用例（図 4 ）

　NBR は耐油性に優れ潤滑油剤のシールゴムとしては広範囲に使用されている。例に示すのは NBR 試験片上にウレタン（2 液タイプ）をバインダーとした PTFE 粉末を塗布し，焼成温度 100℃で 40 分間処理した場合の仕上がり膜厚 10μm の被膜である。相手材として SUS304 の 3/16 インチ球を用い，滑り速度 0.1 m/s 荷重 100 g で摩擦試験を行った。

　未処理の NBR 単独では 1.0 〜 1.2 程度の動摩擦係数であるが，乾燥皮膜潤滑剤を処理すると動摩擦係数は 0.3 〜 0.45 程度に低減される。

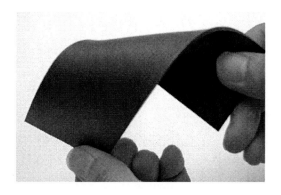

写真 1　処理後のゴムシート

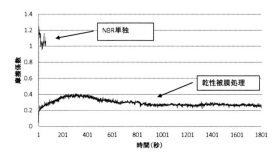

図 4　NBR の場合

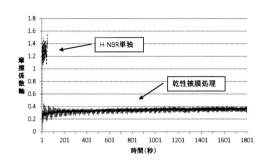

図5　H-NBRの場合

② H-NBRへの適用例（図5）

H-NBRはNBRの耐熱性・耐候性を改良するために開発された材料である。表示例はH-NBR試験片上にウレタン（1液タイプ）をバインダーとしたPTFE粉末を塗布し，焼成温度150℃で40分間処理した場合の仕上がり膜厚10μmの被膜である。相手材としてSUS304の3/16インチ球を用い，滑り速度0.1m/s荷重100gで摩擦試験を行った。

未処理のH-NBR単独では1.1〜1.6程度の動摩擦係数であるが，乾燥皮膜潤滑剤を処理すると動摩擦係数は0.2〜0.4程度に低減される。

③ EPDMへの適用例（図6）

EPDMは耐候性・耐老化性・耐オゾン性など優れた特性を持ちながら耐油性に劣るため「潤滑」が困難な材料の一つである。表示例はEPDM試験片上にフッ素ゴム（2液タイプ）をバインダーとしたPTFE粉末を塗布し，焼成温度150℃で40分間処理した場合の仕上がり膜厚10μmの被膜である。相手材としてSUS304の3/16インチ球を用い，滑り速度0.1m/s荷重100gで摩擦試験を行った。未処理のEPDM単独では1.8〜2.0程度の動摩擦係数であるが，乾燥皮膜潤滑剤を処理すると動摩擦係数は0.2〜0.4程度に低減され，その摩擦係数も極めて安定している。また副次的な効果として，EPDMは前述のように耐油性に劣る材料であるが本被膜処理によって油の進入が抑制されるため，油の接触によってもEPDMの膨潤を抑制する効果がある。

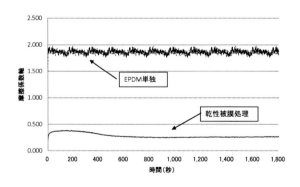

図6　EPDMの場合

第12章 固体潤滑被膜による制御

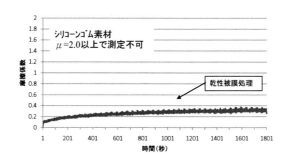

図7 シリコンゴムの場合

④シリコーンゴムへの適用例（図7）

シリコーンゴムは耐熱性・耐寒性に優れ，滑り止めにも使用されるなど「滑らない」ゴムの代表格ともいえる。表示例はシリコーンゴム試験片上にシリコーンレジンをバインダーとしたPTFE粉末を塗布し，焼成温度230℃で40分間処理した場合の仕上がり膜厚 $10\mu m$ の被膜である。相手材としてSUS304の3/16インチ球を用い，滑り速度0.1 m/s 荷重100 g で摩擦試験を行った。「滑らない」シリコーンゴム単独では2.0以上の動摩擦係数であり試験継続は困難であったが，乾燥皮膜潤滑剤を処理すると動摩擦係数は 0.1～0.3 程度に低減される。

6 おわりに

高分子材料は軽量で絶縁性もあり耐食性・吸震性を持つなど今後もEV等の発展も受け使用用途が広がると予想される。とはいえ多くの絶縁性と熱伝導性はトレードオフの関係にある以上，摩擦部分での熱負荷も上昇せざるを得ない。

摩擦熱はPVと放熱性が限定されるのであれば摩擦係数 μ の低減でしか抑制はできない。部材の摩擦係数の低減はもちろん，熱伝導性を付与し摩擦熱を発散できる高分子材料も必要となろう。その有力フィラーとしてBNやアルミナ，電気絶縁性を犠牲にすればカーボンファイバーなどもあろうが，これらを高分子成分に適用した場合のアブレッシブ性の低減対策として，ほかの固体潤滑剤との組み合わせも不可欠となるであろう。見方によっては高分子材料のトライボロジー特性の制御とは固体潤滑剤の適用に他ならず今後益々の拡大を期待してやまない。

文　献

1) K.V.Shooter and P.H.Thomas, *Research*, **2**, 533 (1949)
2) 山口, 関口, 潤滑, **11**, 485 (1966)
3) Modern Plastics Encyclopedia (1968)
4) Tribology Data Handbook, CRC Press (1997)

第13章　プラズマや光化学フッ化処理による高分子材料表面の機械特性制御

上坂裕之[*]

プラズマや紫外線等の高エネルギーを利用して高分子材料表面の機械特性を制御することが可能である。高分子材料の摩擦摩耗特性を向上するうえでそれらが有効である場合がある。以下にその実例として筆者らが行ってきた研究例を示す。

1　プラスチックシリンジの無潤滑化を目指したガスケット材料の光化学フッ化処理（基礎実験）

図1に示すように，従来のプラスチック製注射器ではシリンダー（バレル）の内面に潤滑材としてシリコーンオイルが塗布されてきた。しかしながら，シリコーンオイルによる薬剤成分の吸着[1]や，バレル内面から遊離したシリコーンオイル微粒子の体内への侵入・蓄積が潜在的な問題として指摘されることがあった。それらを根本的に回避するためには，シリコーンオイルを使わない無潤滑注射器の実現が必須である。

その実現のためには，無潤滑化によるガスケット／シリンダー内面間の摩擦係数の増大（場合によっては3-4を超える）を相殺するような低摩擦化技術の適用が必要である。ここではいわゆ

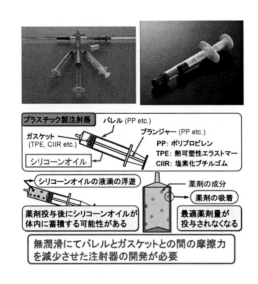

図1　従来の注射器におけるシリコーンオイルの使用とその潜在的問題点

---

[*] Hiroyuki Kousaka　名古屋大学　大学院工学研究科　機械理工学専攻　准教授

第13章 プラズマや光化学フッ化処理による高分子材料表面の機械特性制御

る超低摩擦ではなく，シリコーンオイル使用時と同じ 0.1 − 0.3 程度の摩擦係数が求められる。そこで宇佐美らは，無潤滑注射器の実現を目指した基礎研究として，熱可塑性エラストマー（TPE）製のガスケット表面のフッ化処理を試み，シリンダー側材料であるポリプロピレン（PP）との無潤滑しゅう動における低摩擦化に有効であることを示した。具体的には平板形状の TPE と PP 試験片同士のしゅう動における摩擦係数が，シリコーンオイル潤滑下での 0.44 から，無潤滑下で 3 程度まで増大するものの，TPE のフッ化処理により 1.5 まで低減した[2]。本成果を以下で具体的に説明する。

1.1 実験装置

光化学フッ化処理は，試験片にパーフルオロポリエーテル（Perfluoropolyether：以下 PFPE と略記）を塗布したのち図 2 の装置で紫外線を照射することで行った。紫外線発生用光源として誘電体バリア放電エキシマランプ（ウシオ電機，UEM20-172）を用いた。このエキシマランプは波長 172 nm にスペクトルのピークを持ち，放射照度は 10 mW/cm^2，照射範囲は 100 mm × 100 mm である。172 nm の紫外線は大気中で減衰するため，紫外線照射時にチャンバー内をロータリーポンプで真空状態にした。摩擦試験には往復しゅう動型摩擦試験機を用いた。この試験機は垂直荷重測定用ロードセル，摩擦力測定用ロードセル，X-Y ステージから構成される。垂直荷重用ロードセル下部の TPE 試験片ホルダに TPE を固定し，X-Y ステージを動かすことにより X-Y ステージ上方に固定した PP との摩擦を行い，ロードセルで測定した垂直荷重および摩擦力により摩擦係数を算出した。

1.2 実験手順

TPE 試験片表面に PFPE（alfa，L16971）を滴下後，上から厚さ 2 mm の合成石英ガラスを被せ，PFPE 薄液層を形成させた。その後ランプハウス窓板から 40 mm の位置に試験片を設置し，ロータリーポンプによりチャンバー内を 0.1 Pa 未満まで排気した。エキシマランプにより 172 nm の紫外線を一定時間照射した後，試験片を HFE（Hydrofluoroether：ハイドロフルオロエーテル，3M，HFE-7200）中で超音波洗浄した。その後，処理済みの TPE 試験片と無処理

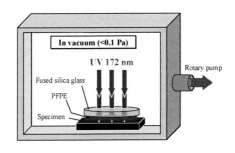

図 2　光化学フッ化処理に用いた紫外線照射装置の模式図

のPP試験片との摩擦試験を行った。摩擦試験においては，垂直荷重を1N，X-Yステージの平均しゅう動速度を2mm/s，しゅう動距離を8mmとし，往復回数は15回とした。尚，摩擦試験で負荷する1Nの垂直荷重を試験片間の接触面積78.5 mm^{2}で除して得られる面圧は，0.025 MPaである。実際の注射器におけるPP製シリンジとTPE製ガスケット間の面圧は約0.022 MPa程度とされているため，実際の面圧と近い面圧下で摩擦試験を行ったことになる。

1.3 実験結果

TPEへの光化学フッ化処理時の紫外線照射時間を変えて摩擦試験を行ったところ図3のグラフを得た。本図の$t=0$は無処理のTPE試験片と無処理のPP試験片とのしゅう動を示しており，その摩擦係数は2.8であった。TPEへの90分の紫外線照射の結果，無処理のPP試験片とのしゅう動における摩擦係数が，1.5まで低減された。光化学フッ化処理後の試験片表面のFTIR分析を行うと，はっきりとC-F結合を示す吸収ピークが見られた（図4）。また，表面自由エネルギーを測定すると図5のようになり，光化学フッ化処理によって主として表面自由エネルギーの分散力成分が減少していることが分かった。これらより図3の摩擦係数の低下は，TPE表面の光化学フッ化処理により表面がフッ素終端され，その結果表面自由エネルギーの分散力成分が減少したことによると考えられた。

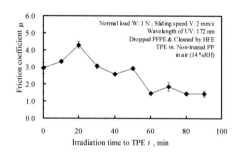

図3　光化学フッ化処理されたTPEと無処理のPP試験片の摩擦係数に及ぼす紫外線照射時間の影響

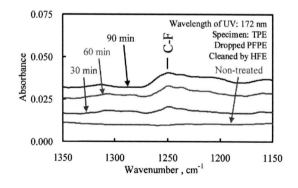

図4　光化学フッ化処理されたTPEのFTIR吸収スペクトル（TPEへの紫外線照射時間：0, 30, 60, 90分）

第 13 章　プラズマや光化学フッ化処理による高分子材料表面の機械特性制御

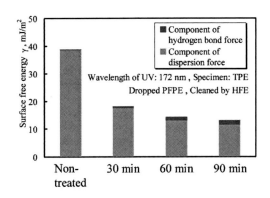

図 5　光化学フッ化処理された TPE の表面自由エネルギーの測定値（TPE への紫外線照射時間：0, 30, 60, 90 分）

2　プラスチックシリンジの無潤滑化を目指したガスケット材料の光化学フッ化処理（実際の注射器形状への適用）

第 1 節に示した宇佐美らの結果[2]を受けて，小椋らは，同じ光化学フッ化処理を実際の TPE ガスケットに適用することを試みた[3]。図 6 に示すような治具を用いてガスケット円筒部のしゅう動面が円板状になるようにした上で，宇佐美らと同じ光化学フッ化処理（図 2）を TPE ガスケットのしゅう動面に施した。次に図 7 の装置を用いてガスケットをバレルに押し込む際の押し込み荷重をロードセルにより測定した。ここでは実際の PP 製バレルではなく，実際のバレルと同じ内面寸法に削ったポリアセタール（POM）をバレルに見立てて測定を行った。ここで無負荷状態のガスケット径（$D_G = 20.85$ mm）に対してバレル径を $D_B = 20.3, 20.4, 20.5, 20.65, 20.7$ mm と変化させて押し込み試験を行った。ガスケット変形率 α を D_G と D_B の比を用いて以下の式

$$\alpha = \frac{D_G - D_B}{D_G} \times 100$$

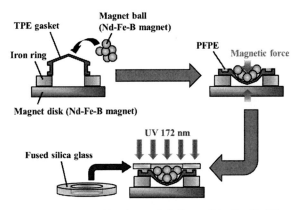

図 6　ガスケット外周部への光化学フッ化処理の模式図

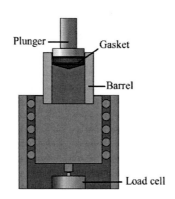

図7 ガスケットのバレルへの押し込み荷重測定装置

により定義すると，$\alpha = 0.72\%$ ($D_B = 20.7$ mm)，0.96, 1.68, 2.16, 2.64 % ($D_B = 20.3$ mm) となる。この値が大きいほどバレルに押し込まれた際のガスケットの変形が大きく，ガスケットとバレルの間の垂直応力が大きくなる。図8に最大押し込み荷重の測定結果を示す。図8より明らかなように，α の減少に伴って押し込み荷重は低下する。これはガスケットとバレルの間の垂直応力が低減するためである。より重要なことはすべての α 値において TPE の光化学フッ化処理による押し込み荷重の低下が見られたことである。これはフッ化処理の効果によると考えられる。注射器としてはプランジャーの押し込み時の押し込み荷重が 10 N 以下に抑えられることが望ましい。つまり光化学フッ化処理した場合には α 値を 1.72 % 以下にするとそれが達成される。

次にバレルの内面に水を充填し，フッ化処理したガスケットとバレルの間から水が漏れ始める際の静荷重（漏れ荷重）を測定した。工業規格 JIS T 3210：滅菌済み注射筒[4] には注射器の漏れに関する基準が示されている。これによると本研究で使用している 20 ml の注射器の場合，245 kPa を 10 秒間加えたとき，水がはめ合い部から漏れてはならない。これより漏れ発生荷重

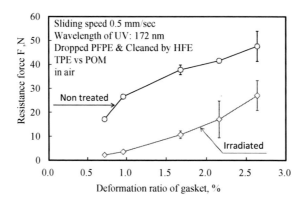

図8 光化学フッ化処理された TPE ガスケットのポリアセタール製バレルへの押し込み時の最大押し込み荷重に及ぼすガスケット変形率 α の影響

第13章 プラズマや光化学フッ化処理による高分子材料表面の機械特性制御

の許容最低値を計算すると 76.9 N となる。図 9 に漏れ発生荷重と α 値の関係を先に測定した押し込み荷重とともに示す。1000 N の押し込み荷重は用いた装置の測定可能上限値である。図の右縦軸の最大値を超えて 1000 N 以上の押し込み荷重となったケースでは、ガスケットの自封作用（液圧によってガスケットバレル間の押しつけ力が増大する作用）がうまく働いたと考えられる。

実際の注射器では漏れ発生荷重と押し込み荷重に関する両制約条件がともに満たされなければならない。そのことを踏まえて図 9 を眺めると以下のことが言える。まず未処理のガスケットでは α を下げていくと $\alpha = 0.24\%$ ではじめて押し込み荷重が 10 N を下回るがこの時には漏れ発生荷重が規定値を下回っている。すなわちあらゆる α の範囲で、漏れ荷重と押し込み荷重の基準をともに満たす α 値はなかった。一方で光化学フッ化処理をしたガスケットでは、$\alpha = 0.72\%$、0.96 %、1.68 % の広範囲において漏れ荷重と押し込み荷重の基準がともに満たされる。これはフッ化によりガスケットとバレルの間に摩擦係数が下がったこと（図 8 において、押し込み荷重と α の関係を示す曲線が全体的に下にシフトしたこと）による。ただし実際の注射器における α 値は 2.5 % 程度とされており、この α 値ではフッ化処理した場合でも、押し込み荷重が 20 N を超えてしまう。従って実際に無潤滑シリンジを実現するには、α 値を 0.72～1.68 % 程度に下げるという設計変更も必要ではないかと思われる。ただし図より明らかなように α 値を下げることは本質的に漏れ荷重の低下を伴う。たとえ漏れ荷重の基準値を満たしていても、現実の使用上で問題がある可能性もある。そこで小椋らは、既に示した文献 4 の中で α 値を低くすることと合わせて、それによる漏れ荷重低下の補償のためにガスケットの形状を変更して自封作用（液圧によってガスケットバレル間の押しつけ力が増大する作用）がより低い α 値まで働くようにすることを提案している。具体的な提案内容は同文献を参照していただきたい。

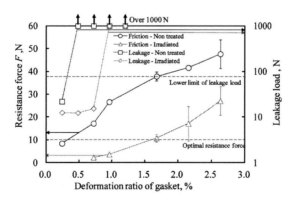

図 9　光化学フッ化処理された TPE ガスケットを水で満たしたポリアセタール製バレルへの押し込む際の水漏れ発生荷重（右縦軸）に及ぼすガスケット変形率 α の影響。光化学フッ化処理された TPE ガスケットのポリアセタール製バレルへの押し込み時の最大押し込み荷重（左縦軸）に及ぼすガスケット変形率 α の影響は図 8 より再プロットした。

3 高密度酸素プラズマ処理による医療用ゴム材料（CIIRシート）とステンレス鋼との付着力低減

ゴム製品や樹脂製品と金属との付着が問題を引き起こすことがある。金らは，医療用ゴム材料（CIIRシート）とステンレス鋼との付着が，同ゴムを利用した医療用品の製造工程上の問題を引き起こしていることに対して取り組んだ[5~9]。CIIRの典型的な化学構造を図10に示す。同研究で対象としたCIIRは塩素の含有量が元素組成比で1.1-1.3％に調整されており，低硫黄架橋によって加硫度100％に調整されている。なお実際の工業製品の原料シートを用いたため主成分であるCIIR以外に様々な添加物を含むが，その組成は分かっていない。

図11（a）にCIIRシートを処理するマイクロ波プラズマ装置を示す（岸根らが円筒内面へのDLC成膜に用いた表面波プラズマ生成装置[10,11]と基本的な構成は同じである）。直径20 mmの石英管の内側は大気圧で外側はロータリーポンプで排気されて真空となっている。チャンバーの下部の導波管から2.45 GHzのマイクロ波を投入すると，図11（b）に示すように石英管表面に沿って高密度の表面波プラズマが生成される（図11（b））。石英管から半径方向に50 mm離れた位置にシート試験片が保持されている[6]。

厚さ5 mmのCIIRシートを30 mm×30 mmにカットしたものを試験片として用いた。酸素を20 sccmで流入し，排気バルブで圧力を30 Paに調整した。その後200 Wのマイクロ波を投入してプラズマを点火し，所定の時間プラズマ処理を行った[5,6]。その後，図12に示す付着試験を行って，1 Nでの押しつけ後の引きはがし時の最大付着力を測定した。酸素プラズマ処理を1，5，10，15，20分行ったCIIRシートおよび無処理のCIIRシートと直径19.05 mmのSUS440C球との付着力測定結果を図13に示す。図より明らかなように15分以上のプラズマ処理によって付着力は測定限界以下となった[5]。

付着力低減の要因を調べるために，新田らが開発した高視野レーザー顕微鏡による真実接触面積検出法（図14[12]）を用いた。本装置を用いて直径5 mmに切り出したCIIRシートとプリズムとの押しつけ接触面を観察し，接触部と非接触部を二値化したところ図15の像を得た。図より明らかなようにプラズマ処理時間とともに真実接触面積が減少した[5]。図16のように測定された真実接触面積と付着力の関係をプロットすると，付着力低減が真実接触面積の低減によっても

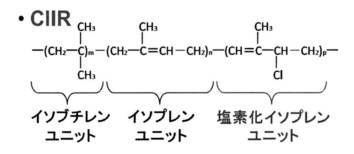

図10　CIIRゴム

第13章 プラズマや光化学フッ化処理による高分子材料表面の機械特性制御

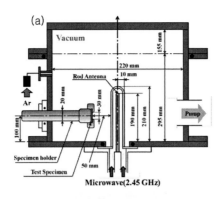

図11 マイクロ波プラズマ処理装置
（a）概略図，（b）プラズマ生成中の写真。

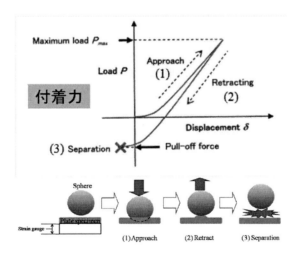

図12 付着試験の概略図

たらされたことが明らかとなった。また同図に示すようにArプラズマ処理においても同様の傾向が得られた。

　プラズマ処理による真実接触面積減少の要因をさらに探るために，処理済みのCIIRシートを処理面側から厚さ50ミクロンの厚さでカットし，ナノインデンターによる押し込み試験を行っ

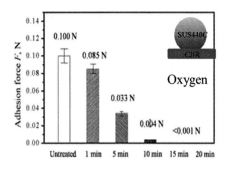

図13　酸素プラズマ処理を行ったCIIRシートとSUS440C球との付着試験における最大付着力

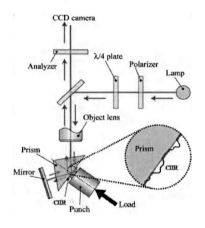

図14　高視野レーザー顕微鏡による真実接触面積検出法の模式図

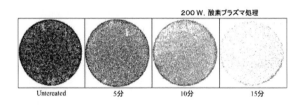

図15　高視野レーザー顕微鏡による真実接触部の検出結果
5，10，15分間の酸素プラズマ処理を行ったCIIRシートおよび無処理のCIIRシートの計測を行った。

た。その結果得られる押し込みカーブ（荷重―変位曲線）よりヤング率を算出した。図17より明らかなようにプラズマ処理後のCIIR表面のヤング率は無処理のCIIR表面から少なくとも4倍以上に増加していた[9]。また3Dレーザー顕微鏡によりCIIR試験表面の高さ分布を計測したところ図18の像を得た。本図より明らかなようにプラズマ処理により最大高さ粗さが増大していることがわかった[9]。これらの結果，プラズマ処理による真実接触面積の減少が，CIIR表面のヤング率の増加と粗さの増大によってもたらされたことが明らかとなった。

第13章　プラズマや光化学フッ化処理による高分子材料表面の機械特性制御

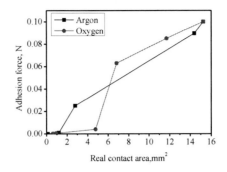

図16　高視野レーザー顕微鏡により検出された真実接触面積と付着試験より計測される付着力との関係

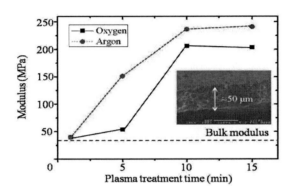

図17　プラズマ処理時間とCIIR表面からの押し込み試験より求まるヤング率の関係

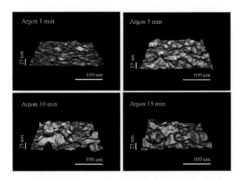

図18　3Dレーザー顕微鏡によるArプラズマ処理後のCIIR表面の高さ分布イメージ

文　献

1) 矢後和夫, 黒山政一, 尾鳥勝也, 平山武司, 小川幸雄, 青砥広幸, "カルシトニン製剤の注射筒への吸着に関する研究", 病院薬学, **26**, 273-279（2000）
2) 宇佐美恵佑, 上坂裕之, 梅原徳次, 野老山貴行：無潤滑下での熱可塑性エラストマーとプラスチックの摩擦力低減, 日本機械学会論文集（C編）, **76**(767), 1833-1837（2010）
3) 小椋東吾, 宇佐美恵佑, 上坂裕之, 梅原徳次, 野老山貴行：シリコーンオイルフリー注射器実現のための光化学的フッ素化処理ガスケットの最適化, 日本機械学会論文集（C編）, **79**(803), 2506-2516（2013）
4) 日本工業規格, JIS T 3210:2005, 滅菌済み注射筒
5) J-H. Kim, I. Nitta, N. Umehara, H. Kousaka, M. Shimada, M. Hasegawa, Relationship between Real Contact Area and Adhesion Force of Plasma-treated Rubber Sheets Against Stainless-steel Ball, *Tribology Online*, **3**(7), 361-365（2008）
6) J-H. Kim, I. Nitta, N. Umehara, H. Kousaka, M. Shimada, M. Hasegawa, Reduction of adhesion force between chloride-isobutene rubber and stainless-steel ball after oxygen plasma treatment, *Materials and Manufacturing Processes*, **27**, 1257-1261（2012）
7) J-H. Kim, I. Nitta, N. Umehara, H. Kousaka, M. Shimada, M. Hasegawa, Plasma Treatment of Ciir Rubber with Improvement of Adhesion and Real Contact Area, *International Journal of Modern Physics B*, **24**(15-16), 2688-2693（2010）
8) J-H. Kim, N. Umehara, H. Kousaka, M. Shimada, M. Hasegawa, Surface Chemical Modification of Ciir Rubber by High Density Plasma Treatment, *International Journal of Modern Physics B*, **24**(15-16), 2682-2687（2010）
9) J-H. Kim, Noritsugu Umehara, H. Kousaka, M. Shimada, M. Hasegawa, Effect of micro-scale Young's modulus and surface roughness on adhesion property to plasma treated to rubber surface, *Journal of Mechanical Science and Technology*, **4**(1), 119-122（2010）
10) H. Kousaka and K. Ono, Numerical Analysis of the Electromagnetic Fields in a Microwave Plasma Source Excited by Azimuthally Symmetric Surface Waves, *Japanese Journal of Applied Physics*, **41**(4A), 2199-2206（2002）
11) 岸根翔, 上坂裕之, 梅原徳次：表面波励起プラズマによる金属円筒内面への高速ダイヤモンドライクカーボン成膜, プラズマ応用科学, **14**, 73-80（2006）
12) 新田勇, 菅野明宏, 岡本倫哉, 長岡泰, "シュリンクフィッタを用いた広視野レーザ顕微鏡", 精密工学会誌, **73**, 1226-1232（2007）

第14章　DLC膜によるトライボロジー制御

平塚傑工*

1　はじめに

炭素系材料には，ダイヤモンド，グラファイト，グラフェン，フラーレン，カーボンナノチューブ，ダイヤモンドライクカーボン（Diamond-Like Carbon：DLC），ナノダイヤモンド等があり，その発展は著しい[1]。カーボンには，sp^3混成軌道とsp^2混成軌道とsp軌道の3つの電子軌道がある[2]。カーボン膜の中でもDLC膜は，低摩擦性と高硬度を特徴とし産業応用が進んでいる。DLCの構造は，長距離秩序を持たないアモルファス構造であり，短距離秩序としてσ結合（sp^3混成軌道）とπ結合（sp^2混成軌道）が混在している[3]。また，DLC膜にはダングリングボンドとして不対電子が多数存在し，$10^{17} \sim 10^{20}$ cm^{-3}程度の欠陥密度がある[4]。水素を含有する原料ガスを使用した場合は，ダングリングボンドの一部が水素で終端されている。DLC膜は，sp^3比率や水素含有量の違いによって，機械的・電気的・光学的特性は大きく変化することが知られている[5,6]。

このDLC膜の幅広い特性を利用して産業活用され，半導体製造ライン，自動車部品，レンズの製造工程や工具，金型，各種部品への応用が積極的に進められている[6]。

2　DLC膜の成膜方法

DLC成膜方法としては，炭化水素系ガスを原料とするプラズマCVD（Plasma CVD：P-CVD）法とイオン化蒸着（Ionized evaporation：IE）法，固体カーボンターゲットを用いるスパッタリング（Sputtering：SP）法とアーク（Arc discharge：Arc（Filtered-Arcを含む））法等が広く用いられている[2]。プラズマ生成法と原料の違いは，成膜されたDLC膜構造に影響する。そのため成膜方法は，それぞれのDLC膜の特性に応じて用途別に使い分けられている。

図1に，イオン化蒸着法DLC成膜装置の外観写真を示す。工業的には4mサイズのチャンバーもあり，断裁刃や大型ロール等の成膜に用いられている[7]。

高分子上へのDLC成膜技術としては，低温で成膜でき，さらにガス原料を使用できることから，従来から高周波プラズマCVDが利用されてきた。ガス原料で成膜するDLC膜は水素を含有した膜となるのに対し，トライボロジー用途においては，近年水素を含まないDLC膜が注目されている。そこで，筆者らは，80℃以下の低温下で水素を含有しない高硬度のDLC膜を成膜

---

*　Masanori Hiratsuka　ナノテック㈱　R&Pセクター　部長

図1　イオン化蒸着法によるDLC成膜生産装置

するために，大電力パルススパッタリング（High Power Impulse Magnetron Sputtering：HiPIMS）法によるDLC成膜装置を開発した。

HiPIMS法では，従来のスパッタリング法よりも大電力を印加することにより膜質改善効果が期待できるため，近年注目が集まっている。大電力パルススパッタリング用の電源は，平均電力が従来の電源と同等でありながら，100 kWの瞬時電力を出力可能である。本パルス電源は，高圧直流安定化電源の出力をコンデンサ（C）に充電し，そのエネルギーを絶縁ゲートバイポーラトランジスタ（Insulated Gate Bipolar Transistor：IGBT）によってパルス状に変換して，時間的に圧縮された大電力パルス出力を負荷へ供給する電源である[8]。

成膜装置の内壁の両側にスパッタリングカソードが配置され，スパッタリングにより中間層の成膜とDLC成膜を行うことができる。カソードには，通常のバランスド型のマグネトロンカソードを使用し，基板に電圧を印加できる機構を持つ。

本装置により，DLC膜の高硬度化のための試験を行った。試験は，真空排気後にArガスを導入し，カーボンターゲットに対してパルス電圧を印加し基板電圧を変化させて行った[9]。基板電圧と硬さおよび膜密度の関係を図2に示す。この図からも分かるように，HiPIMS法により，ナノインデンテーション法による硬さH_{IT}が30 GPa（膜密度2.5〜2.6 g/cm^3）以上という高硬度DLC成膜を，80℃以下の低温で実現できた。大電力の高圧パルス電源を用いることにより，従来技術では不可能であった超高密度カーボンプラズマを生成できる。すなわち，HiPIMS法では，従来法では困難であったスパッタされたカーボン原子のイオン化を行うことができる。その結果，基板電圧を印加することでイオン衝撃を100 eV前後に制御することができ，DLC膜の高硬度化が可能になったと考えられる。これにより，プラスチック材料等の温度による変形が無視できない材料への成膜も可能になった。

第 14 章　DLC 膜によるトライボロジー制御

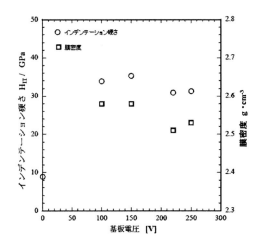

図 2　HiPIMS により成膜した DLC の硬さ，膜密度と基板電圧との関係[9]

3　DLC 膜の分類

　前述のように，DLC 膜は，成膜法や成膜条件等に依存してその構造，特性が様々なものになる。そのため，DLC 膜のメーカーおよびユーザーがある用途に適した膜を選択することが重要である。そこで，DLC 膜を，構造あるいは特性等により適切に分類することが必要になる。
　DLC 膜の分類については，J. Robertson らにより提案された，sp^3 混成軌道の比率と水素含有量をパラメータとした 3 元図が良く知られている[5]。しかしながら，この 3 元図は産業的な利用の観点からは難点があるため，工業用規格により適した分類表作成への要求が高まった。そこで，我が国において，平成 21 年度から，経済産業省，㈱新エネルギー・産業技術総合開発機構，三菱総合研究所からの委託を受け，(一社)ニューダイヤモンドフォーラム（NDF）が，多くの国内の産業・大学・研究機関からの意見を集約し，DLC 膜の分類等の国際規格化を推進すべく活動を行ってきた。そこで行われている DLC 膜の分類は，DLC 膜を 4 つのタイプに分けたものである。すなわち，水素含有量が 5 at％以下で sp^3 構造が 50 ～ 90％の ta-C（テトラヘドラルアモルファスカーボン）を DLC TYPE Ⅰ，水素含有量が 5 ～ 50 at％で sp^3 構造が 50 ～ 100％の ta-C：H（水素化テトラヘドラルアモルファスカーボン）を DLC TYPE Ⅱ，水素含有量が 5 at％以下で sp^3 構造が 20 ～ 50％の a-C（アモルファスカーボン）を DLC TYPE Ⅲ，水素含有量が 5 ～ 50 at％で sp^3 構造が 20 ～ 50％の a-C：H（水素化アモルファスカーボン）を DLC TYPE Ⅳとした[6]。ただし，この分類は未だ確定された表ではなく，ISO 規格提案に係わる国際調整により変化していく可能性がある。

4　DLC膜の用途

　従来のTiNやCrN薄膜等の用途が広がっているが，それらの膜では，部材の長寿命化の効果が小さいという問題があった。特にしゅう動部材や軟質金属およびガラス成形技術では，DLC膜の効果が他の従来薄膜に比べて高いため，DLC膜が利用されるようになってきた。また，摩擦係数が0.05～0.2程度であるDLC膜の優れた自己潤滑性を活用して，各種しゅう動部品への適用も増加している[10]。例えば，アルミニウムの打ち抜き加工においてアルミニウムのかえりの高さを比較すると，DLC膜は他の硬質薄膜に比べ耐凝着性の点で著しい効果があった[11]。この他，DLC膜の応用として，非球面レンズ金型等の精密金型がある。これらの部材では，非常に高精度の表面粗さ（0.03μm以下）が要求される。膜抜けやドロップレットの成形品への転写がある場合，問題となる。そのため，鏡面性に優れたイオン化蒸着法のDLC膜が，これらの要求に対応するために開発されている。

　アルミニウム合金飲料缶用超硬合金製加工ロールでは，飲料用のために油を使用しない状態で成形を行うが，DLC薄膜をコーティングすることで，ロールへのアルミニウム合金の凝着を防止できる。実際にロール交換作業が，1週間に一度から半年に一度になり，生産性が飛躍的に向上している。アルミニウム缶製造工程では，缶の表面の印刷用治具や蓋部の切り込み加工用工具，最長3,000mmにもおよぶ缶・蓋を搬送させるガイド類へも同様の目的でDLC膜コーティングが適用されている（図3）[12]。また，超硬合金やSKD11の半導体ICチップリードフレーム曲げ加工用ダイに，DLC膜コーティングが応用されている（図4）。ハンダめっきを施しているリードフレームの曲げ加工時に，ハンダ屑がパンチ類に付着して起こる短絡不良防止のためにDLC膜を施して，ショット数を平均3～5倍に向上させている[12]。さらに，半導体製造装置内の特殊ガス雰囲気中で用いられるステンレス製搬送部品へDLC膜をコーティングし，しゅう動性と耐食性を向上させて部品の長寿命化を可能にした。表1に，加工方法により分類したDLC膜の金型・治工具への適用例を示し，さらに表2に代表的な使用例を示す[12]。

図3　アルミ製缶用金型

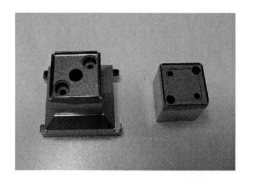

図4　半導体リードフレーム曲げ金型

第14章　DLC膜によるトライボロジー制御

表1　DLC膜の金型・治工具への適用例[12]

加工方法	被加工材	適用製品例
曲げ加工	アルミニウム・ハンダ・めっき・リン青銅	リードフレーム・端子
スピニング加工	アルミニウム	アルミ缶・スプレー缶・コンデンサーケース
引き抜き加工	アルミニウム・銅	ラジエーターパイプ
深絞り加工	アルミニウム	アルミ容器
打抜き・せん断加工	アルミニウム・リン青銅・銀銅 Ni 合金	印刷原版・接点材料
粉末成形加工	アルミナ・フェライト・超硬合金	セラミック部品・マグネット・チップ
モールド成形加工	ガラス・プラスチック	非球面レンズ・ケース

表2　しゅう動部品への応用例[12,13]

製品名	しゅう動材料の組合せ	使用環境
＜機械部品＞		
繊維機械用おさ羽	ステンレス＋DLC／繊維	大気中無潤滑
湯水混合水栓弁	アルミナ＋SiC/DLC／アルミナ	水道水・湯中潤滑
工具用チャック	スチール＋DLC／スチール	大気中無潤滑
＜電子部品＞		
ハードディスク	ガラス＋DLC／磁気テープ	大気中無潤滑
磁気ヘッド	酸化物＋DLC／ハードディスク	大気中無潤滑
VTR キャプスタン	ステンレス＋DLC／磁気テープ	大気中無潤滑
＜家電・民生部品＞		
髭剃り刃	ステンレス＋Ni＋DLC／皮膚	大気中無潤滑
＜バイク・自動車部品＞		
フロントフォーク	ステンレス＋DLC／ステンレス	大気中油潤滑
バルブリフター	クロモリブデン鋼＋DLC／クロモリブデン鋼	大気中油潤滑[13]

5　トライボロジー制御

5.1　DLC膜と高分子材料のトライボロジー

　金属材料と高分子材料との摩擦となるしゅう動部品へ DLC 膜を成膜し，しゅう動部の摩擦摩耗を制御することが行われている。前にも述べたが，高分子材料へ DLC 成膜する場合には，プラズマ CVD 法，中でも高周波プラズマ CVD 法がよく用いられる。しかしながら，金属材料への DLC 成膜の方がより容易であり生産性が高いため，工業的には金属部品側へコーティングする場合が多い。

　DLC コーティングした金属材料と高分子材料との摩擦の例として，SUJ2 の基材へ a-C：H（イオン化蒸着法），ta-C（HiPIMS法，屈折率2.55），a-C（HiPIMS法，屈折率2.32）を成膜し，それらと高分子材料とを摩擦した結果を以下に示す。高分子材料としてはポリプロピレンの ϕ6 mm のボールを用いて，荷重 1 N，速度 10 cm/s でボールオンディスク法による摩擦摩耗試験を行った。図5に各種 DLC 膜とポリプロピレンボールとの摩擦係数のグラフを示す。また，図6に各種 DLC 膜に対するポリプロピレンボールの摩耗痕の観察結果を示す。

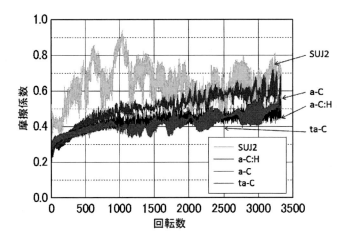

図5　各種DLCとポリプロピレンボールとの摩擦係数の回転数に対する変化

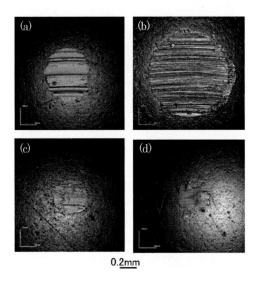

図6　各種DLC膜に対するポリプロピレンボールの摩耗痕の観察
(a) SUJ2　(b) a-C：H　(c) a-C　(d) ta-C

　ta-Cとa-C：Hの場合，摩擦係数はほぼ同様で基材のみよりも低い値を示している。しかし，a-C：H膜の場合には，ボールの摩耗が大きく摩耗体積は$1.0×10^{-4}$ mm^{3}であり，ta-Cの$2.4×10^{-6}$ mm^{3}に対して大幅増になっていた。a-Cの場合には，摩擦係数は他のDLC膜に比べて高いが，摩耗体積は$2.3×10^{-6}$ mm^{3}であった。なお，いずれのDLC膜の場合にも，膜の摩耗は観察されなかった。

　以上の結果からも分かるように，高分子材料とDLC膜の摩擦摩耗特性は，DLC膜の種類によって変化する。このために，高分子材料としゅう動する部材にDLCを適用する場合には，使用する高分子材料に適した特性を持つDLC膜を選択することが重要である。適切なDLC膜を

第14章 DLC膜によるトライボロジー制御

組み合わせない場合，コーティングをしない基材よりも相手材の摩耗を促進してしまうこともあり得る。

5.2 中間層の設計

一般には，DLC膜は単独では基材との密着性が不十分である。そこで，この問題を解決するために，多くの場合，基材とDLC膜の間に中間層を設ける。中間層の重要性を示す例として，近年，部材の軽量化のために使用されることの多いアルミニウム合金へのDLCコーティングの場合を，以下に述べる。なお，アルミニウム合金は，酸化しやすく，また多様な元素を含有するために，DLCコーティングが難しいと言われている。

イオン化蒸着法を用いて，アルミニウム合金（A1050，A2017，A2024，A5052，A5083，A6061，A6N01，A7075）8種類にDLC（a-C：H）成膜を行った。中間層として，チタン（Ti），SiC，VMS（Volatile Methylsiloxaneを用いた薄膜）を成膜した。これらのDLC膜の摩擦摩耗試験を，SUS440C φ6mmのボールを用いて，すべり速度を100 mm/s，負荷を2Nとして，ボールオンディスク摩擦摩耗試験機で行った。図7に各DLC膜の摩擦挙動を示す。この図で摩擦係数が急激に上昇する時のしゅう動距離を耐久寿命として，各種中間層および各種アルミニウム合金の組み合わせに対して得られた耐久寿命を図8に示す[14]。中間層の違いにより，その耐久寿命に大きな相違が見られた。このことから，各アルミニウム合金に含まれる微量元素が中間層との密着性に大きく影響していると考えられる。しかし，その対応関係は複雑であり，断定的なことは言えない。例を挙げて考察すると，A6N01合金，A7075合金では，どの中間層を用いても，他のアルミニウム合金に比べてDLC成膜による特性向上は見込めないと考える。A2017合金とA2024合金，A5052合金とA5083合金，A6061合金とA6N01合金は，それぞれ同一の系に属しているにも関わらず，その向上の度合いは異なる。含有成分の微量な違いでDLCの摩擦特性を向上させる中間層が異なると言える。注目すべき点は，A2017合金とA2024合金のSiC中間層＋DLC，A6061合金のVMS＋DLCである。50mにも満たない2017合金に対して，2024合金は1000mを超えている。同じAl-Cu-Mg系のアルミニウム合金であるにもかかわらず，大きな差が生じた。VMS中間層を使用した場合，A6061合金だけが2000m以上の優れた耐久寿命を示した[14]。

図9に，高分子材料成形用のアルミニウム合金製金型への実施例（写真：バキュームモールド工業㈱提供）を示す[15]。本事例は，水素を含有したa-C：HのDLC膜に関しての結果であるが，より耐久寿命を向上させるため，水素を含有しないa-Cやta-Cに関しても検討することは重要であると考えられる。

このような最適設計を行ったアルミニウム合金用DLCの応用としては，航空機，船舶，自動車等の部品，あるいはアルミニウム合金製金型，各種しゅう動部品等があり，今後さらに市場は拡大すると推察される。

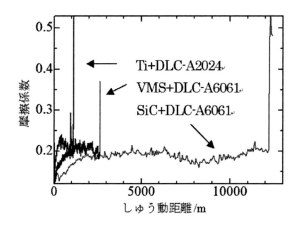

図7　摩擦摩耗試験における耐久寿命の例[14]

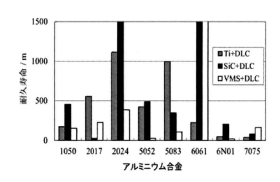

図8　中間層の相違による成膜された各種アルミニウム合金の耐久寿[14]

図9　アルミニウム合金製金型への応用[15]

6　今後の展望

　DLC膜によるトライボロジー制御は，まず相手材に対応したDLC膜の種類の選定が重要である。また，その膜の基材との密着性を確保できる中間層の選定を行う必要がある。

　そのような最適設計がなされたDLC膜は，高硬度，耐摩耗性，耐凝着性，低摩擦，色，光学特性，電気導電性／絶縁性等の各種機能を活かして，様々な用途に利用されてきた。例えば，高硬度と潤滑油との適合性を活かした自動車のバルブリフター，耐凝着性を活かしたガラス成形用レンズ金型，黒色を活かした腕時計等である[16〜18]。医療への応用としては，手術用メス・はさみ，ステント，歯科矯正用ワイヤ，人工心臓へのコーティングの研究も実施されている[19,20]。また，DLCの物性やフッ素ドーピング等で表面の接触角が制御できる。細胞接着性や血小板付着性は，表面のエネルギーに起因するため，最適な接触角を持つDLC膜を適用する研究が行わ

第14章　DLC膜によるトライボロジー制御

れている[21]。

　今後DLC膜の実製品への応用をさらに拡大するためには，製品の様々な仕様やコスト等の要求へ対応できることが必要であり，そのためには，量産性，大面積成膜，高成膜速度の技術が重要である。さらに，高機能化と量産性・低コスト化の技術の両立が可能となれば，DLC膜の産業応用が一層広がると考えている。

　DLC膜をさらに進化させ，次世代コーティングとして更なる高機能性を発揮させることにより，環境問題の解決や医療への貢献等を通して，広く人類の発展に寄与することが可能になると考えている。

文　献

1) 大竹尚登ほか, *NEW DIAMOND*, 100, 27-1, 79-87（2011）
2) J. Robertson, *Mater. Sci. Eng. Rep.*, 37, 129-281（2002）
3) P. K. Chu et al., *Mater Chemi & Phys.*, 96, 253-277（2006）
4) J. Robertson, *Phys. stat. sol.（a）* 186, 2, 177-185（2001）
5) Ferrari, A. C. & Robertson, J., *Phys. Rev. B*, 61-20, 14095-14107（2000）
6) 大竹尚登ほか, 潤滑経済, 555, 36-43（2011）
7) 中森秀樹, イオン源およびこのイオン源を備えたダイヤモンドライクカーボン薄膜製造装置, 特許第2107753号（1990）
8) 横田達也ほか, 電気学会研究会資料. PST, プラズマ研究会, 53, 95-98（2009）
9) 平塚傑工, 日本トライボロジー学会, トライボロジー会議2014秋盛岡予稿集, 297-298（2014）
10) B. Sresomroeng et al., *Diamond & Related Materials*, 19, 833-836（2010）
11) 古閑伸裕ほか, 塑性加工春季講演会講演論文集, 81-82（1995）
12) 西口晃, トライボロジスト, 54(1), 28（2009）
13) 加納眞, 表面技術, 58(10), 578-581（2007）
14) 中森秀樹ほか, 軽金属, 56(2), 77-81（2006）
15) 時末光, 国際先端表面技術展・会議, 第4回表面技術会議講演資料（2009）
16) 平塚傑工, *SOKEIZAI*, 50, 8-13（2009）
17) 斎藤秀俊編, DLC膜ハンドブック, 株式会社エヌ・ティー・エス, 49-55（2006）
18) 池永勝, 高機能化のためのDLC成膜技術,（2007）, 37-60, 日刊工業新聞社
19) 大越康晴ほか, 福井康裕, 総合研究所年報, 29, 59-64（2009）
20) 真野毅, 表面技術, 58, NO.1, 18-22（2007）
21) K. Hirakuri., 人工臓器, 28, 612-617（1999）

第15章　ポリマーブラシによる制御

小林元康[*1]，高原　淳[*2]

1　はじめに

　材料表面を有機単分子膜や高分子薄膜で被覆するとこれらが潤滑効果をもたらすことは1930年代から知られている。中でも種々の固体表面に高分子鎖を化学的または物理的に固定化（グラフト）することで得られる「ポリマーブラシ[1]」薄膜は，高分子鎖が摩擦や洗浄に対して剥離しにくく改質効果を長期間保持することが可能であるため，その表面摩擦特性は古くから関心が持たれていた。ポリマーブラシは表面グラフト高分子の性質が表面に反映されるため材料表面の化学的特性を改質する方法として活用されることが多いが，特に最近では親水性ポリマーブラシが水中または湿潤条件下で低摩擦性を示すことから環境低負荷型の水潤滑や，大気中の水蒸気の吸着による自己潤滑特性が注目され，新たなトライボ表面として期待されている[2,3]。

　ポリマーブラシは溶媒中で膨潤し低摩擦性を示すことから流体潤滑を対象としたトライボロジー研究が数多く展開されている。例えばKleinらは浸透圧とブラシ鎖間の相互作用を用いてブラシの潤滑機構を説明している[4~6]。ある基板表面に固定化されたポリマーブラシを良溶媒に浸漬させた場合，ポリマーブラシは鎖末端が基板と結合しているため溶出することはないが，基板近傍では局所的にポリマー濃度が高くなるため浸透圧が発生し膨潤する[7,8]。ここに摩擦圧子や摩擦面が接近すると膨潤ブラシ層が圧縮されさらに高い浸透圧が生じ，これが垂直荷重に反発する力となり摩擦抵抗が減少する。また，ブラシ鎖のまわりを溶媒分子が取り囲む（溶媒和）ことでブラシ鎖同士の相互作用が小さくなり，摩擦界面の流動性が維持される。そのため滑り運動が生じたとき，せん断抵抗が小さく低摩擦となる。一連の研究として，ポリマーブラシの分子量や分子量分布[9]，グラフト密度（単位面積当たりのグラフト数）[10~12]，溶媒の性質[13~16]などが摩擦特性に与える影響について表面間力測定や原子間力顕微鏡を用いて多くの検討がなされている[17~19]。

2　精密高分子合成を用いたポリマーブラシの調製とトライボロジー

　ポリマーブラシの調製法として主に2つの方法が知られている。材料表面と結合できる官能基を持つ高分子を事前に調製し，これを塗布や吸着により材料表面に固定化する"grafting-to"

[*1]　Motoyasu Kobayashi　工学院大学　先進工学部　応用化学科　教授
[*2]　Atsushi Takahara　九州大学　先導物質化学研究所　カーボンニュートラル・エネルギー国際研究所　教授

第15章 ポリマーブラシによる制御

法と，材料表面に重合開始能を持つ化学種を固定化し，これを起点としてポリマーを成長させる"grafting-from"法であり，後者は「表面開始重合法」とも呼ばれている。"grafting-to"法では，糸まり状になった巨大分子鎖が表面を覆ってしまうためにグラフト密度は小さい。これに対して"grafting-from"法では，材料表面の重合開始基を起点として分子サイズの小さなモノマーが反応を繰り返すことで高分子鎖を生成するため，比較的高密度にグラフトできる。主に"grafting-from"法ではビニルモノマーの付加重合が用いられるが，フリーラジカル重合のような重合法をこの表面開始重合に用いても均質なブラシを調製することは困難である。必ずしも基板表面上の開始剤から均一に反応が開始し，同じ生長速度でポリマーが生成するとは限らないからである。リビング重合に代表されるような精密重合法を用いることでこれらの問題が克服されるため，極めて均一でグラフト密度の高いポリマーブラシが得られる。これは「高密度ポリマーブラシ」または「濃厚ブラシ」とも呼ばれている。特に，高密度ポリマーブラシの特徴はその分子鎖形態にある。高密度にポリマーがグラフトされているがゆえに個々の高分子鎖が面内に広がることができず，基板平面に対して平均的に垂直方向に伸長した分子鎖形態をとるため[20]，ポリマーの分子量に比例してブラシ層の厚みが増大する[21]。また，良溶媒分子がブラシ層に浸入すると高分子濃厚溶液に匹敵する状態に達するため高い浸透圧が発生し，ブラシ鎖が膨潤するだけでなくブラシ表面の垂直荷重に対して強い反発力を生じる[22]。また，ポリマーブラシ表面同士の摩擦を想定した場合，対向するブラシ鎖同士は立体障害と浸透圧により相互侵入できず，これが摩擦面同士の接触を抑制し摩擦力を低下させる要因となる。

"Grafting-from"法の一例として表面開始原子移動ラジカル重合（Surface-initiated Atom Transfer Radical Polymerization, SI-ATRP）によるポリマーブラシ調製法の概略と，これまでに摩擦特性が報告されているポリマーブラシの化学構造式を図1に示した。いずれもシリコン基板を用いた例であり，シランカップリング反応を利用して臭化アルキル単分子膜を固定化し，

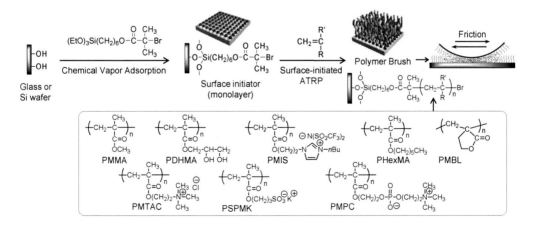

図1 表面開始原始移動ラジカル重合によるポリマーブラシの調製例と摩擦特性が検討されたポリマーブラシの化学構造

種々のビニルモノマーと臭化銅/アミン系配位子からなる触媒を作用させると表面開始ATRPが進行し基板表面にポリマーブラシが生成する。また，表面に固定化していない臭化アルキルをフリー開始剤として反応溶液に共存させることで，ブラシとほぼ同等の数平均分子量を有するフリーポリマーも同時に得られる。ポリマーブラシの分子量はモノマーとフリー開始剤の仕込み比で決定される。数平均分子量とブラシの膜厚は比例関係にあり，両者の値からグラフト密度を求めることができる。グラフト密度はモノマーの種類（分子サイズ）により異なるが，図1に示したポリマーブラシの例ではいずれも0.2 chains/nm^{2}以上である。この値はモノマーの分子断面積を考慮するとポリマー鎖がかなり密集した状態にある。

3 ポリマーブラシの摩擦特性における溶媒効果

辻井らはSI-ATRP法を用いてグラフト密度0.7本/nm^{2}程度の高密度ポリメタクリル酸メチル（PMMA）ブラシ基板およびコロイドプローブ（曲率半径5μm）を調製し，両者を接触させたときの摩擦力を水平力顕微鏡測定により評価している[23]。具体的にはPMMAブラシを形成した直径10μmのシリカ粒子をカンチレバーの先端に取り付け，これをプローブとしてPMMAブラシ基板表面を走査させた時に生じるカンチレバーのねじれ量から摩擦力を評価している。PMMAに対して親和性の高い溶媒（良溶媒）であるトルエン中で動摩擦係数は0.005以下を示すことが明らかとなった．高密度ブラシではポリマー鎖が密に存在しているため，トルエン中では高い浸透圧効果が働き，ポリマーブラシ同士を接触させてもポリマー鎖が互いに侵入することができないと考えられる。さらに，高伸長状態にあるポリマー鎖が荷重によって圧縮され

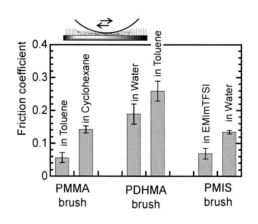

図2　PMMA，PDHMA，PMISブラシの動摩擦係数の周囲媒体依存性
ブラシ基板＝シリコン，走査プローブ＝ステンレス球（PMMA）またはガラス球（PDHMA, PMIS）（d = 10 mm），荷重 = 0.49 N，速度 = 1.5 × 10^{-3} m/s，直線しゅう動型摩擦試験における振幅幅 = 20 mm，室温（298 K），各ポリマーの化学構造は図1参照，EMImTFSI = 1-ethyl-3-methylimidazolium bis (trifluoromethanesulfonyl) imide。

ると局所的な浸透圧は増大することから強い反発力が生じ，動摩擦係数が大きく低下したと理解されている。

一方，マクロトライボロジーの分野では小林らが直径10 mmのステンレス球を走査プローブとして高密度PMMAブラシ表面の直線しゅう動型摩擦試験を試みている[24,25]。垂直荷重を50 g (0.49 N) として動摩擦係数を測定すると，Hertz理論より求められる接触点における圧力は約200 MPaとなり，ポリマーの降伏応力以上に達する。そのためある程度の摩耗は避けられないが，スピンキャスト薄膜など単純な表面被覆に比べブラシ薄膜ははるかに摩耗損失が低く，低摩擦を示した[26]。また，図2に示すようにPMMAに対して良溶媒であるトルエン中では低摩擦であるのに対し，親和性が低いシクロヘキサンなどの溶媒（貧溶媒）中では摩擦係数が上昇することから，溶媒との親和性により摩擦係数が大きく影響されることが明らかとなった。同様の溶媒依存性は他のポリマーブラシでも認められる[27]。例えば，側鎖に2つのヒドロキシ基を有し親水性のpoly (2,3-dihydroxypropyl methacrylate) (PDHMA)ブラシは水中における動摩擦係数は0.18程度であるが，貧溶媒であるトルエン中では0.26以上の高い値となった[28]。また，代表的なイオン性液体の一つである1-ethyl-3-methylimidazolium bis (trifluoromethanesulfonyl) imide) (EMImTFSI) と類似の分子構造を結合したpoly(1-(2-methacryloyloxy)ethyl-3-butylimidazolium bis (trifluoromethanesulfonyl) imide) (PMIS) はEMImTFSIに溶解するが水には溶解しない。そのためPMISブラシの動摩擦係数はEMImTFSI中では低い値（0.06程度）を示すが，水中では0.13以上まで上昇した[29,30]。これらの実験ではいずれも面圧が非常に高いことから，摩擦特性は浸透圧の効果よりもブラシ鎖とプローブとの凝着力が支配的である。つまり，良溶媒中のポリマー鎖は溶媒分子との親和性が高いため相対的に摩擦プローブとの相互作用が弱いのに対し，貧溶媒中のポリマー鎖は溶媒分子との接触面積を小さくしようとするため相対的に摩擦プローブとの相互作用が強くなり，摩擦係数が増大したと考えられる。

4　高分子電解質ブラシの水潤滑特性

ブラシ状の分子形態は生体関節にも存在する。生体関節はコラーゲン繊維のネットワークにプロテオグリカン凝集体がグラフトした基質からできている。さらに，プロテオグリカンはヒアルロン酸を幹としコンドロイチン硫酸などのアニオン性高分子を枝とするようなブラシ状分岐構造をもつ高分子であり，多量の水を拘束することで安定な潤滑層を形成し低摩擦界面を実現している[31]。そのため，人工関節や生体デバイスを設計する上でも親水性のポリマーブラシや高分子電解質ブラシの水潤滑機構は古くから関心が持たれており，ミクロトライボロジー[32～34]およびマクロトライボロジー[35～43]の観点からそれぞれ検討されている。いずれも親水性ブラシが水により膨潤するとともに，内部に浸透した水が荷重を支え潤滑作用を維持するために低摩擦となると説明されている。また，親水性だけでなく高い生体適合性を目的として分子設計されたホスホコリン基を側鎖に有するpoly (2-methacryloyloxyethyl phosphorylcholine) (PMPC)[44,45]からな

るポリマーブラシが低摩擦表面を与えることが報告され，人工関節に応用する試みも行われている。また，このPMPCは生体細胞膜表面のリン脂質極性基に着目して生体適合性の向上を図るために設計された水溶性ポリマーであり，非常に水との親和性が高い。ブラシ表面に水滴を落とすと速やかに濡れ広がり，静的接触角は5度以下となる。茂呂らは光ラジカル発生剤を塗布した超高分子量ポリエチレン表面に紫外線を照射することでラジカルを発生させ，grafting-from法によりPMPCブラシを構築した[46]。水中における摩擦係数が極めて低いだけでなく，摩耗粉の生体親和性も高いため人工関節の寿命を延長する新しい技術として期待されている。

また，表面開始制御ラジカル重合法により調製した高密度PMPCブラシの摩擦特性についても基礎的な研究が展開され始めている[47~49]。SI-ATRPによりPMPCブラシをシリコン基板と直径10 mmのガラス球の両方の表面に付与し，水中にて直線往復しゅう動摩擦を行った結果を図3に示す。ブラシの膜厚は乾燥状態で約80～100 nmであり，グラフト密度は約0.22 chains/nm^{2}である。室温（298 K）にて垂直荷重0.49 N（応力換算137 MPa），滑り速度10^{-5}～10^{-1} m/s，振幅20 mmの条件にて直線しゅう動させることで動摩擦係数を測定している。PMPCブラシは乾燥窒素雰囲気では0.3～0.5程度の大きな動摩擦係数を示すが，水中では0.2～0.1以下まで低下した。また，摩擦速度10^{-5}～10^{-3} m/sにて動摩擦係数はほぼ一定の値（0.12～0.18）を示すが，10^{-3} m/s付近を超えると顕著に動摩擦係数の低減が認められるようになり，10^{-3} m/s以上の速度では0.02程度まで低下した。これは滑り速度の増加とともにブラシ層間に水の流体潤滑膜が形成することで，境界潤滑から混合潤滑状態へと移行し，動摩擦係数が低下したと考えられる[50]。一方，表面未修飾のガラスとシリコン基板との摩擦においても10^{-3} m/s付近で動摩擦係数の低下が認められるが，全ての摩擦速度領域において動摩擦係数は0.12以上の高い値であり，ポリマーブラシ表面とは大きく異なる結果が得られている。

また，Kleinらは表面間力測定装置を用いたPMPCブラシの摩擦係数を計測しており，水中

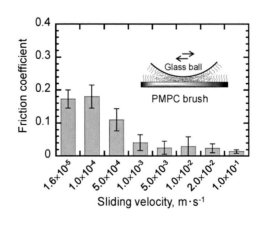

図3　PMPCブラシの動摩擦係数の摩擦速度依存性

ブラシ基板＝シリコン，走査プローブ＝PMPCブラシ固定化ガラス球（d ＝ 10 mm），荷重＝0.49 N，速度＝10^{-5}～10^{-1} m/s，直線しゅう動型摩擦試験における振幅幅＝20 mm，水中，室温（298 K）。

第 15 章 ポリマーブラシによる制御

で低荷重下(7.5 MPa)において摩擦係数は 0.00043 という極めて低い値であることを報告している[51,52]。また,PMPC ブラシは大気中の水分を吸収して膨潤し,低摩擦を示すことも報告され[48],自己潤滑特性を持つ表面として期待されている。

PMPC と同様な水中における動摩擦係数の速度依存性はカチオン系高分子電解質である poly(2-(methacryloyloxy)ethyltrimethylammonium chloride)(PMTAC)ブラシでも認められており,流体潤滑膜の形成について超薄膜光干渉法による検証が試みられている[53]。図 4 は PMTAC ブラシの速度 10^{-5} 〜 10^{-1} m/s における動摩擦係数と超薄膜光干渉法により求めた潤滑膜の膜厚である。この実験ではクロムおよびシリカ薄膜を蒸着した直径 80 mm の合成石英(BK7)円盤に PMPTAC ブラシを SI-ATRP で調製し,水で濡れた状態を保持したまま回転させ,球面レンズ(曲率半径 10.38 mm)を摩擦圧子として面圧 139 MPa の荷重を加えながらボールオンディスク機構によりしゅう動している。また,レンズ表面にもクロムおよびシリカ膜を蒸着しておき,接触点のクロム蒸着層からの反射光の干渉色からブラシ表面とレンズとの間との距離を求めた[54]。図 4 に示すように摩擦速度が上昇するにつれて動摩擦係数が減少するとともにブラシ表面とレンズとの間に隙間が生じ,その距離は 10^{-2} m/s において 130 nm に達した。一般的な弾性流体潤滑であればこの隙間が流体膜の膜厚に相当するのであるが,この顕著な膜厚上昇は水の粘度に基づく流体力学作用だけでは説明できないほど大きな値であった。しかし興味深いことに,この膜厚は摩擦速度の 0.67 乗に比例しており,Hamrock-Dowson の弾性流体潤滑理論[55]で提唱されている流体膜の膜厚速度依存性と同様の傾向を示した。従って,流体潤滑作用的な効果がポリマーブラシの存在により促進されたことが考えられる。また,水の粘度ではなく,高分子濃厚溶液である 40 % PMTAC 水溶液の粘度(2.42×10^4 mPa s)を理論式に代入し

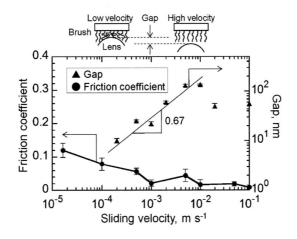

図 4 水中における PMTAC ブラシの(a)動摩擦係数と(b)ダブルスペーサーレイヤー超薄膜光干渉法により求めた接触点におけるブラシ表面 - ガラスレンズ間距離の速度依存性
ブラシ基板=合成石英(BK7)円盤(d = 80 mm, t = 8 mm),プローブ=球面レンズガラス球(曲率半径 10.38 mm),面圧= 139 MPa,ボールオンディスク摩擦試験速度= 10^{-5} 〜 10^{-1} m/s,室温(298 K)。

流体膜厚を求めると実測値とよく一致した。この実験で用いた PMTAC ブラシの分子量やグラフト密度を考慮すると，水和したブラシが基板表面から厚さ数百 nm の高分子濃厚溶液層を形成することは十分に想定できることである。以上のことから，表面に固定化されたブラシが水和することで表面近傍に高粘性の濃厚ポリマー溶液層が形成され，これが流体潤滑膜として機能することで摩擦係数の低減に寄与したと考えられる。このようにポリマーブラシの潤滑機構は古典的な流体潤滑とは異なるため，今後も引き続き検討する課題が残されている分野である。

5 おわりに

　精密重合の進展によりポリマーブラシの分子構造はかなり自在に設計できるようになり，今後もユニークな摩擦・潤滑特性を示す表面設計へと発展する可能性がある。また，超薄膜光干渉法だけでなくラマン分光による摩擦挙動のその場観察法や，中性子反射率測定による固液界面における分子鎖の形態評価，水平力顕微鏡などによる表面の力学物性を評価する技術も発達してきたことから，今後，ポリマーブラシとトライボロジー特性との関係を分子レベルから明らかにすることが重要な課題であると考えられる。

謝辞

　本研究を行うにあたり九州大学・杉村丈一教授，田中宏昌助教からご助言ご指導をいただきました。また，本稿では科学技術振興機構 ERATO 高原ソフト界面プロジェクトの支援で得られた成果の一部を紹介させて頂きました。厚く御礼申し上げます。

文　献

1) R. C. Advincula, W. J. Brittain, K. C. Caster & J. Ruhe, Eds., *Polymer Brushes*, Wiley-VCH, Weinheim, 1-31 (2004)
2) M. Kobayashi, H. Ishida, M. Kaido, A. Suzuki & A. Takahara, Chapter 5 in G. Biresaw, K. L. Mittal Eds.: Surfactants in Tribology, CRC Press, Boca Raton, 89 (2008)
3) M. Kobayashi, Z. Wang, Y. Matsuda, M. Kaido, A. Suzuki & A. Takahara, Chapter 18 in S. S. Kumar Ed.: Polymer Tribology, Imperial College Press, 582 (2009)
4) J. Klein, *Ann. Rev. Mater. Sci.*, **26**, 581-612 (1996)
5) J. Klein, E. Kumacheva, D. Perahia & L. J. Fetters, *Acta Polym.*, **49**, 617-625 (1998)
6) R. Tadmor, J. Janik, J. Klein & L. J. Fetters, *Phys. Rev. Lett.*, **91**, 115503 (2003)
7) H. J. Taunton, C. Toprakcioglu, L. J. Fetters & J. Klein, *Nature*, **332**, 712-714 (1988)
8) J. Klein, E. Kumacheva, D. Mahalu, D. Perahia & L. Fetters, *Nature*, **370**, 634-636 (1994)
9) M. Ruths, D. Johannsmann, J. Ruehe & W. Knoll, *Macromolecules*, **33**, 3860-3870 (2000)
10) R. Israels, F. A. M. Leermakers, G. J. Fleer & E. B. Zhulina, *Macromolecules*, **27**, 3249-

3261 (1994)
11) Y. V. Lyatskaya, F. A. M. Leermakers, G. J. Fleer, E. B. Zhulina & T. M. Birshtein, *Macromolecules*, **28**, 3562-3569 (1995)
12) E. B. Zhulina, J. K. Wolterink & O. V. Borisov, *Macromolecules*, **33**, 4945-4953 (2000)
13) G. S. Grest, *Adv. Polym. Sci.*, **138**, 149-183 (1999)
14) A. M. Forster, J. W. Mays & S. M. Kilbey II, *J. Polym. Sci. Part B Polym. Phys.*, **44**, 649-655 (2006)
15) R. S. Ross & P. Pincus, *Macromolecules*, **25**, 2177-2183 (1992)
16) V. A. Pryamitsyn, F. A. M. Leermakers, G. J. Fleer & E. B. Zhulina, *Macromolecules*, **29**, 8260-8270 (1996)
17) U. Raviv, P. Laurat & J. Klein, *Nature*, **413**, 51-54 (2001)
18) U. Raviv, S. Giasson, N. Kamph, J. -F. Gohy, R. Jérôme & J. Klein, *Nature*, **425**, 163 (2003)
19) J. Klein, U. Raviv, S. Perkin, N. Kampf, L. Chai & S. Giasson, *J. Phys. Cond. Mat.*, **16**, S5437 (2005)
20) Y. Tsujii, K. Ohno, S. Yamamoto, A. Goto & T. Fukuda, *Adv. Polym. Sci.*, **197**, 1-45 (2006)
21) S. Yamamoto, Y. Tsujii & T. Fukuda, *Macromolecules*, **35**, 6077-6079 (2002)
22) K. Urayama, S. Yamamoto, Y. Tsujii, T. Fukuda & D. Neher, *Macromolecules*, **35**, 9459-9465 (2002)
23) A. Nomura, K. Okayasu, K. Ohno, T. Fukuda, & Y. Tsujii, *Macromolecules*, **44**, 5013-5019 (2011)
24) H. Sakata, M. Kobayashi, H. Otsuka & A. Takahara, *Polym. J.*, **37**, 767-775 (2005)
25) M. Minn, M. Kobayashi, H. Jinnai, H. Watanabe, & A. Takahara, *Tribol. Lett.*, **55**, 121-129 (2014)
26) Y. Higaki, M. Kobayashi, & A. Takahara, Capter 3 In G. Biresaw, K. L. Mittal Eds.: Surfactant in Tribology 4, CRC Press, pp.52-61 (2014)
27) R. M. Bielecki, M. Croby & N. D. Spencer, *Tribol. Lett.*, **49**, 263-272 (2013)
28) M. Kobayashi & A. Takahara, *Chem. Lett.*, **34**, 1582-1583 (2005)
29) T. Ishikawa, M. Kobayashi & A. Takahara, *ACS Appl. Mater. Interfaces*, **2**, 1120-1128 (2010)
30) T. Ishikawa, M. Kobayashi & A. Takahara, Capter 6 In G. Biresaw, K. L. Mittal Eds.: Surfactant in Tribology 3, CRC Press, Boca raton, pp.112-129 (2013)
31) C. W. McCutchen, *Wear*, **5**, 1-17 (1962)
32) N. Kampf, D. Ben-Yaakov, D. Andelman, S. A. Safran, & J. Klein, *Phys. Rev. Lett.*, **103**, 118304 (2009)
33) S. Hayashi, T. Abe, N. Higashi, M. Niwa & K. Kurihara, *Langmuir*, **18**, 3932-3944(2002)
34) T. W. Kelley, P. A. Shorr, D. J. Kristin, M. Tirrell & C. D. Frisbie, *Macromolecules*, **31**, 4297-4300 (1998)
35) S. Lee, M. Müller, M. Ratoi-Salagean, J. Vörös, S. Pasche, S. M. De Paul, H. A. Spikes, M. Textor & N. D. Spencer, *Tribology Lett.*, **15**, 231-239 (2003)
36) M. Müller, S. Lee, H. A. Spikes & N. D. Spencer, *Tribology Lett.*, **15**, 395-405 (2003)
37) S. Lee, M. Müller, R. Heeb, S. Zürcher, S. Tosatti, M. Heinrich, F. Amstad, S. Pechmann, & N.D. Spencer, *Tribology Letters*, **24**, 217-223 (2006)
38) Y. Ohsedo, R. Takashina, J. P. Gong & Y. Osada, *Langmuir*, **20**, 6549-6555 (2003)

39) S. R. Sheth, N. Efremova & D. E. Leckband, *J. Phys. Chem. B*, **104**, 7652-7662 (2000)
40) Y. Uyama, T. Tadokoro, & Y. Ikeda, *J. Appl. Polym. Sci.*, **39**, 489-498 (1990)
41) K. Ikeuchi, T. Takii, H. Norikane. N. Tomita, T. Ohosui, Y Uyama & Y. Ikeda, *Wear*, **161**, 179-185 (1993)
42) Y. Uyama, H. Tadokoro & Y. Ikeda, *Biomaterials*, **12**, 71-75 (1991)
43) 石川泰成, 笹田直, 池内健, 生体材料, **19**, 89-92 (2001)
44) K. Ishihara, T. Ueda, & N. Nakabayashi, *Polym. J.*, **22**, 355-360 (1990)
45) Y. Iwasaki & K. Ishihara, *Anal. Bioanal. Chem.*, **381**, 534-546 (2005)
46) T. Moro, Y. Takatori, K. Ishihara, T. Konno & Y. Takigawa, *Nature Mater.*, **2**, 829-836 (2004)
47) M. Kobayashi, Y. Terayama, N. Hosaka, N. Yamada, N. Torikai, M. Kaido, A. Suzuki, K. Ishihara & A. Takahara, *Soft Matter.*, **3**, 740-746 (2007)
48) M. Kobayashi & A. Takahara, *Chem. Record*, **10**, 208-216 (2010)
49) M. Kobayashi, M. Terada & A. Takahara, *Faraday Discuss.*, **156**, 403-412 (2012)
50) H. A. Spikes, Boundary Lubrication and Boundary Films, In D. Dowson, C. M. Talor, T. H. C. Childs, M. Godat, G. Dalmz, Eds. Thin Films in Tribology, Elsevier, New York, 1993, pp331-346.
51) W. Chen, W. H. Briscoe, S. P. Armes & J. Klein, *Science*, **323**, 1698 (2009)
52) A. J. Morse, S. Edmondson, D. Dupin, S. P. Armes, Z. Zhang, G. J. Leggett, R. L. Thompson & A. L. Lewis, *Soft Matter*, **6**, 1571 (2010)
53) M. Kobayashi, H. Tanaka, M. Minn, J. Sugimura, & A. Takahara, *ACS Appl. Mater. Interfaces*, **6**, 20465-20371 (2014)
54) P. M. Cann, J. Hutchinson, H. A. Spikes, *Tribol. Trans.* **39**, 915-921 (1996)
55) B. J. Hamrok & D. Dowson, *ASME, J. Lubr. Technol. Trans.* **99**, 264-276 (1977)

第16章 境界潤滑層形成による制御

平山朋子[*1], 山下直輝[*2]

1 境界潤滑層の分類

　低摩擦, 耐摩耗特性を得るためにはしゅう動面の表面改質が必須であり, コーティングやテクスチャリング等, さまざまな手段が提案されている。それら表面改質手段の一つに, 何らかの手法で表面に分子鎖状の層を形成するアプローチがあり, 特に境界潤滑域での摩擦低減に効果があることから「境界潤滑層」と呼ばれ, 多くの研究が行われている。境界潤滑層の形成手法は大きく分けて3つあり, ①液中に存在する分子の吸着, 反応を活用する手法（Grafting-to法）, ②表面に付与した開始基を起点としてモノマーを重合して行く手法（Grafting-from法）, ③高分子素材の製造時（あるいは製造後）に何らかの処理を施して表面の改質を行う手法, と区分できる。

　①の手法の最も代表的な例は, 潤滑油中に含まれる添加剤によるものである。一般的な潤滑油は基油と添加剤から成り立っており, それらを適切な配合比で混ぜ合わせることによって高性能な潤滑油となる。添加剤には多くの種類があるが, 中でもしゅう動面のトライボロジー特性の改善に寄与するのは「油性剤」と「極圧剤」である（効果の観点から「摩擦低減剤（摩擦調整剤）」,「摩耗防止剤（耐摩耗剤）」,「焼付き防止剤」等の名称で区分されることも多い）。一般的に, 油性剤は有機分子から成り, しゅう動面に吸着して膜を形成し, 潤滑面同士の接触を防いで摩擦を下げる。また極圧剤はリンや塩素等の元素を含んでおり, 摩擦面と反応して膜を形成し, 摩耗や焼付きを防ぐとされている。油性剤の場合, 吸着によって形成された有機分子による被膜を「境界潤滑層」と呼び, 一方極圧剤の場合は, 形成された無機の反応被膜とその上に存在する吸着分子層を合わせて「境界潤滑層」と呼ぶことが多い。固液界面でのそれらの挙動にはまだ多くの不明点があるものの, 摩擦摩耗の緩和に絶大な効果を発揮することから, 実しゅう動面においてなくてはならないアイテムである。

　②の代表的な例として, ポリマーブラシが挙げられる。ポリマーブラシとは, 表面に固定化された高分子鎖を指し, 原料となるモノマーの種類によって多様な表面特性を付与することができる。①のGrafting-to法および②のGrafting-from法のいずれによっても創成することができるが, Grafting-from法のほうがブラシ層形成時に立体障害の影響を排除することができるため, グラフト密度が高いブラシ面を得ることが可能である。グラフト密度が高いほど摩擦係数が

[*1] Tomoko Hirayama　同志社大学　理工学部　エネルギー機械工学科　教授
[*2] Naoki Yamashita　同志社大学　理工学研究科　機械工学専攻

下がることは過去に実証されており[1]，現在，実用に向けた研究が行われている段階にある。

③に関しては，例えば，ハイドロゲル製造時に表面に高分子グラフト鎖を導入する手法[2]などが挙げられる。また，境界潤滑層の形成と言う概念で語られることは少ないものの，樹脂表面にプラズマ処理を施すと最表面の分子層のみ化学的性質が変化し，濡れ性や摩擦特性の向上が見られることは広く知られており，広義の境界潤滑層形成に該当する事例であると言える。

いずれにせよ，表面の濡れ性や表面力，摩擦係数と言った特性値は，最表面の有機的な分子層の組成や構造に極めて鋭敏であり，適切に取り扱うことによってトライボロジー特性を広く制御することが可能であると言える。本章では①および②に焦点を当て，近年の研究動向に関して概説する。

2　添加剤による境界潤滑層の形成とその効果

先に述べたように，トライボロジー特性向上に寄与する添加剤には「油性剤」と「極圧剤」がある。現在認識されている油性剤および極圧剤による境界潤滑層の概念モデルの例を図1に示す。

油性剤には，脂肪酸，アルコール，エステル，エーテル，アミン，アミド等の種類があり，分子内の極性基部が表面に物理吸着した後，徐々に化学吸着に変化して行くことによって表面に良好な滑り性を有する層を形成する。油性剤がもたらす効果に関しては，古い事例ではあるが，例えば，脂肪酸から成る分子被膜の形成によって摩擦係数の低減の程度を調べたバウデン，テイバーらの実験結果（図2）[5]がある。図2において，横軸は摩擦の回数であり，縦軸はそのときの摩擦係数である。4本の曲線が見られるが，それぞれ，単分子膜，3分子膜，9分子膜，53分子膜に相当する。本実験において，多分子膜は単分子膜を生成する手法を繰り返し行うことで形成された。図2より，摩擦係数の最低値はどの曲線も0.1でほとんど差がないが，被膜が破断し

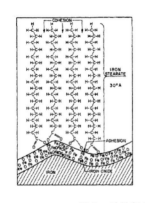
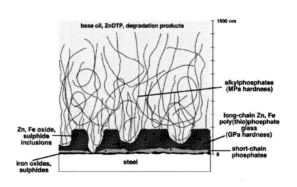

図1　油性剤および極圧剤による境界潤滑層の概念モデル例
（左：〔油性剤モデル〕鉄表面におけるステアリン酸化学吸着膜の構造[3]，
右：〔極圧剤モデル〕鉄表面上に形成されたZnDTP由来トライボフィルムの構造[4]）

第16章　境界潤滑層形成による制御

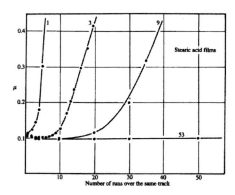

図2　ステアリン酸多分子膜の層数と摩擦係数の関係[5]

て摩擦係数が上昇するまでの繰り返し摩擦回数に差異があることが見て取れる。これより，バウデンらは，表面に形成されるのは単分子膜であり，多分子膜を形成する過剰な分子は摩擦によって破れた被膜の「補修」を行うにすぎないと考えた。また，基板の種類に対する摩擦係数の依存性も調べたところ，安定的な金属（ニッケル，クロミウム，白金，銀）を用いた場合は摩擦係数の低下が少ないが，反応性の高い金属（銅，カドミウム，亜鉛，マグネシウム）を用いた場合は摩擦係数が大幅に低減することが分かった。これより，化学吸着によって生成される金属石鹸の層（soap layerと呼ばれる）が摩擦低減をもたらしていることが証明されたと言える。これは近年の赤外分光法（Infrared spectroscopy）やX線光電子分光法（X-ray photoelectron spectroscopy, XPS）等を用いた表面分析によっても確認されている。

なお，形成される被膜の構造および物性，また，しゅう動条件下におけるその挙動に関しては，近年の固液界面分析技術の発展を受けて，まさに今議論が活発に行われている状況にある。油性剤吸着層の構造や物性の調査には，例えば，以下の分析法が有効である。

〔in-situ分析（潤滑油中にある吸着層のその場分析）〕
(1) 全反射方式フーリエ変換赤外分光法（Attenuated Total Reflection Fourier Transform Infrared Spectrometry, ATR-FTIR）：表面近傍に存在する分子の結合種とその相対量
(2) 和周波発生分光法（Sum Frequency Generation Spectroscopy, SFG Spectroscopy）：表面近傍に存在する分子の結合種とその相対量
(3) 表面プラズモン共鳴法（Surface Plasmon Resonance, SPR）：吸着分子種およびその相対量
(4) 中性子反射率法（Neutron Reflectometry, NR）：吸着層の厚みおよび密度
(5) 周波数変調方式原子間力顕微鏡法（Frequency-Modulation Atomic Force Microscopy, FM-AFM）：吸着層の断面イメージ像
(6) 水晶振動子微量天秤法（Quartz Crystal Microbalance with Dissipation Monitoring, QCM-D）：単位面積あたりの吸着物質の質量

〔ex-situ 分析（潤滑油中で吸着層を形成した後，ヘキサンリンス等で化学吸着層のみを残した状態での分析）〕

(7) 偏光変調方式高感度反射赤外分光法（Polarization-Modulation Infrared Reflection Adsorption Spectroscopy, PM-IRRAS）：表面に存在する分子の結合種およびその相対量と配向

(8) 分光エリプソメトリー法（Spectroscopic Ellipsometry）：吸着層の厚みおよび密度

(9) X線反射率法（X-Ray Reflectometry, XRR）：吸着層の厚み

(10) X線光電子分光法（X-ray Photoelectron Spectroscopy, XPS）：吸着層の組成と化学結合状態

　一例として，(5) に挙げた周波数変調方式原子間力顕微鏡法によって得られた油性剤吸着層の断面イメージ像を図3[6]に示す。本分析では，下地金属にはスパッタで成膜した銅を，潤滑油には微量のパルミチン酸を混合したヘキサデカンを用いている。明るい色の領域はカンチレバーが周囲から大きな相互作用力を受けている領域であり，本分析の場合，添加剤吸着層に相当する。左は分析開始時の画像であり，右は数時間の分析作業を行った後に得られた画像である（ただし，これらは一続きの分析で得られたものではなく，両者の画像は異なる位置で取得されたものである）。これより，分析開始時に形成されている銅表面上の吸着膜の層数はたかだか1～2層程度であるが，分析を続けるとその厚みは徐々に増し，最終的に20ナノメートルを超える厚い膜の形成に至ると言うことができる。また興味深いことに，右の画像の吸着層領域内に斜めの筋状の縞が見て取れるが，この間隔がパルミチン酸分子の鎖長に近いことから，この筋はパルミチン酸分子列による層構造に対応している可能性が高いとされている。すなわち，分析時のカンチレバーの振動がいわば添加剤吸着層を撹拌する効果を生んでおり，それによって表面から脱離し

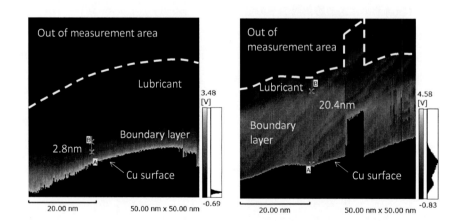

図3　FM-AFMによって得られた銅表面上におけるパルミチン酸吸着層の断面イメージ像
（左：分析開始時，右：数時間の分析作業を行った後）〔一部改変〕[6]

第16章 境界潤滑層形成による制御

たパルミチン酸鉄分子が安定な分子列を形成し，その分子列が積み重なることによって厚い層構造を形成するに至ったと推察することができる。実際のしゅう動系では，カンチレバーの振動に代わって摩擦による表面撹拌が生じており，やはり同様の現象が生じていると考えられる。なお，これらの現象は，（1）のATR-FTIRや（4）のNR[7]によっても矛盾なく説明し得るデータが得られている。

極圧剤に関しては，これまで，対象とする極圧添加剤を混入した潤滑剤を用いてしゅう動試験を行い，試験後にその最表面に形成された無機被膜の組成や化学構造を分析することによって，しゅう動条件下での添加剤の作用を推定しようとする研究が一般的であった。例えば，リン系極圧剤を鉄系しゅう動面で用いた場合，①リン酸エステルが鉄表面に吸着，②加水分解によって酸性リン酸エステルが生成，③鉄との反応によりリン酸鉄被膜が形成，というプロセスで耐摩耗性被膜が形成されるとされている。最終的に形成される無機被膜にのみ焦点を当てる場合，表面分析にはやや専門的技術を要するもののその場観察の必要性は低く，有機溶剤で表面の潤滑剤分子を洗い流してから，エネルギー分散型X線分光付き走査型電子顕微鏡（SEM-EDX）やX線光電子分光法（XPS）によって分析を行うという手順が採られてきた。しかしながら，近年はそれら無機被膜の分析のみならず，油性剤と同様，図1に示すような最表面の有機分子鎖層の構造やその効果に徐々に関心が移行しつつある。その場合はやはり上に挙げた（1）～（10）の分析法が有効であり，装置内に昇温機構や摩擦機構を付与することによって極圧剤が下地金属と反応しやすい環境を作りながら分析を行うことが望ましい。

3 ポリマーブラシを用いた境界潤滑層の形成とその効果

ポリマーブラシとは，一般的に，材料表面に固定化された高分子鎖のことであり，重合するモノマーの種類によって表面に多様な表面・特性を付与し得る点から，広く用いられている表面改質法の一種であると言える。ポリマーブラシにおいては，その固定化密度（グラフト密度）が重要な要素であり，グラフト密度に応じて吸着性，濡れ性，微粒子分散性等の改善度合が異なるとされている。1節で述べたように，ポリマーブラシの作製法にはGrafting-to法およびGrafting-from法の二種類があるが，高いグラフト密度を得るにはGrafting-from法の適用が必須である。中でも，表面開始原子移動ラジカル重合法（Surface-Initiated Atom Transfer Radical Polymerization, SI-ATRP）は，ポリマー先端をキャッピングしながら重合を進めることによって停止反応を抑えることができ，その結果，鎖長が揃ったブラシを密に形成できる手法として注目を集めている。本手法によって形成されたポリマーブラシは，条件によってはグラフト密度が$0.1 chains/nm^2$を超える極めて密なブラシ層となることが確認されており，それらは「濃厚ポリマーブラシ」として通常のGrafting-to法で形成される「準希薄ブラシ」と区別されている[8]。メチルメタクリレート（Methyl Methacrylate, MMA）から成る濃厚PMMAブラシ表面を良溶媒中に浸し，コロイドプローブAFMを用いて摩擦試験を行ったところ，その摩擦

係数は0.0005にまで達したとの報告もある[9]。

現在，このSI-ATRP法で形成した濃厚ポリマーブラシを実際のしゅう動系で用いようとする動きがあり，いくつかの研究が行われつつある。実際のしゅう動系では潤滑剤の基油中でブラシを膨潤させる必要があり，現在は，モノマーにラウリルメタクリレート（Lauryl Methacrylate, LMA）を使用することが最も有望視されている。一例として，LMAとシクロヘキシルメタクリレート（Cyclohexyl Methacrylate, CHMA）をモノマーとする濃厚ポリマーブラシを表面に形成した基板における摩擦試験結果を図4[10]に示す。実験にはボールオンディスク摩擦試験機を用い，下地基板にはシリコンウエハを，ボール材には高炭素クロム軸受鋼（SUJ2）が用いられた。また，溶媒となる潤滑基油にはポリアルファオレフィン（Poly-Alpha-Olefin, PAO30）が使用された。ボール直径はϕ2 mmであり，本試験は荷重20 mNの条件下で行われた。これは，最大ヘルツ圧に換算すると310 MPaに相当する。

図4より，いくつかの興味深い事実が見て取れる。一つに，PLMAブラシを形成した基板は，マクロトライボロジー試験においても0.01未満となる極めて低い摩擦係数値を取ることである。PLMAブラシの摩擦係数値を見ると，境界潤滑域での摩擦係数上昇が見られず，流体潤滑から低い摩擦係数値のまま境界潤滑状態に遷移している様子が見られる。ブラシを片面のみに形成した場合であっても，その摩擦係数値は両面に形成した場合に比べてほとんど遜色のない結果となった。一方，PCHMAブラシの場合，その摩擦係数はブラシなしの場合よりもさらに大きな値となった。実はCHMAにとってPAOは良溶媒ではなく，すなわち，ブラシはPAO中で十分に膨潤していない。実際，PLMAブラシ基板をヘキサデカン溶液に浸漬させた状態で中性子反射率法によってブラシ膜厚を測定すると，乾燥時に比べて膜厚は約1.9倍程度に膨潤している

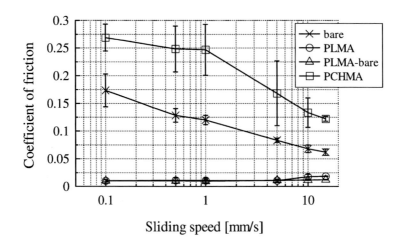

図4　各種濃厚ポリマーブラシ基板における摩擦試験結果[10]
(bare：ブラシなし，PLMA：PLMAブラシ層を両面に形成したもの，PLMA-bare：PLMAブラシを片面にのみ形成したもの，PCHMA：PCHMAブラシ層を両面に形成したもの)

第16章　境界潤滑層形成による制御

ものの，PCHMAブラシ基板の場合は，乾燥時に比べて約1.2倍程度にしか膨潤しない[10]。よってこの結果は，ブラシは良溶媒中で十分に膨潤して初めて摩擦係数の低減をもたらし得るということを示唆している。膨潤していないブラシは，場合によってはブラシなしの場合よりも大きな凝着力を生むことがあり，そのため高い摩擦係数値を示したと考えられる。

図5に，摩擦試験後のブラシ表面のプロファイル例を示す。これは，PLMAブラシ基板（ブラシ層の乾燥膜厚：110 nm）に対して10000回の摩擦試験を行った後，ヘキサンで溶媒（PAO）を十分に洗い流し，乾燥させてからAFMを用いて取得した断面プロファイルである。左は最大ヘルツ圧310 MPa，右は670 MPaとしたときの結果であり，左の状態，すなわち面圧が300 MPa程度未満であれば，ブラシの摩耗は生じないと言える。一方，右の状態はもう少し面圧が高い状態であり，中央に深さ20 nm程度のくぼみが見て取れる。これは，厳しい摩擦条件によってブラシがせん断力を受け，途中で切断されたものと推察できる。しかしながら，両者どちらの状態においても摩擦係数は0.006と極めて小さく，ブラシ層が十分に膨潤して荷重を支持すれば，ブラシの損傷の有無に関わらず低摩擦状態が発現することを確認できたと言える。

最後に，ストライベック曲線を用いてブラシ潤滑の特徴をまとめる。濃厚ポリマーブラシを形成した基板において，現在認知されているストライベック曲線の形を図6に示す[11]。図6において，(i)は面圧の増加に伴ってブラシが完全に破壊されてしまう領域であり，ブラシなし基板での摩擦係数に一致すると予想される。(ii)はいわゆる境界潤滑領域であり，図4に示したように，ブラシによって低摩擦特性の発現が期待できる。(iii)は流体潤滑領域であるが，界面にブ

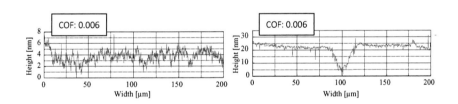

図5　PLMA基板における摩擦試験後の表面プロファイル
（左：面圧310 MPa，右：面圧670 MPa）

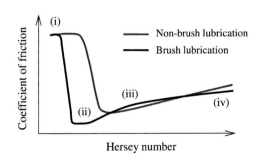

図6　濃厚ポリマーブラシ形成基板のストライベック曲線〔一部改変〕[11]

ラシが存在することによって潤滑油の見かけ粘度が増加し，その結果，摩擦係数はやや高い値を示すことが確認されている。(iv) はさらに広いすきまでの流体潤滑領域であり，この領域での摩擦係数はまだ正確には調べられていないが，ブラシの存在による界面すべりの発現などが期待されている（しかしながら，図のような摩擦係数の低減が確認されたわけではない）。なお，このような独特な挙動を示すブラシ潤滑であるが，ブラシ膜厚が厚いほどそのそれぞれの効果も大きく発現することが確認されている。

このように，表面に存在（あるいは形成）する分子鎖層は高々数～数十ナノメートルオーダの厚みであるにも関わらず，摩擦係数に及ぼす影響は極めて大きい。近年の分析技術の発展により固液界面の *in-situ* 分析が可能となってきた現在，境界潤滑層の構造と摩擦特性との関係性の調査は喫緊の課題であり，それに基づく摩擦係数制御のための境界潤滑層の設計指針の提示が強く求められている。

文　献

1) A. Nomura, K. Okayasu, K. Ohno, T. Fukuda and Y. Tsujii, *Macromolecules*, **44**(12), 5013-5019（2011）
2) D. Kaneko, T. Tada, T. Kurokawa, J. P. Gong and Y. Osada, *Advanced Materials*, **17**(5), 535-538（2005）
3) C. M. Allen and E. Drauglis, *Wear*, **14**, 363-384（1969）
4) A. J. Gellman and N. D. Spencer, *Journal of Engineering Tribology*, **216**, 443-461（2002）
5) J. Williams, Engineering Tribology（1994）Oxford University Press, Oxford.
6) 川村亮太, 平山朋子, 松岡敬, 小宮広志, 大西洋, 周波数変調原子間力顕微鏡（FM-AFM）による表面／潤滑剤固液界面の断面イメージング像の取得, トライボロジー会議2014秋盛岡予稿集（2014）
7) T. Hirayama, T. Torii, Y. Konishi, M. Maeda, T. Matsuoka, K. Inoue, M. Hino, D. Yamazaki, M. Takeda, *Tribology International*, **54**, 100-105（2012）
8) Y. Tsujii, K. Ohno, S. Yamamoto, A. Goto and T. Fukuda, *Advances in Polymer Science*, **197**, 1-45（2006）
9) Y. Tsujii, A. Nomura, K. Okayasu, W. Gao, K. Ohno and T. Fukuda, *J. Phys. Conf. Ser.*, **184**, 012031（2009）
10) 山下直輝, 花本直哉, 平山朋子, 松岡敬, 辻井敬亘, 榊原圭太, 親油性濃厚ポリマーブラシのトライボロジー特性（第2報：溶媒中における構造, 共振ずり特性, 摩耗メカニズム），トライボロジー会議2014春東京予稿集（2014）
11) 山下直輝, 平山朋子, 松岡敬, 小宮広志, 辻井敬亘, 親油性濃厚ポリマーブラシのトライボロジー特性（第3報：ストライベック曲線における挙動の把握），トライボロジー会議2014秋盛岡予稿集（2014）

第17章　マイクロテクスチャによる
プラスチック成形品の摩擦の制御

川堰宣隆[*]

1　はじめに

　プラスチック成形品は，自動車，携帯電話やカメラなどの各種分野で使用されている。これらの製品の多くは，手に取ったり，手で触れたりして使用される。このため，指で触った際の材質感が，その商品価値を決定するうえで重要な要素の1つとなっている。とくに，摩擦は触感に強く影響を及ぼすことから，これを制御する技術が必要となってくる。

　一般にプラスチック成形品では，シボ加工などによる触り心地，見た目の制御が行われている。しかしこれらの手法では，感性的な機能を制御するうえで限界がある。一方，近年，固体表面に微細なテクスチャを作製することで様々な表面の機能を制御する"機能性表面"が注目されている[1,2]。この技術では，微細加工により表面に規定された微細形状を作製することで，トライボロジー特性[3~5]やぬれ性[6]など様々な表面機能を制御した事例が報告され，その有効性が示されている。プラスチック成形品においても，このような微細なテクスチャ形状を表面に付与することで，その摩擦特性を制御することが可能になる。

　筆者らは，プラスチック製品の触り心地を高めることを目的として，表面に微細なテクスチャを有するプラスチック成形品の開発を行っている[7~10]。本稿では，表面に微細なテクスチャを作製することで，その摩擦を制御した事例について，人間が触れたときに感じる摩擦の変化，および物理特性評価より求めた摩擦との関連性について検討した事例について述べる。

2　テクスチャを有するプラスチック成形品の作製

　金型作製およびプラスチック成形には，それぞれ超精密切削加工機（ファナック㈱製 ROBONANO α-0iB）と真空加熱プレス機（㈱井元製作所製　IMC-199A）を用いた。図1は，テクスチャの作製方法である。まず鏡面加工（表面粗さ Rz：0.04 μm）したアルミニウム合金製の金型材料に，先端角90°の単結晶ダイヤモンド工具を用いて溝加工を行う。つぎに，プレス機内の真空引きおよび加熱後，プレス成形を行う。最後に成形品を金型から取り出し，完成となる。

---

[*]　Noritaka Kawasegi　富山県工業技術センター　中央研究所　主任研究員

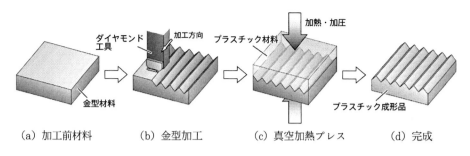

図1 テクスチャ作製方法の模式図

3 テクスチャのピッチ，高さによる摩擦の変化

3.1 官能評価による摩擦の評価

まず，テクスチャのピッチ，高さを変化させたときの摩擦の変化[7]について述べる。評価には，上記の方法で作製した大きさ数μm～数百μmオーダのテクスチャを有するプラスチック成形品に対して官能評価を行い，その形状が触感に及ぼす影響について検討した。試料には，大きさ35 mm×35 mm，厚さ1 mmのポリプロピレン（PP）の表面に，微細なテクスチャを作製したものを用いた。

図2は，作製した金型とプラスチック成形品である。表1は，作製したテクスチャの形状である。金型に作製した溝形状が，成形品に正確に転写されていることがわかる。評価には，表1に示す14種類のテクスチャを用いた。試料①は，テクスチャのない条件である。試料②～⑨は，連続的な溝形状を作製した条件である。これらの条件では工具の幾何学的な形状から，テクスチャのピッチは高さの2倍となる。試料④と⑩～⑫は高さを一定として，ピッチを変化させた条件である。ピッチが大きな条件では，図2中A部のように，テクスチャの凸部の間に平坦部が存在する。試料⑨と⑫～⑭は，ピッチを一定として，高さを変化させた条件となる。

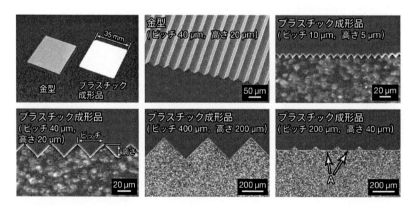

図2 作製したテクスチャのSEM観察像

第 17 章　マイクロテクスチャによるプラスチック成形品の摩擦の制御

表1　作製したテクスチャの形状

試料 No.	ピッチ（μm）	高さ（μm）	試料 No.	ピッチ（μm）	高さ（μm）
①	テクスチャなし		⑧	300	150
②	10	5	⑨	400	200
③	40	20	⑩	120	40
④	80	40	⑪	200	40
⑤	120	60	⑫	400	40
⑥	160	80	⑬	400	20
⑦	200	100	⑭	400	100

　これらの試料に対して，官能評価を行った事例について述べる。官能評価にはSD（Semantic Differential）法[11]を用い，図3に示す計10対の形容詞について，試料をランダムに提示しながら7段階の評価を行った。また視覚による影響を避けるため，試料表面を覆った状態で評価を実施した。指を動かす方向は，テクスチャに対して垂直方向とした。被験者は，20代～60代の男女計23名である。

　上記の官能評価結果の中から，とくに摩擦に関連した"引っかかる－滑らかな"の結果について述べる。図4は，テクスチャのピッチに対する"引っかかる－滑らかな"感の変化である。図中のエラーバーは，標準偏差を示している。連続的なテクスチャの場合（サンプル①～⑨），テクスチャのないサンプルで，"引っかかる"感は大きな値を示す。テクスチャを作製することで触感が大きく変化し，ピッチがわずか10 μm のテクスチャを作製することで，"滑らかな"感が大きく向上する。テクスチャのピッチが10～40 μm の条件で"滑らかな"感が最大となる。ピッチがそれ以上になると"引っかかる"感が増し，ピッチにともない，その値は大きくなる。すなわち，テクスチャの形状によって摩擦状態は変化し，テクスチャのピッチが10～40 μm で

```
                  かなり      やや    どちらとも やや      かなり
                 そう思う そう思う そう思う いえない そう思う そう思う そう思う
凹凸な         7 ----- 6 ----- 5 ----- 4 ----- 3 ----- 2 ----- 1  平らな
心地よい       7 ----- 6 ----- 5 ----- 4 ----- 3 ----- 2 ----- 1  不快な
しっとり       7 ----- 6 ----- 5 ----- 4 ----- 3 ----- 2 ----- 1  乾いた
きめの粗い     7 ----- 6 ----- 5 ----- 4 ----- 3 ----- 2 ----- 1  きめの細かい
硬い           7 ----- 6 ----- 5 ----- 4 ----- 3 ----- 2 ----- 1  柔らかい
厚みのある     7 ----- 6 ----- 5 ----- 4 ----- 3 ----- 2 ----- 1  厚みのない
ヒヤッと       7 ----- 6 ----- 5 ----- 4 ----- 3 ----- 2 ----- 1  ヒヤッとしない
引っかかる     7 ----- 6 ----- 5 ----- 4 ----- 3 ----- 2 ----- 1  滑らかな
チクチクする   7 ----- 6 ----- 5 ----- 4 ----- 3 ----- 2 ----- 1  チクチクしない
好き           7 ----- 6 ----- 5 ----- 4 ----- 3 ----- 2 ----- 1  嫌い
```

図3　官能評価で使用した形容詞対

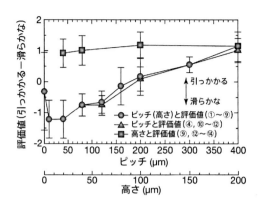

図4 評価値"引っかかる－滑らかな"のピッチ，高さ依存性

最も滑らかに感じることがわかる。

　ピッチのみを変化させた場合（サンプル④，⑩〜⑫），連続的なテクスチャと同様な傾向を示し，ピッチの増加にともない"引っかかる"感は強くなる。一方，高さのみを変化させた場合（サンプル⑨，⑫〜⑭），触感に大きな変化は見られない。この傾向は，他の形容詞の場合でも同様であった。すなわち，指で感じる"引っかかる"感などの触感はテクスチャの高さに依存せず，そのピッチのみによって決定されることを意味している。

3.2 テクスチャの摩擦の評価

　前節の結果より，テクスチャの形状によって人間が感じる摩擦の状態が大きく変化することを示した。ここではその要因を明らかにするため，摩擦状態を測定した事例[8]について述べる。図5は，摩擦の測定方法である。評価では，1軸ステージ上の水晶圧電式動力計（日本キスラー㈱社製，9256C2）にプラスチック成形品を取付ける。この状態で評価者がテクスチャ表面を人差し指で押さえ，1軸ステージを評価者に対して手前・奥行き方向に連続運動させる。その際の垂直力，摩擦力および摩擦係数を測定した。

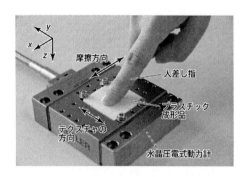
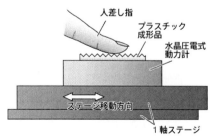

図5 摩擦力測定試験の概略

第17章　マイクロテクスチャによるプラスチック成形品の摩擦の制御

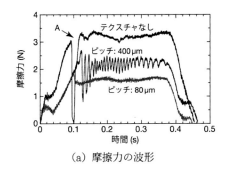
(a) 摩擦力の波形

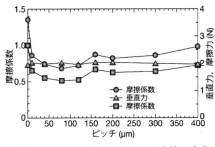
(b) テクスチャのピッチによる摩擦の変化

図6　動力計による摩擦力の測定結果

　図6(a)は，各種試料を評価中の摩擦力の波形である。垂直力を変化させながら連続的に測定し，その中から垂直力が約2Nのときの摩擦力を抽出している。摩擦速度は，50 mm/sである。テクスチャがない場合，摩擦力は大きな値を示す。この条件ではスティックスリップが生じやすく，摩擦に大きな変動が観察できる（図中，A部）。テクスチャを作製することで，摩擦力は減少する。ピッチが80 μmの場合，摩擦力に大きな変動は見られない。テクスチャのピッチが400 μmになると，摩擦力に大きな変動が生じる。これは，テクスチャのない場合に見られたスティックスリップとは異なり，テクスチャの凸部が指紋内部に入り込み，引っかかりが生じるためである。この現象はテクスチャのピッチが160 μm以上の条件で観察されるようになり，これがテクスチャを作製した条件で見られる"引っかかる"感と強い相関を示す。

　図6(b)は，試料①〜⑨を触った際の摩擦係数，摩擦力，垂直力の変化である。摩擦係数はテクスチャがない場合に，著しく大きな値を示す。テクスチャを作製することで摩擦係数は減少し，ピッチが40〜120 μmのときに最小となる。ピッチが160 μmになると摩擦係数は微増し，それ以降ピッチが増加しても摩擦係数に大きな差は見られない。これらの結果より，テクスチャの有無による"引っかかる"感の変化には，2つの要因が挙げられる。テクスチャのない場合，PPの材料特性に起因して，大きな摩擦が生じる。これによって，強い"引っかかる"感が生じる。一方，テクスチャのピッチが大きくなると，テクスチャが指紋の内部に入り込むようになり，大きな摩擦の変動が生じる。これによって，強い"引っかかる"感が生じるようになるといえる。

4　テクスチャ先端形状の影響

　ここまでは，一定の先端形状を有するテクスチャを用いて，そのピッチ，高さの影響について述べた。プラスチック成形品を触れる際には，テクスチャの先端のみが接触する。このため，摩擦状態はその先端形状に強く影響を受ける。ここでは，テクスチャの先端形状によって，摩擦状態がどのように変化するか検討した事例[10]について述べる。

図7は，評価に使用したテクスチャの断面図である．作製したテクスチャは，先端が三角形状（シャープ形状），先端に半径20μmの丸みを有する形状（ラウンド形状）および幅40μmの平坦部を有する形状のテクスチャ（フラット形状）である．また，材質の影響についても検討するため，プラスチック材料には標準潤滑性および高潤滑性を有する2種類のPPを使用した．

図8は，官能評価より得られた各種テクスチャの"引っかかる"感の評価値である．テクスチャのピッチは，120μmである．ラウンド形状のテクスチャの場合に，最も"滑らか"な触感となる．さらに，シャープ形状と比較して，材料種による差が強く現れる．すなわち，テクスチャ先端のラウンド化によって，滑らかさがより強く表れる．さらに，シャープ形状と比較して接触面積が増加することで，材料特性による滑らかさの差が強く現れたといえる．一方，フラット形状ではテクスチャによる効果は小さく，材料特性による引っかかりが生じやすい結果となった．

以上の結果より，テクスチャの先端形状によって，触感は変化する．さらに，先端形状を選択することで，材料そのものの特性を生かしたテクスチャの作製が可能であることがわかる．

つぎに，物理特性との関連性について述べる．図9は，各種先端形状のテクスチャの摩擦係数である．摩擦係数の測定には前節と同様の動力計による評価と，風合い試験機[12]を用いた．風合い試験機では，KES法[13]を用いて人間が布や革製品等を触れた際の触感を，摩擦測定，粗さ測定，圧縮試験などから評価することができる．ここでは，その中から摩擦測定を行った結果について述べる．摩擦測定では人間の指紋を模した10連のステンレスワイヤーを用いて，表面の摩擦を測定する．本プラスチック成形品の測定では，その材質の違いから材料特性に起因した摩擦の差が現れにくい[8]．このため，テクスチャの形状に起因した摩擦の評価が可能である．なお，風合い試験機による評価では，標準潤滑材料のみの評価を行っている．

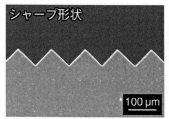 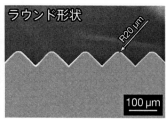 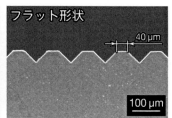

図7 作製したテクスチャのSEM観察像

第17章　マイクロテクスチャによるプラスチック成形品の摩擦の制御

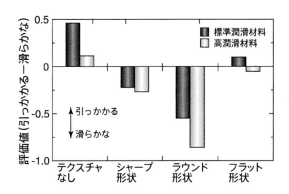

図8　テクスチャの形状による評価値"引っかかる－滑らかな"の変化

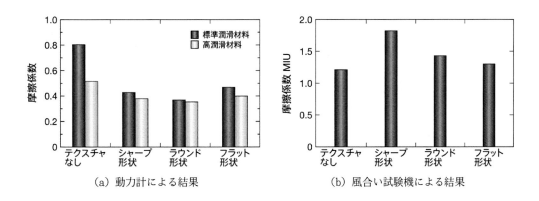

図9　テクスチャの形状による摩擦係数の変化

　動力計による評価を行った結果，テクスチャを作製した試料で摩擦係数が大きく減少する。またラウンド形状の場合に，最も摩擦係数が小さくなり，官能評価の結果と一致する。材料の種類よりもテクスチャの有無による摩擦係数の差が大きく，テクスチャによる摩擦の制御が有効であることがわかる。一方，風合い試験機による評価では，滑らかな触感を持つシャープ形状やラウンド形状で摩擦係数が比較的大きくなる。これらの結果は，先端形状による摩擦の差がその形状そのものの影響ではなく，その形状によって誘起される流体力学的な作用など他の要因によって生じていることを示唆している。

5 おわりに

　本稿では，表面に微細なテクスチャを作製することで，とくに人間が触れる場面でのプラスチック成形品の摩擦を制御する事例について述べた．プラスチック成形品は各種分野で使用されており，今後もその用途は拡大していくと思われる．とくに，その用途が手で触れる製品になれば，より高い質感が求められるようになる．本稿が，今後これらの製品や各種分野でプラスチックの摩擦を制御するうえでの一助となれば幸いである．

文　　献

1) C. J. Evans and J. B. Bryan : "Structured", "Textured" or "Engineered" Surfaces, CIRP Annals, **48**, 541 (1999)
2) 桝田：微細表面テクスチャによる表面機能の形成, 砥粒加工学会誌, **50**, 4, 173 (2006)
3) A. Blatter, M. Maillat, S. M. Pimenov, G. A. Shafeev and A. V. Simakin. Lubricated friction of laser micro-patterned sapphire flats. *Tribology Letters*, **4**, 237 (1998)
4) 沢田博司, 川原公介, 二宮孝文, 森淳暢, 黒澤宏：フェムト秒レーザによる微細周期構造のしゅう動特性に及ぼす影響. 精密工学会誌論文集, **70**, 133 (2004)
5) N. Kawasegi, H. Sugimori, H. Morimoto, N. Morita and I. Hori : Development of cutting tools with microscale and nanoscale textures to improve frictional behavior, *Precision Engineering*, **33**, 248 (2009)
6) M. Yoshino, T. Matsumura, N. Umehara, Y. Akagami, S. Aravindan and T. Ohno, Engineering surface and development of a new DNA micro array chip, *Wear*, **260**, 274 (2006)
7) N. Kawasegi, M. Fujii, T. Shimizu, N. Sekiguchi, J. Sumioka and Y. Doi : Evaluation of the human tactile sense to microtexturing on plastic molding surfaces, *Precision Engineering*, **37**, 433 (2013)
8) N. Kawasegi, M. Fujii, T. Shimizu, N. Sekiguchi, J. Sumioka and Y. Doi : Physical Properties and Tactile Sensory Perception of Microtextured Molded Plastics, *Precision Engineering*, **38**, 292 (2014)
9) 川堰宣隆, 藤井美里, 清水孝晃, 関口徳朗, 住岡淳司, 土肥義治：マイクロ加工を利用したプラスチック成形品の触感覚制御－各種テクスチャの特性評価－, 精密工学会誌, **80**, 7, 692 (2014)
10) 川堰宣隆, 住岡淳司, 高野登, 山田茂, 藤井美里：マイクロ加工を応用した風合いを有するプラスチック成形品の開発（第3報）－テクスチャ形状が触感に及ぼす影響－, 2014年度精密工学会秋季大会学術講演会講演論文集, 805 (2014)
11) 下条誠, 前野隆司, 篠田裕之, 佐野明人：触感認識メカニズムと応用技術－触感センサ・触覚ディスプレイ－, サイエンス＆テクノロジー㈱ (2010)

第17章　マイクロテクスチャによるプラスチック成形品の摩擦の制御

12) http://www.keskato.co.jp/
13) S. Kawabata, The standardization and analysis of hand evaluation, second ed., The hand evaluation and standardization committee, Osaka (1980)

【第3編　材料】

第18章　高分子系トライボマテリアル
（ポリアセタール）

加田雅博[*]

1　はじめに

　プラスチックは大量生産，軽量化に寄与するため，戦後の石油化学の発達を機に国内では高度経済成長と連動しながら急成長してきた。今では数えきれないくらいの種類のプラスチックが存在する。当初生活雑貨への適用が中心であったが，エンジニアリングプラスチックの実用化により，歯車，軸受などの機構部品へその適用範囲を広げて来た。図1は，国内で実施したしゅう動部材（高分子トライボマテリアル）のプラスチック別構成比である。数えきれない種類のプラスチックがある中，使用されているプラスチックが特定の種類に偏っているのが特徴である。大半が結晶性熱可塑性樹脂であり，その中でもとりわけポリアセタールが大きな割合を占めている。

　ポリアセタール樹脂（以降POM）は商品化されてから50年以上の年月が経過しているが，樹脂の製品サイクルとしては比較的長い。これはPOMが機械部品に必要な特性をバランス良く備えつつ，妥当なコストで供給でき，これに代わる樹脂が未だ登場していないからにほかならない。歯車は高分子トライボマテリアルの半分を占めているが（図2），POMに適した機械部品の典型であり，いまだ樹脂歯車の大半はPOM製である。使用される分野としては，CD，DVDプレーヤーなどのAV機器，プリンター，ディスクドライブなどのOA機器，エアコン，洗濯機，乾燥機などの家庭電気機器，シートベルト機構部品やアウタードアハンドル，ドアミラー，エンジンルームなどの自動車部品として，さらにカメラ・時計などの精密機械部品として，また住宅資材やゲーム機などの玩具や文房具などを挙げることができる。近年では，電動アシスト自転車，介護ベッドなど新しい分野へ応用範囲を広げるなど，今後ともPOMが樹脂歯車を中心とした機械要素部品の主役を占めていくと予想される。本稿では，POMの一般的な特徴を紹介するとともに，POMが歯車材料として多用される理由を述べる。

2　ポリアセタール樹脂の特徴

2.1　ホモポリマーとコポリマー

　ポリアセタール樹脂はオキシメチレン（$-CH_2O-$）を単位構造に持つポリマーであり，化学名はポリオキシメチレン（略号：POM）である。ホルムアルデヒドの重合体であるが，ホルムアルデヒドのみが重合したホモポリマーと，オキシエチレン単位（$-CH_2CH_2O-$）を含むコポ

　　＊　Masahiro Kada　ポリプラスチックス㈱　研究開発本部　研究企画室　主任

第18章 高分子系トライボマテリアル（ポリアセタール）

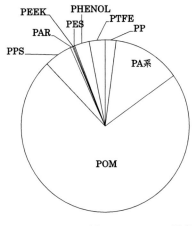
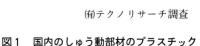

図1 国内のしゅう動部材のプラスチック別需要構成比[1]

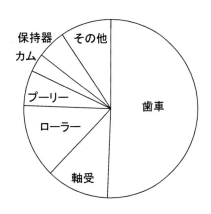

図2 国内のプラスチックしゅう動部材の用途別需要構成比[1]

リマーの2種類がある。一般的にホモポリマーは，その単純な分子構造故に高い結晶化度を有することから，融点がコポリマーに比較して約10℃高く，短期強度の点で優れる。一方，コポリマーは分解しにくいオキシエチレン単位を有するがゆえに，熱安定性，耐酸性，長期強度（疲労・クリープ）に優れる特徴を持つ（図3，4）。POMは5大エンプラの中の一つとして知られており，1960年にアメリカのデュポン社が「金属に変わるプラスチック」と銘打ってPOMホモポリマーを商品化した。その直後アメリカのセラニーズ社がPOMの共重合に成功しPOMコポリマーの商品化を行なった。

2.2 エンプラとしてのポリアセタール樹脂

POMは5大エンプラの中の一つとして知られている。エンプラはエンジニアリングプラス

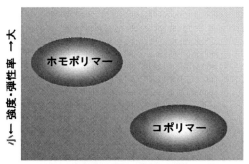

図3 ホモポリマーとコポリマーの特徴概念図[1]

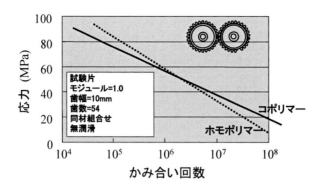

図4　POMの分子構造の違いによる歯車疲労特性

チックの略語であるが，耐熱温度が100℃以上あり，主に工業用途に使用されるものとされる。エンジニアリングプラスチックという言葉が初めて登場したのは，1960年にアメリカのデュポン社が「金属に変わるプラスチック」と銘打ってPOMホモポリマーを商品化した時である。その直後アメリカのセラニーズ社がPOMの共重合に成功し商品化を行なった。そして，従来繊維用途が中心であったポリアミド（PA）がエンプラ用途にも使用され，その後ポリカーボネート（PC），変性ポリフェニレンエーテル（変性PPE），そして1970年にはポリブチレンテレフタレート（PBT）が開発された。これらの樹脂は5大エンプラと呼ばれ，低価格であることもあり順調に需要が伸びてきている。

2.3　歯車用途としてのPOM

樹脂歯車用途の大部分にPOMが使用されている理由として，以下の理由が挙げられる[1]。
①良好な耐摩耗性（表1）
②良好な繰り返し疲労特性（図5，6）
③グリスなどに対する良好な耐薬品性（表2）
④吸水率が低く，機械的特性，寸法が安定していること（表3）

表1　軸受による対金属摩擦摩耗特性[2]

樹脂名	比摩耗量 （$\times 10^{-3}$ mm³/N·km）※	摩擦係数※	限界PV値 （MPa·cm/s）※※	結晶／非晶
ポリアセタール	1.3	0.21	12.7	結晶
ポリアミド66	4.1	0.26	8.7	結晶
ポリアミド6	4.1	0.26	8.7	結晶
ポリカーボネート	51.0	0.38	1.8	非晶
塩素化ポリエーテル	12.2	0.33	7.0	非晶
ポリウレタン	6.9	0.37	5.2	非晶
AS樹脂	61.2	0.33	1.0	非晶

※ $V = 25$ cm/s, $P = 0.274$ MPa　　※※ $V = 25$ cm/s

第18章　高分子系トライボマテリアル（ポリアセタール）

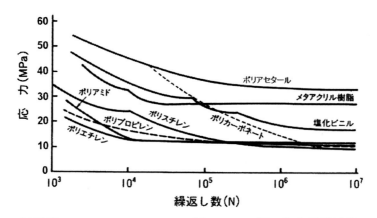

試験機　　Wiedemann-Baldwin製 SF-02-U型万能疲労試験機
試験条件　20℃, 65%RH ASTM D 671-63 method B
試験速度　1800cpm

図5　代表的な樹脂の耐疲労性[1]

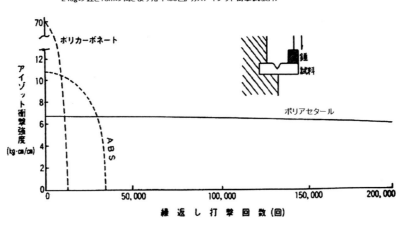

図6　繰り返し衝撃特性[1]

⑤安定した成形性
⑥非強化でも幅広い温度領域で十分な強度・剛性を有する（図7）

①～③については，結晶性樹脂全般の特徴であるが，特に重要なのは②の繰り返し耐疲労性（衝撃特性）である。図5，6に繰り返し衝撃特性を示した。非晶性樹脂の衝撃特性は非常に高いことが知られており本特性を利用した典型例として筐体があり，特種用途として防弾ガラスなどが挙げられる。ただし衝撃を繰り返すことによりその特性は急激に低下するため歯車のように繰り返し負荷を受ける部品としては向いていない。一方POMをはじめとした結晶性樹脂は，衝撃特性は低めであるものの，繰り返しに対して低下が非常に少ないため歯車材として適している。

177

表2 各種樹脂の耐薬品性[3]

無機薬品	PPS	POM	PA	PBT	変性PPO	PC	ABS
弱酸	◎	△	○	◎	○	◎	◎
強酸	○	×	×	△	○	△	△
弱アルカリ	◎	◎	○	○	○	○	◎
強アルカリ	◎	◎	○	×	○	×	◎
有機薬品	PPS	POM	PA	PBT	変性PPO	PC	ABS
オイル	◎	○	○	○	○	△	△
アセトン	◎	○	○	○	○	×	×
ベンゼン	◎	○	○	○	○	×	×
アルコール	◎	○	△	○	○	△	△
エステル	◎	○	○	○	×	×	×
ガソリン	◎	◎	◎	◎	△	×	×

◎:安全　○:ほぼ安全　△:一部危険　×:危険

表3 各種樹脂の吸水性（23℃ 50% RH 平衡吸水率）[1]

吸水率（%）	材料
1以上	PA系
0.5〜1	PA12系
0.3〜0.5	ABS, AS
0.2〜0.3	POM,
0.1〜0.2	PBT, PC
0.1以下	PPS, PE, PP, 変性PPE
約0	PTFE

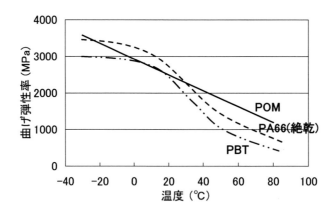

図7　各種結晶性樹脂の曲げ弾性率温度依存性

さらに疲労特性が良好な結晶性樹脂の中でもPOMが多く使用されるのは主に④〜⑥の理由によるものであるが，特に重要なのは⑥である．図7に同じ結晶性樹脂であるPA66やPBTと比較した曲げ弾性率を示した．POMの場合ガラス転移点が−85〜−75℃であり，自動車，家電な

どにおいて通常使用される温度範囲にガラス転移点がないため，温度上昇に伴う曲げ弾性率の低下が緩やかである。一方PBT，PA66のガラス転移点はそれぞれ40℃及び50℃付近である。このためガラス転移温度以上では曲げ弾性率が大きく低下する。PBTやPAなど多くの結晶性樹脂がPOMと同等な剛性，強度を80℃などの高温において達成しようとした場合，ガラス繊維などで強化する必要があり，これに伴う材料費の増加，金型寿命の低下，異方性による歯車精度の低下（JIS精度で3～5等級低下），靭性の低下，耐摩耗性の低下など様々な点が問題となる。したがって他のプラスチックと異なり，POMの販売の大半は非強化系材料である。

3 おわりに

本稿で述べたようにPOMは歯車用途として非常に多く使用されている。このような状況の中，POMに対する機能，信頼向上の要求はますます増えてきており，近年では耐クリープ性向上，ローエミッション化，低摩耗化など様々な高機能化が進められ，その使用範囲が大きく拡大されている。これらの特性を同等のコストで達成する樹脂材料はなく，今後ともPOMが樹脂歯車を中心とした機械要素部品の主役であり続けることは変わらないであろう。POM歯車の強度設計手法の研究，設計データもPOMの歴史とともにかなり充実してきており，材料メーカーのホームページを訪れれば，信頼性の高い設計ツールも準備されている。そういった点からも歯車にPOMを使用することは信頼性の点から非常に有用である。

一方で，近年更なる小型軽量が求められる場合，非強化でPOMと同等以上の疲労特性が達成できるプラスチックとしてPPSが注目されている。強化プラスチックはカタログ上，非強化の数倍の強度を有するが，歯車として使用する場合，摩耗や歯元の応力集中，配向の影響で非強化と同程度以下の実力にしかならないことが多い。この点図8に示すように非強化PPSの歯車疲労強度は非常に優れており，コストは高めではあるものの，高品質な歯車を求める場合非常に有

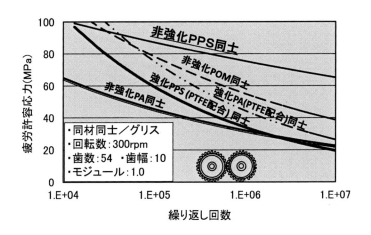

図8　非強化PPSの歯車疲労特性

望であることを最後に紹介して本稿の締めとしたい。

文　　　献

1) 社団法人精密工学会・成形プラスチック歯車研究専門委員会,プラスチック歯車騒音の基礎と実際, p26（2009）
2) Machine Design, June **23**, p158（1966）
3) 日刊工業新聞社, 工業材料, **20**(5), p172（1972）

第 19 章　エンジニアリングプラスチック

池田剛志[*]

1　はじめに

　エンジニアリングプラスチック（以下エンプラ）は耐熱性が 100～150℃，強度が 50 MPa 以上，曲げ弾性率が 2.4 GPa 以上あるプラスチックを指し，ポリカーボネート（PC），ポリアミド（PA），ポリブチレンテレフタレート（PBT），ポリアセタール（POM），ポリフェニレンエーテル（PPE）のいわゆる 5 大エンプラを中心に広く利用されている。

　上記の様な優れた耐熱性，機械物性により，エンプラの用途は自動車，電気・電子，OA 機器の他，各種産業機器，容器・包装，医療，建材等，多岐に渡っており，その使用量は新興国での旺盛な需要を背景に拡大を続けている。また近年高まりを見せているエネルギー問題や環境問題への対策として，金属からエンプラへの代替による軽量化は，益々進むものと思われる。

　トライボロジー材料としてエンプラを金属と比較した場合，軽量化の他，無潤滑化が可能，耐蝕性に優れる，射出成形による安定した生産が可能，部品の複合化が容易といった様々な利点を挙げることができる。実際，表 1 のように POM，PA をはじめとして，PBT，PC 等のエンプラが各種のしゅう動部品へ用いられている。

　本稿では，代表的なエンプラ系トライボマテリアルである POM を例にしゅう動性の改質の技術を述べ，合わせて最近の改質事例を紹介する。

2　ポリアセタールのしゅう動性改質技術

　POM は，側鎖を持たない対称性の高い分子構造，及び高い結晶性に起因する優れた摩擦摩耗特性を有する。POM はポリマー自体が自己潤滑性を示し，非強化標準グレードであっても歯車，軸受け，スライド部品等のしゅう動部品に利用されている。しかしながら，昨今のしゅう動性に関する厳しい要求に対応するため，以下のような手法によりしゅう動性を改質した材料が開発されている。

1）潤滑剤の添加
2）強化剤，充填材の添加
3）ポリマーアロイ

---

[*]　Tsuyoshi Ikeda　三菱エンジニアリングプラスチックス㈱　第 3 事業本部　技術部
　　グループマネージャー

表1 しゅう動用途へのプラスチックの使用例

分野	機器	適用部品	樹脂・グレード
家電	VTR	歯車, ガイドローラー ローディング機構部品	POM（標準, しゅう動改良, グリス潤滑）
	CD, DVD プレーヤー	歯車, 機構部品	POM（標準, しゅう動改良）
	洗濯機	遊星歯車	POM（グリス封入）
OA	複写機	歯車, ローラー	POM（標準, しゅう動改良）, PC（PTFE 充填） PI, PA12, PPS, PAI
	プリンター	歯車, ローラー スライド機構部品	POM（標準, しゅう動改良） PAI, PA12, ポリエステルエラストマー
機械	時計	歯車, 機構部品	POM（GF, CF, ウィスカー強化）, 芳香族 PA
	カメラ	歯車, 機構部品	POM（標準, しゅう動改良, GF 強化）, PBT PC（GF 強化, GF + PTFE）
	電動釣具	駆動歯車	POM（CF 強化）, 芳香族 PA
車両	ドア駆動部	ロック, スライド機構部品	POM（標準, しゅう動改良, GF 強化）
	シート駆動部	スライド機構部品	芳香族 PA
	ブレーキ	機構部品	芳香族 PA, PEEK, PPS
建材	ブラインド, カーテン	開閉機構部品	POM（標準, 耐候）, PA6,66
	サッシ	戸車	POM（標準）, PA6,66
雑貨	家具	キャスター	POM（標準）, PA6
	玩具	駆動部品	POM（標準, シリコノイル充填）, PA6

4）ポリマー変性

2.1 潤滑剤の添加による改質

添加される潤滑剤には，低分子量タイプの潤滑剤やシリコーン，固体潤滑剤，あるいはポリマー系潤滑剤等がある。

低分子量タイプの潤滑剤としては，脂肪酸，脂肪酸エステル，脂肪酸アミド，脂肪酸塩，鉱油，オレフィンワックス，ポリアルキレングリコールなどが挙げられる。これらの潤滑剤は，少量で改質効果が得られるが，単体では摩擦摩耗特性の顕著な向上は困難であり，組み合わせが重要となる。

シリコーンでは，従来シリコーンオイルを使用するケースが多く見られたが，成形時の金型への滲み出しによる生産性の低下や，ブリードアウトによる摩擦摩耗特性の経時的な低下といった欠点があった。この対策として，超高分子量タイプのシリコーンが使用されている。超高分子量タイプのシリコーンは，ブリードアウトが効果的に抑制され，かつ POM に対してアンカー効果を付与できるため，摩擦摩耗特性を長期間に渡って維持できる。

固体潤滑剤としては，二硫化モリブデンやグラファイト等が挙げられる。二硫化モリブデンは特に金属を相手とする摩擦摩耗特性に優れるが，樹脂同士のしゅう動に適さず，樹脂特性の低下等もあるため適用範囲は限られている。

ポリマー系潤滑剤としては，四フッ化ポリエチレン（PTFE）やポリエチレン等が代表例とし

て挙げられる。PTFEは古くからPOMの摩擦摩耗特性向上に利用されている。PTFEの塑性変形しやすい性質を生かし，しゅう動面に摩擦係数の低い層を形成することで摩擦摩耗特性が持続できるものと考えられている。特に，高面圧でのしゅう動や相手材の表面が粗い場合といった厳しいしゅう動条件に対応できる特徴を生かした用途に使用されている。

2.2 強化剤，充填剤の添加による改質

PAやポリフェニレンサルファイト（PPS）等では，無機フィラーを添加することで剛性や耐熱性を向上させ，高荷重のしゅう動条件に適用することがあるが，POMでは実用例が少ない。これは摩耗粉が発生すると，硬度の高い無機フィラーがしゅう動面で研磨剤として作用して摩耗を加速し，POM自身の摩擦摩耗特性を損なってしまうためである。強化剤系ではウィスカーや炭素繊維を添加したものが比較的摩耗が少なく，しゅう動部品に使用されることがある。

また，充填剤を結晶核剤として働かせ，球晶サイズを制御することによって摩擦摩耗特性を改質する例も知られている[1]。

2.3 ポリマーアロイによる改質

ポリマー系潤滑剤添加の更なる摩擦摩耗特性向上の手法として，ポリマーアロイによる改質もなされている。POMは極性が高く，また結晶化度が極めて高いため，異種ポリマーとの混和性が極めて低い。代表的な潤滑性の良いポリマーである低密度ポリエチレン（LDPE）をPOMにブレンドした場合，界面が密着していない海島構造となる。一方でスチレンとアクリロニトリルのコポリマー（PSAN）は高い極性を有し，溶解度パラメーターもPOMと近いため，POMとの混和性が高い[2]。LDPEにPSANをグラフトしたコポリマーを用いると，PSANの部位がPOMと高い相溶性を示すことでLDPEとPOMの界面の密着性を向上させ，その結果優れた耐摩耗特性を有することが報告されている[3]。

2.4 ポリマー変性による改質

POMの摩擦摩耗特性を向上させる方法として，ブロックコポリマーが挙げられる。POMホモポリマー重合時に，連鎖移動剤として長鎖アルコールのアルキレンオキシド付加物等の潤滑官能性ポリマーを用いることで，A-B型のブロックコポリマーが得られる[4]。更にこの潤滑官能性ブロックと適度な親和性を有する潤滑剤を添加することで，潤滑剤がわずかにかつ連続的に成形体表面に滲み出し，長期間安定した摩擦摩耗特性が発現するとされている。この手法は，しゅう動剤にアンカー効果を持たせるという点においては，高粘度のシリコーンやLDPEとPASNのグラフトポリマーを用いたポリマーアロイと同じ思想である。

また別の観点でのポリマー変性の事例としては，コモノマー量を調整した弾性率の低いPOMコポリマーの利用がある。低弾性率のPOMと潤滑剤とを組み合わせることで歯車騒音を低減することができる。これは，低弾性率材では，歯が大きく変形するため，弾性エネルギー起因の音

が小さくなるためと考えられている[6]。

3 最近のポリアセタールのしゅう動性改質事例

3.1 ワイドレンジ性を持ったしゅう動性改質

POMでは，上記の様にしゅう動性を改質した様々な材料が開発されてきている。しかしその背景には，改質剤によって摩擦摩耗特性を発揮できる相手材料や使用条件が限定されているということがある。このため用途毎に改質剤の使い分けや組み合わせを検討する必要があり，幅広い相手材やしゅう動条件をカバーできる材料が強く望まれてきた。また一方で，多くの低分子潤滑剤やポリマー系潤滑剤はPOMの機械強度を低下させてしまい，高剛性，高耐久性の材料の要求に応えられていないことも課題であった。

そこで筆者らは，幅広い相手材，しゅう動条件をカバーすることを目的としたしゅう動性改質剤を検討し，更にその改質手法を高剛性のPOMに適用することで，摩擦摩耗特性と機械物性の両面でワイドレンジ性を持ったしゅう動性改質グレードユピタールWA-11Hを開発した。

まず，幅広い相手材に有効であるしゅう動改良剤組成の探索・組み上げを行い（しゅう動処方A），合成油系等を用いた従来のしゅう動性改良手法（しゅう動処方B）と比較した。両処方でのスラスト（鈴木式）試験法による摩擦摩耗試験のデータを表2に示す。従来のしゅう動処方Bでは，同種同士の摩擦摩耗特性に優れるが，相手材が金属（S45C），ガラス繊維30％充填PBT（GF-PBT）あるいは標準POMの場合，摩耗特性は必ずしも優れているとはいえない。一方，しゅう動処方Aに関しては，S45C，GF-PBT，標準POMのいずれに対しても，摩耗特性が良いことがわかる。

表2 スラスト（鈴木式）摩擦摩耗試験によるPOM材料の比較

スラストしゅう動組み合わせ	試験方法		単位	POM		
				標準POM	しゅう動処方A	しゅう動処方B
同材同士	動摩擦係数	面圧0.15 MPa 速度0.3 m/s	---	0.40	0.15	0.15
	比摩耗量		$\times 10^{-6}$ mm^3/N・m	130	<1	<1
対金属（S45C）	動摩擦係数	面圧0.5 MPa 速度0.3 m/s	---	0.30	0.18	0.18
	比摩耗量		$\times 10^{-6}$ mm^3/N・m	3	3	10
対GF-PBT（GF30％含有）	動摩擦係数	面圧0.15 MPa 速度0.3 m/s	---	0.35	0.08	0.10
	比摩耗量		$\times 10^{-6}$ mm^3/N・m	150	3	26
対標準POM	動摩擦係数	面圧0.15 MPa 速度0.3 m/s	---	0.40	0.18	0.20
	比摩耗量		$\times 10^{-6}$ mm^3/N・m	130	1	7

＊比摩耗量は20時間走行

第19章　エンジニアリングプラスチック

表3　WA-11Hの一般物性

物性項目	試験方法	単位	標準POM	WA-11H
融点	DSC	℃	166	170
引張強さ	ISO527-1, -2	MPa	64	58
引張破壊呼び歪み		%	30	21
曲げ弾性率	ISO178	MPa	2600	2800
曲げ強さ		MPa	90	89
ノッチ付シャルピー衝撃強度	ISO179-1, -2	kJ/m^2	7	5
荷重たわみ温度（1.8 MPa）	ISO75-1, -2	℃	100	100

表4　WA-11Hの摩擦摩耗物性

スラストしゅう動組み合わせ	試験方法		単位	標準POM	WA-11H
同材同士	動摩擦係数	面圧 0.15 MPa 速度 0.3 m/s	—	0.40	0.12
	比摩耗量		$\times 10^{-6}$ $mm^3/N\cdot m$	130	<1
対金属（S45C）	動摩擦係数	面圧 0.5 MPa 速度 0.3 m/s	—	0.30	0.16
	比摩耗量		$\times 10^{-6}$ $mm^3/N\cdot m$	3	3
対GF-PBT（GF30%含有）	動摩擦係数	面圧 0.15 MPa 速度 0.3 m/s	—	0.35	0.09
	比摩耗量		$\times 10^{-6}$ $mm^3/N\cdot m$	150	4
対標準POM	動摩擦係数	面圧 0.15 MPa 速度 0.3 m/s	—	0.40	0.14
	比摩耗量		$\times 10^{-6}$ $mm^3/N\cdot m$	130	2

　しゅう動処方Aを基に高剛性のPOMと組み合わせた材料がWA-11Hである。表3の様に，WA-11Hは高剛性のPOMを使用したことにより，しゅう動性の改質をしているにも関わらず標準的なPOMと遜色無い機械物性を示す。また摩擦摩耗特性は，表4の様に相手材に関わらず優れた性能を示す。

3.2　セルロースナノファイバーによるPOMの改質

　セルロースナノファイバー（以下CNF）は，植物細胞を構成する基本物質であり，パルプを機械的，化学的に解繊することで得られる。CNFは，鋼鉄の5倍以上の強度で1/5の軽さ，線熱膨張率がガラスの1/50という優れた特性を有する再生可能資源として注目を集めており，近年ポリオレフィンなどの熱可塑性樹脂の補強剤として適用する検討が進んでいる[6]。エンプラでは，一般に加工温度が高いことからセルロースを補強剤として適用するのは難しいが，POMに関しては加工温度が190～200℃程度と他のエンプラに比べ低いため，CNFを適用できる。筆者らは，CNFで強化したPOMのトライボマテリアルとしての可能性を検討した。

表5 CNF 強化 POM の物性

物性項目	試験方法	単位	標準POM	CNF10%強化POM	ウィスカー10%強化POM	タルク15%強化POM
密度	ISO1183	g/cm^3	1.41	1.40	1.50	1.52
引張強さ	ISO527-1, -2	MPa	64	72	73	54
引張破断歪み		%	30	4	6	4
曲げ弾性率	ISO178	MPa	2600	4900	4600	4500
曲げ強さ		MPa	90	109	120	103
ノッチなしシャルピー衝撃強度	ISO179-1, -2	kJ/m^2	250	30	40	30
荷重たわみ温度(1.8 MPa)	ISO75-1, -2	℃	100	140	140	135
動摩擦係数	対金属（S45C）0.5 MPa 0.3 m/sec	—	0.38	0.18	0.32	0.32
比摩耗量		×10^{-6} mm^3/kgf·km	2	4	20	32

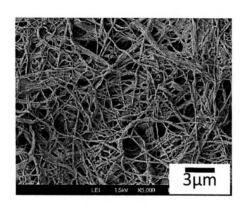

図1 CNF 強化 POM の射出成形片中のセルロースの解繊状態

表5に CNF 強化 POM の物性を示す。セルロースを10%添加することで機械物性と耐熱性が著しく向上しており，補強効果としては，チタン酸カリウムウイスカーに近い。図1は，CNF 強化 POM の射出成形片を溶媒に浸して樹脂を除去し，セルロースの解繊状態を SEM で観察したものである。セルロースは数十 nm の繊維径まで解繊が進んでおり，補強効果が発現したと考えられる。

金属を相手材とした時の摩擦摩耗特性を同じく表5に示す。CNF 強化 POM は，標準 POM や無機フィラー強化 POM に比べ動摩擦係数が低くしゅう動性に優れる。更に比摩耗量も無機フィラー強化 POM に比べ大幅に抑制される。これは，図1のように細く長い CNF が絡まりあうことで，摩耗粉が脱落することを抑制しているためと考えられる。

また，図2の様に線膨張率に関しても CNF 強化 POM は無機フィラー強化 POM より優れており，精密なしゅう動部品への適用が期待される。

第 19 章　エンジニアリングプラスチック

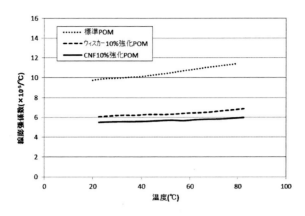

図 2　CNF 強化 POM の線膨張係数の温度依存性

表 6　PET 長繊維強化 POM の物性

物性項目	試験方法	単位	標準 POM	PET 長繊維 25%強化 POM
密度	ISO1183	g/cm^3	1.41	1.40
引張強さ	ISO527-1, -2	MPa	64	51
引張破壊呼び歪み		%	30	10
曲げ弾性率	ISO178	MPa	2600	3100
曲げ強さ		MPa	90	86
ノッチなしシャルピー衝撃強度	ISO179-1, -2	kJ/m^2	7	70
荷重たわみ温度（1.8 MPa）	ISO75-1, -2	℃	100	100
比摩耗量（スラスト試験）	同種同士 0.05 MPa 30 cm/sec	×10^{-6} mm^3/kgf・km	120	12
	対金属（S45C）0.05 MPa 30 cm/sec	×10^{-6} mm^3/kgf・km	3	2

3.3　PET 長繊維による POM の改質

　長繊維強化材料は，長い繊維の配向と絡み合いにより短繊維強化材料と比べて耐衝撃性に優れる特徴があり，ガラス繊維，炭素繊維の他，有機繊維や天然繊維等を用いた各種強化材料が知られている。ここでは筆者らが検討した PET 長繊維で強化した POM について，一般物性並びに摩擦摩耗特性を紹介する。

　表 6 に PET 長繊維強化 POM の物性を示す。機械強度の顕著な向上は見られないものの，ノッチ付のシャルピー衝撃強度は標準 POM から大幅に改良されている。摩擦摩耗特性に関しては，同材，あるいは金属を相手材にした摩耗量が何れも標準 POM を下回っている。

　PET 長繊維強化 POM で特筆すべき事項はざらつき摩耗特性である。図 3 は，ピンに非強化の PA66 を用い，JIS 試験用粉体 1，8 種を介在させた往復しゅう動試験の結果である。標準POM では少ない往復回数で容易に摩耗してしまうのに対し，PET 長繊維強化 POM では試験初

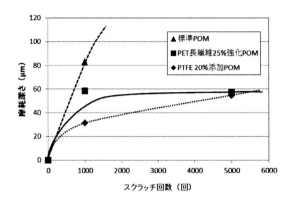

図3　PET長繊維強化POMのザラツキ摩耗試験結果

期に摩耗が進行するものの，一定試験後はその進行が止まる。PTFEを改質剤とするPOMは耐ざらつき摩耗性に優れることが知られているが，PET長繊維強化POMはそれに匹敵する性能を持っている。メカニズムは十分明らかにできていないが，スキン層を形成していたPOMが摩耗した後，表面に露出したPETの繊維が脱落することなく，弾性変形を繰り返しているものと考えられる。

4　おわりに

エンプラ系トライボロジー材料について，POMを例に挙げて概観してきた。上述のようにこれまで種々の方法によりしゅう動性の改質がなされてきたが，それぞれ長所，短所がある。現状は，使用者側がしゅう動相手，使用条件，使用環境等を勘案して適宜材料を選択し，設計上の工夫により使いこなしているというのが実際の姿であろう。オールマイティーなしゅう動グレードとして，WA-11Hは一つの解と言えるが，今後も一層要求性能が厳しくなることが予想される中，「更に使い勝手の良い」材料の開発が望まれる。

文　献

1) 黒川正也, 内山吉隆, トライボロジスト, **44**, 544 (1999)
2) S. Takamatsu et al, *Polymer*, **35**, 3598 (1994)
3) S. Takamatsu et al, *Sen-i Gakkaishi*, **50**, 550 (1994)
4) 松沢欽哉, トライボロジスト, **37**, 474 (1992)
5) Nagai, M., 月刊トライボロジー, **8**, 46 (2007)
6) 矢野浩之, 高分子, **60**, 525 (2011)

第20章 過酷なすべり条件下における PEEK のトライボロジー

赤垣友治[*]

1 はじめに

ポリエーテルエーテルケトン（PEEK：Poly-ether-ether-ketone）は，スーパーエンジニアリングプラスチック（超耐熱性高分子樹脂）のひとつであり，連続使用可能温度は約240〜260℃，ガラス転移温度及び融点は各々143℃，343℃である[1,2]。汎用エンプラの耐熱温度は約100〜150℃であり[3]，PEEK 材料の耐熱性が高いことがわかる。

PEEK 材料の特長は，その耐熱性に加えて，耐薬品性，高強度，耐疲労性，耐衝撃性，耐クリープ性等の機械的性質も優れていることである[1,2]。これまで，エンプラは耐熱性が低く，低強度であるがために，過酷な条件下や高温下で使用される機械要素には主に金属が使用されてきた。しかし，近年では PEEK 及び充填剤によって強化された PEEK 複合材料の開発によって，高速すべり条件下や高温下などの過酷な条件下で使用されることが可能になった。現在 PEEK 複合材料は，水車発電機用スラスト軸受[4]，転がり軸受保持器[5]，オイルシールリング[6]等の機械要素に応用されている。PEEK 材料の摩擦摩耗特性の向上を目指して，種々の充填剤の効果が検討されている[7〜17]。摩擦摩耗特性は，充填材の種類，複数の充填材の組合せ，充填量等に依存して複雑に変化するようである。

PEEK 材料の優れた摩擦摩耗特性については数多くの報告があるが，その多くは低速すべり条件下におけるものであり，高速・高荷重下のような過酷なすべり条件下における摩擦摩耗特性に関する報告は少ない。PEEK 材料が高速下で使用される機械要素として広く使用されるために，またそのメンテナンスのためには，高速下の摩擦摩耗特性や摩耗機構に関する研究が必要不可欠である。

そこで本章では，過酷なすべり条件下，すなわち高速・無潤滑下，高速・高荷重・油潤滑下における純 PEEK（無充填 PEEK，PEEK と表記）及び炭素繊維強化 PEEK 複合材料（PEEK Comp. と表記）の摩擦摩耗特性と摩耗機構について概説する。

2 PEEK のトライボロジー特性

2.1 無潤滑下における摩擦・摩耗特性

図1に PEEK（無充填 PEEK）及び炭素繊維強化 PEEK 複合材料ブロックと鍛鋼 SF540A リ

---

[*] Tomoharu Akagaki　八戸工業高等専門学校　機械工学科　教授

高分子トライボロジーの制御と応用

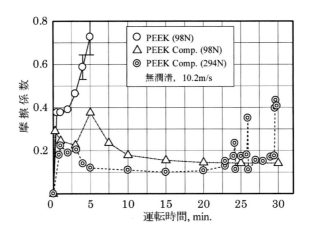

図1　摩擦係数と運転時間の関係
〔出典：文献（18）〕

ングを無潤滑下で摩擦した場合の摩擦係数の変化を示す[18]。図2にリング温度の測定結果[18]を，表1にブロック試験片の比摩耗量を示す。この実験は，ブロックオンリング型摩擦摩耗試験機[19]を用いて行ったものである。すべり速度は10.2 m/s，荷重は98 Nと294 Nである。PEEK複合材料の炭素繊維含有量は30 wt.%である。リング試験片は鍛鋼SF540A（φ130）で，円筒研削仕上げを施し，その表面粗さは約0.1 μmRaである。PEEK及びPEEK複合材料ブロック試験片はエメリー研磨仕上げを施し，表面粗さは約0.4 μmRaである。寸法は，高さ10，幅10，長さ80 mmである。リング温度は，リング表面下1 mm位置に埋め込まれたCA熱電対（φ0.5）を用いて測定した。

　PEEKの場合，摩擦係数は摩擦開始から直線的に上昇し，5分後に0.6〜0.8で激しく変動す

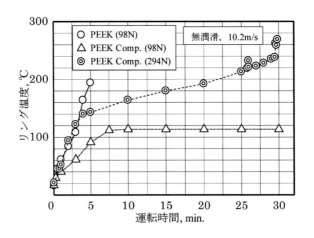

図2　リング温度と運転時間の関係
〔出典：文献（18）〕

第20章　過酷なすべり条件下におけるPEEKのトライボロジー

表1　ブロックの比摩耗量Ws

	荷重(N)	Ws(mm^3/Nm)
PEEK	98	8.6×10^{-5}
複合材料	98	1.3×10^{-6}
複合材料	294	2.1×10^{-5}

る。リング温度も直線的に増加し，5分後に約200℃まで達する。PEEKの比摩耗量は，8.6×10^{-5}（mm^3/Nm）である。同条件でPEEK複合材料と摩擦した場合，摩擦係数は約10分後に約0.14，リング温度は約110℃でほぼ一定となる。PEEK複合材料の比摩耗量は，1.3×10^{-6}（mm^3/Nm）で，PEEKの約1/70である。このように炭素繊維の充填により，PEEKの摩擦摩耗特性が改善されることがわかる。しかし，荷重294 Nの場合には，摩擦係数は約0.1で一時的に安定するが，リング温度が約200℃を超えると0.1〜0.4の範囲で激しく変動する。PEEK複合材料の比摩耗量は2.1×10^{-5}（mm^3/Nm）で，荷重98 Nの場合の約20倍である。このようにPEEK複合材料であっても，摩擦面温度が高くなるような条件下では摩擦係数と比摩耗量が増加する。

写真1にPEEK及びPEEK複合材料の摩耗痕及び摩耗粒子のSEM写真を示す。PEEK摩耗

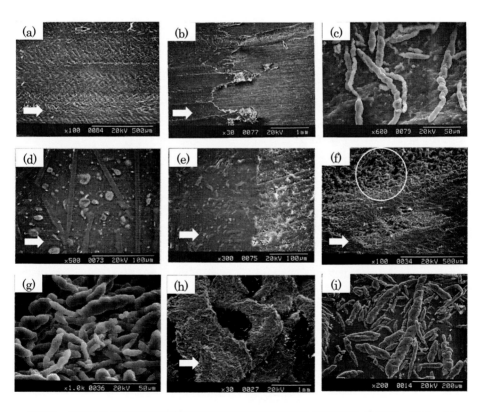

写真1　PEEK及びPEEK複合材料の摩耗痕及び摩耗粒子のSEM写真（無潤滑，10.2 m/s）
矢印は摩擦方向。(a)-(c)；PEEK, 98 N, (d)-(e)；PEEK Comp., 98 N, (f)-(i)；PEEK Comp., 294 N

痕内部では，(a)に示すように，摩擦面が高温になり表面層が流動する時に引き千切られたと思われる痕跡を示す。摩耗痕出口では，(b)に示すように激しい塑性流動により生成された長いリボン状やプレート状のせりだし層が観察される。(c)は(b)の小矢印の拡大である。リボン状のせり出しの表面上では，軟化した薄い層が剥離しロールアップによって生成されたと思われる長さ 200 μm 以下の捩れた円筒状の摩耗粒子が多数観察される。低摩擦・摩耗を維持した PEEK 複合材料の場合，(d)に示すように摩耗痕は滑らかで，露出した炭素繊維の平滑化が観察される。摩耗痕出口部では，(e)に示すように塑性流動によるせり出し層は観察されない。荷重 294 N で摩擦面温度が高く，摩擦摩耗が大きかった PEEK 複合材料の摩耗痕では，激しい塑性流動の痕跡を有する。特に摩耗痕出口部では(h)に示すような，塑性流動による mm オーダーの巨大なせり出しと脱落が観察される。摩耗痕内部では，(f)に示すような円筒状の粒子集団が特徴的に観察される。(g)は(f)の白円部の拡大である。この無数に存在する円筒状粒子は，大規模な塑性流動に伴うせん断すべり面で生成されたと考えられるが詳細は不明であり，今後の課題である。発生する摩耗粒子(i)は，捩れた円筒状粒子や粒子同士が合体してできた円筒状粒子である。これらは，(g)に示す円筒状粒子の生成過程で粒子が合体・成長し，巨大になったものと考えることができる。

　PEEK のガラス転移温度は 143℃である。PEEK 材料がガラス転移温度以上になると，PEEK が軟化し大規模な塑性流動を生ずるために摩擦係数が増加すると言える。このように，PEEK 材料の摩擦摩耗挙動は，リング温度，すなわち摩擦面温度に敏感である。

　以上の結果から，高速・無潤滑下では，摩擦面温度が高くなり摩擦摩耗が増加するので，潤滑は必要不可欠であると言える。

2.2　油潤滑下における摩擦・摩耗特性

　図 3 に油潤滑下，すべり速度 10.2 m/s，荷重 588 N で炭素繊維強化 PEEK 複合材料ブロックと鍛鋼リング（SF540A）を摩擦した時の運転時間と摩擦係数，リング温度の関係を示す[20, 21]。リング表面粗さは，0.11 μmRa と 1.42 μmRa の 2 種類である。PEEK 複合材料ブロックの表面粗さは，0.2 ～ 0.3 μmRa である。使用潤滑油は無添加タービン油（ISO VG46）で滴下潤滑（油量 23 cc/min，30 ± 3℃）である。

　図 3 において，滑らかなリング（0.11 μmRa）と摩擦した場合，摩擦係数は約 0.01，リング温度は約 50℃で安定する。粗いリング（1.42 μmRa）と摩擦した場合，摩擦開始時に約 0.07 まで上昇するが，その後緩やかに減少し，約 0.04 で安定する。しかし，リング温度が約 160℃に達し，油煙を発生したので実験を終了した。図 3 に示すような摩擦進行曲線から定常状態での摩擦係数を読み取り，荷重との関係で整理したものが図 4 である。図 4 は PEEK，PEEK 複合材料，ホワイトメタル（WJ2）ブロックと鍛鋼（SF540A）を摩擦した場合の摩擦係数と荷重の関係を示したものである[20, 21]。図 5 にブロックの比摩耗量と荷重の関係を示す[20, 21]。

　滑らかなリングと摩擦した場合，摩擦係数は荷重の増加と共に減少し，その値は 10^{-2} 以下で

第 20 章　過酷なすべり条件下における PEEK のトライボロジー

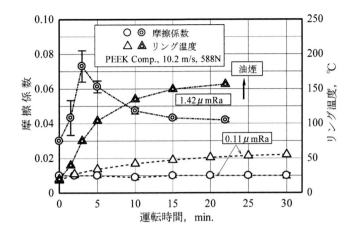

図 3　油潤滑下における摩擦特性
〔出典：文献（20）〕

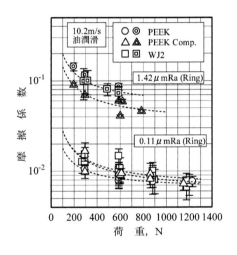

図 4　荷重と摩擦係数の関係
〔出典：文献（20, 21）〕

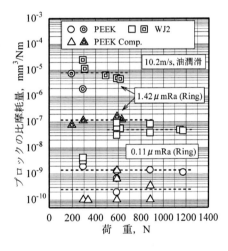

図 5　荷重と比摩耗量の関係
〔出典：文献（20, 21）〕

ある。良好な油膜が形成されるので，材質による摩擦係数の違いは見られない。しかし，ブロックの比摩耗量は，WJ2 に比較して PEEK 材料の値が小さい。これは，樹脂材料が主に弾性変形をするのに対して，WJ2 が塑性変形をし易いことによると考えられる。PEEK 複合材料の比摩耗量の値は約 10^{-10}（mm³/Nm）程度で最も小さく，炭素繊維の充填効果であると言える。

　粗いリングと摩擦した場合，良好な油膜が形成されないので，摩擦係数は大きく $10^{-2} \sim 10^{-1}$ のオーダーである。また，材質による影響が明確に現れている。PEEK 複合材料の摩擦係数は，PEEK や WJ2 に比べて小さく，また変動幅も小さい。これは，リング表面突起が相手ブロック表面に食込みやすいか否かに依存すると考えられる。写真 2 に粗いリングと摩擦した場合の PEEK，PEEK 複合材料，WJ2 ブロックの摩耗痕及び発生した摩耗粒子の SEM 写真を示す。

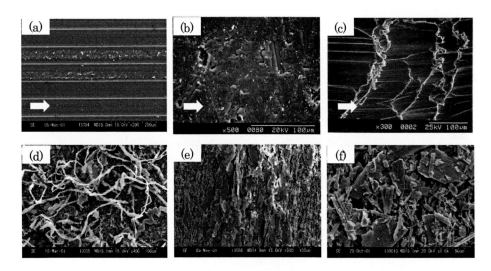

写真 2 粗いリングと摩擦した時のブロック試験片の摩耗痕及び摩耗粒子の SEM 写真（油潤滑，10.2 m/s）
矢印は摩擦方向。(a), (d)；PEEK，(b), (e)；PEEK Comp.，(c), (f)；WJ2，
摩耗痕：(a)～(c)，摩耗粒子：(d)～(f)

写真 2 (a)，(c) に示すように，PEEK，WJ2 の摩耗痕にはリング表面突起によるアブレシブ作用により形成された条痕が特徴的に観察される。WJ2 摩耗痕の出口付近では激しい塑性流動も観察される。リング表面突起のアブレシブ作用により，(d) に示すように PEEK からは切削状摩耗粒子やプレート状摩耗粒子が，(f) に示すように WJ からはプレート状摩耗粒子や棒状摩耗粒子が多量に発生する。従って，PEEK と WJ2 の比摩耗量は大きく，図 5 に示すように 10^{-6} ～ 10^{-5} のオーダーである。一方，PEEK 複合材料の摩耗痕では，(b) に示すように条痕は観察されない。炭素繊維による表面強化のため，リング表面突起があまりブロック表面に食込めなかったことがわかる。従って比摩耗量は 10^{-7} のオーダーで最も小さい。発生する摩耗粒子の多くは，(e) に示すように，リングから発生した薄いプレート状摩耗粒子である。このように，充填材の炭素繊維は相手材を摩耗させる攻撃性を有していることがわかる。

以上のように，PEEK 複合材料は，高速下でかつ良好な油膜が形成されないような過酷な条件下においても，低摩擦低摩耗を維持する優れた能力を有すると言える。

2.3 油潤滑下における焼付き挙動

PEEK（無充填 PEEK）と金属の焼付き挙動を比較するために，荷重増加試験による焼付き試験を行った。実験はボールオンリング型摩擦摩耗試験により行い，荷重を 1 N/s の割合で最大 1177 N まで増加させた。ボール材質は，SUJ2 と PEEK で，直径は 3/4 インチである。表面粗さは，各々 0.05, 0.8 μmRz である。リング材質は鍛鋼 SF540A（φ130）で，その表面粗さは 0.8 μmRz である。潤滑油は無添加タービン油（ISO VG46）で滴下潤滑（65 cc/min，30±3℃）である。

第 20 章　過酷なすべり条件下における PEEK のトライボロジー

　図 6，7 に各々 SUJ2，PEEK の場合における荷重と摩擦係数の関係を示す[22]。図 6 に示すように，SUJ2 の場合，ある荷重で摩擦係数が急増し，焼付きを生ずることがわかる。すべり速度が 2.0，4.1，10.2，15 m/s に対して，焼付き荷重は各々 575，334，174，25 N で，すべり速度の増加と共に焼付き荷重は低下する。これに対して，PEEK の場合，図 7 に示すように，2.0 ～ 10.2 m/s では焼付きを生ずることなく低摩擦を維持する。15 m/s の場合，荷重が約 800 N を超えると摩擦係数が 0.015 ～ 0.04 で不安定になり変動する。リング温度は，荷重 800 N で約 130℃，荷重 1000 N で約 160 度であり，160 度を超えると激しい油煙を発生した。しかし，最終荷重 1177 N まで急激な摩擦係数の増大は見られず，破局的な焼付きを生じない。このように，PEEK はリング温度が 130℃を超えると，摩擦係数は変動し焼付きの様相を示すが，それ以下の温度では焼付きを生じない優れたトライボロジー特性を有することがわかる。図 8 に焼付き限界曲線を示す[22]。図に示した実線は，これ以上の荷重では焼付きを生じる SUJ2 の限界を，一点鎖線はこれ以上の荷重では摩擦係数が不安定になる PEEK の限界（リング温度～130℃）を示

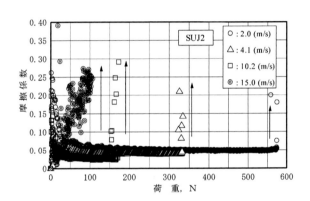

図 6　SUJ2 の油潤滑下における摩擦特性
〔出典：文献（22）〕

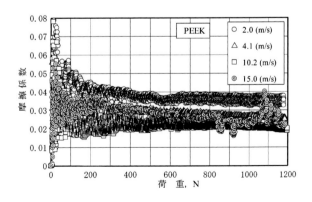

図 7　PEEK の油潤滑下における摩擦特性
〔出典：文献（22）〕

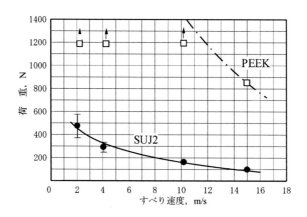

図8 焼付き限界曲線
〔出典：文献（22）〕

している。このように，PEEK は SUJ2 に比較して，非焼付き領域が広い優れた材料であると言える。尚，PEEK 材料がブロックの場合，焼付きを生ずるとリングが軟化した PEEK 材料に食込み，PEEK 材料の大規模な塑性流動を引起すために摩擦係数は急激に約 0.1 まで増加する。また，炭素繊維強化 PEEK 複合材料は，PEEK に比較して耐焼付き性に優れている[23]。

3 まとめ

過酷なすべり条件下において PEEK 及び PEEK 複合材料は，金属に比べて優れた摩擦摩耗特性を有し，高速下で稼動する機械要素材料として高いポテンシャルを有する。しかし，その挙動は温度に敏感であるために，温度管理が重要である。

文　献

1) プラスチック・機能性高分子材料辞典編集委員会, プラスチック・機能性高分子材料辞典, p.359, 産業調査会辞典出版センター（2004）
2) 日本潤滑学会編, 新材料のトライボロジー, p.88, 養賢堂（1991）
3) 本間精一, プラスチック製品設計法, p.2, 日刊工業新聞社（2011）
4) 松枝泰生ほか, 三菱電機技報, 74-11, 6（2000）
5) 山本直太ほか, NTN TECHNICAL REVIEW, **72**, 42（2004）
6) 林　豊ほか, NTN TECHNICAL REVIEW, **65**, 54（1996）
7) Z. P. Lu et al., Wear, **181-183**, 624（1995）
8) K. Friedrich et al., Wear, **148**, 235（1991）
9) J. V. Voort et al., Wear, **181-183**, 212（1995）

10) Q-J. Xue *et al.*, *Wear*, **213**, 54 (1997)
11) Q-H. Wang *et al.*, *Wear*, **243**, 140 (2000)
12) Z. Zhang *et al.*, *Trib. Int.*, **37**, 271 (2004)
13) Z. Rasheva *et al.*, *Trib. Int.*, **43**, 1430 (2010)
14) G. Theiler *et al.*, *Wear*, **269**, 278 (2010)
15) Li. Chang *et al.*, *Trib. Int.*, **40**, 1170 (2007)
16) H-B. Quao *et al.*, *Trib. Int.*, **40**, 105 (2007)
17) G.Y. Xie *et al.*, *Wear*, **268**, 424 (2010)
18) 赤垣友治ほか, トライボロジー会議予稿集, 東京, 117 (1999)
19) T. Akagaki *et al.*, Proc. Int. Conf. HYDRO 2002, Turkey, 61 (2002)
20) T. Akagaki *et al.*, Proc. 2nd World Trib. Congress., Vienna, CD, Session 13-6, 1 (2001)
21) 赤垣友治, トライボロジスト, **52-2**, 28 (2007)
22) 赤垣友治ほか, 八戸高専研究紀要, **49**, 1 (2014)
23) 赤垣友治, トライボロジスト, **57-1**, 18 (2012)

第21章　PTFE（フッ素樹脂）

竹市嘉紀*

1　はじめに

　フッ素樹脂には，PTFE（ポリテトラフルオロエチレン，polytetrafluoroethylene）をはじめとして，PFA（四フッ化エチレン・パーフルオロアルキルビニルエーテル共重合体），FEP（四フッ化エチレン・六フッ化プロピレン共重合体），ETFE（エチレン・四フッ化エチレン共重合体）など，様々な種類があり，現在も新たなフッ素樹脂の開発が進められている。程度の違いはあるが，いずれも，耐薬品性，耐熱性，耐光性などの化学的安定性や，電気絶縁性，低誘電率などの特性に優れ，また，非粘着性を示し，摩擦抵抗が低いという特徴を有している。これらの特徴は高分子を構成する元素にフッ素を含むことに起因しているものが多い。これらフッ素樹脂のなかでもPTFEは需要の60～70%を占めており，さらに新しい利用分野が拡大している。従って，ここではフッ素樹脂としてPTFEに関して記述する。

　トライボロジーの分野においては，様々な高分子材料の中でPTFEが最も低い摩擦係数を示すことから，自己潤滑性に優れたしゅう動材料として幅広く利用されている。プラスチックとしてのカテゴリーとしては，いわゆるエンジニアリングプラスチック（エンプラ）に分類され，その中でも特に耐熱性に優れ，150℃以上で連続使用可能な「スーパーエンプラ」に位置づけられる。もちろん，トライボロジー特性以外にも他のフッ素樹脂と同等あるいはそれ以上に優れた特性を有し，大規模プラントから実験器具レベルまでの各種耐薬性製品，屋外構造物の外装や被覆材，耐熱型あるいは高周波対応型の電線被覆など，各種工業製品において幅広く使用されている。

　1938年にデュポン社のPlunkettがテトラフルオロエチレンのボンベ内にある物質が生成しているのを発見し[1]，これがPTFEが世に出るはじまりとなる。この数年後には合成方法が確立して製品化が進み，発見当初から注目される特性であった非粘着性，低摩擦特性，耐薬品性を生かした商品開発が進められた。1940年代の終わりには，PTFEの摩擦特性に関する報告もなされている。PTFEの低摩擦特性はしゅう動材料としては大変好都合であったが，様々な研究や実用が進むとともに，耐摩耗性や耐クリープ性などの機械的強度に劣ることが明らかとなってきた。現在にあってもPTFEの耐摩耗性向上に関する研究は多くなされており，PTFEを母材として実用する場合には様々な材料を添加して複合材料とすることで耐摩耗性や機械的強度の向上が図られているものが多い。

＊　Yoshinori Takeichi　豊橋技術科学大学　機械工学系　准教授

第 21 章　PTFE（フッ素樹脂）

2　PTFE の製造

PTFE は TFE モノマー（C_2F_4）を重合することにより得られる。TFE はクロロホルム（$CHCl_3$）とフッ化水素（HF）を原料として生成される。クロロホルムは，塩素（Cl）とメタン（CH_4）とを加熱することでメタンが徐々に塩素化された化合物となり，次式のように複数種のクロロメタン類が得られ，この中から分離して得られる。

$CH_4 + Cl_2 \rightarrow CH_3Cl + HCl$

$CH_3Cl + Cl_2 \rightarrow CH_2Cl_2 + HCl$

$CH_2Cl_2 + Cl_2 \rightarrow \underline{CHCl_3} + HCl$

一方，フッ化水素は，フッ化カルシウム（CaF_2，蛍石の主成分）と濃硫酸（H_2SO_4）とを混合して加熱することで，次式の反応で発生する。

$CaF_2 + H_2SO_4 \rightarrow 2HF + CaSO_4$

これらのクロロホルムとフッ化水素を次式のように反応させ，クロロジフルオロメタン（$CHClF_2$）を生成する。クロロジフルオロメタンは HCFC-22 などと表記され，無色の気体である。

$CHCl_3 + 2HF \rightarrow CHClF_2 + 2HCl$

クロロジフルオロメタンを高温で熱分解することにより，次式の反応で TFE モノマーが得られる。

$2CHClF_2 \rightarrow C_2F_4 + 2HCl$

このモノマーを懸濁重合（suspension polymerization）もしくは乳化重合（emulsion polymerization）させることで，長い直鎖状の PTFE が得られる。また，重合方法の違いによっても得られる PTFE の特徴が異なり，各メーカーとも目的の原料に合わせて重合法を変えている。一般に，懸濁重合で得られるものはモールディングパウダー，乳化重合で得られるものはファインパウダーもしくはディスパージョンとなる。

3　PTFE の構造と物性

PTFE はいわゆる結晶性高分子である。他のプラスチック材料と同様に，PTFE の機械的特性やトライボロジー特性は，構成する原子およびその結晶構造に強く依存する。図 1 に示すように，PTFE の分子構造は，身近なプラスチック材料であるポリエチレンの分子構造とよく似ており，しばしば比較される。両者の一次構造は PTFE が $-(CF_2-CF_2)-_n$，ポリエチレンが $-(CH_2-CH_2)-_n$ となっており，ポリエチレンの水素原子がフッ素原子に置き換わったものが PTFE の構造となっている。以下に述べる PTFE の特徴的な構造は PTFE の摩擦摩耗特性を考える上で重要となる。

PTFE における C-F 結合の結合エネルギーはポリエチレンの C-H 結合の結合エネルギーよりも高く，このため分子が切れにくくなる。これはフッ素原子の電気陰性度の高さによると考え

高分子トライボロジーの制御と応用

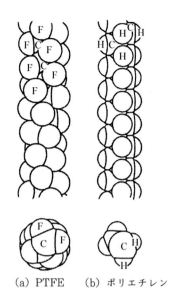

(a) PTFE　(b) ポリエチレン

図1　PTFEとポリエチレンの分子構造の模式図
（出典：文献1）

られる。図1に示す二次構造では，ポリエチレンは原子がほぼ直線上に配置しているのに対して，PTFEはフッ素原子が緩やかならせんを描くように炭素原子をすきまなく覆っている。C-F結合の結合距離（1.317 Å[1]），フッ素原子のファンデルワールス半径（1.35 Å[1]）およびフッ素原子間の反撥力の関係で，PTFEはこのような特徴的な二次構造となる。この結果，図1に示すように，分子鎖に対して鉛直断面を見ると凹凸の少ない円形状の断面となっている。このようにPTFE分子鎖表面は凹凸が少なく，分子鎖同士が互いにすべりやすく，このことも低摩擦特性に寄与すると考えられる。一方，このらせん状の構造のため，PTFE分子鎖は曲がりにくく剛直となる。

　Bunnら[2]はPTFEの結晶構造について調べ，圧縮成型されたPTFEを380℃で加熱し，徐冷したものを液体窒素中で冷凍破断し，その破断面を観察した（図2）。SpeerschneiderとLi[3]もPTFEの結晶構造を観察し，PTFEの結晶モデルを提唱した。MakinsonとTabor[4]はPTFEの摩擦とその移着について調べ，BunnやSpeerschneiderらの観察結果なども併せて図3に示すようなPTFEの結晶構造モデルを示した。PTFEの高分子鎖が集合体となって形成される三次構造（あるいは高次構造）は，この図に示すように，分子鎖が折りたたまれた厚さ約20 nmほどの薄片状の結晶であるラメラと非晶質の薄片が積層した，いわゆるバンド構造を有している。バンドのサイズは結晶条件や分子量などにも依存し，長さは10〜100 μm，幅は0.2〜1 μm程度となる。また，バンドの幅は分子量に反比例する。先に述べたほぼ円形のPTFE断面のため，結晶は円柱を束ねたような密な構造になり，単位胞は六方詰込構造となる。

　PTFEには可逆的な転移点が19℃と30℃にあるが，この温度でらせん周期が変わるため，結

第 21 章　PTFE（フッ素樹脂）

図 2　PTFE の冷凍破断面
（出典：文献 2）

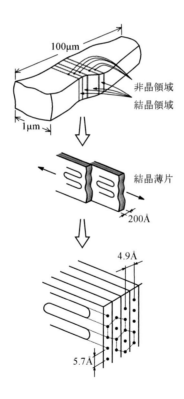

図 3　PTFE の結晶構造（バンド構造）
（出典：文献 4）

晶構造も温度により若干変化する。また，融点は 327℃ と知られているが，これは焼成した PTFE のものであり，未焼成ではこれより数〜20℃ 程度高くなる。また，一般的には PTFE 成

201

形品の使用温度は260℃程度が上限とされているが，ここから360℃程度までは重量損失は少なく，高分子に吸収されている水分や気体が放出されることによる損失のみで，実質的には熱分解は起きていない。明確に熱分解が顕著になるのは400℃を超えてからとなる。モールディングパウダーを用いたPTFEの成型では，一般的に金型を用いた圧縮成型後，型から外して360～380℃程度で焼成する。これによりPTFEの粒子同士が融着し強固に結合する。この焼成温度は融点を超えているが，先に述べたような結晶構造ゆえに融点以上になっても極めて高粘度であるため，成型形状が保たれる。一方，融点以上でも溶融流動性が得られないため，プラスチックの成型で多用されている射出成型を用いることが困難となる。

4 PTFEの摩擦摩耗機構

PTFEが低摩擦を示す原因としては，表面エネルギーが小さいこと，分子鎖間がすべりやすいこと，バンド構造においてラメラ同士がすべりやすいことなどが挙げられる[4]。高分子材料特有の粘弾性挙動はPTFEにも現れ，Tanakaら[5]は温度を調整したガラス板にPTFEを様々な速度ですべらせ，一般的に速度の増加とともに摩擦係数が増加し，温度の上昇とともに摩擦係数が減少すると報告した。また，これらの摩擦係数と摩耗量を合成曲線に整理し，見かけの活性化エネルギーが約7 kcal/molと比較的小さい値を示すことから，これがバンド内のラメラが容易にすべりやすいことに対応していると報告している。

摩擦抵抗の原因としては，PTFEにおいても凝着とそのせん断で説明できると考えられている。ただし，PTFEは表面エネルギーが小さく化学的に不活性で相手面に凝着しづらいため，他の高分子材料と比較すると，内部ではなく界面でのせん断抵抗が支配的になると考えられている。金属とPTFEの摩擦では，バンド構造に摩擦中のせん断力が作用し，ラメラが摩擦界面に滑り出るとともに30 nm程度の薄膜状になって金属表面に移着膜を形成し，移着膜とPTFE間の摩擦へと移行することが観察されている[5]。これによりPTFE同士の摩擦となるため，低摩擦が得られると考えられる。このような低摩擦発現のメカニズムは，バンド構造の破壊によって形成される移着膜が部分的に除去されては新たに移着膜が形成されるということを繰り返すため，一方では摩耗量増加の原因ともなる。

PTFEが非粘着であるにもかかわらず移着膜が形成される原因については様々な研究がなされてきた。Makinsonら[4]はPTFE移着膜の凝着力が意外と高いことを明らかにし，その主因がファンデルワールス力であると考えた。Brainardら[6]は電界イオン顕微鏡を用い，タングステンチップとPTFEとの凝着力を測定し，やはり凝着力の高さを明らかにしている。また，このタングステンチップの表面分析の結果，金属がPTFE側に移着する現象を報告している。PTFEと金属との摩擦により金属表面にフッ化金属が形成されることがX線光電子分光法（XPS）により明らかにされている[7]。Gongら[8]はフッ化金属層の上にPTFEの薄膜が積層し，移着膜の上層は付着力が弱く容易に除去されることを明らかにした。Onoderaら[9]は，分子動力学

(QCMD) 計算により，PTFE とアルミニウム表面を模擬した酸化アルミニウムとの摩擦中の挙動を解析した。これにより，酸化アルミ表面に露出する配位不飽和のアルミニウム原子がルイス酸として作用し，PTFE から酸化アルミ表面に電荷が移動し．この結果，フッ素とアルミニウムとが結合することが示された。このように移着膜の最も金属側は化学反応を伴って強固に付着した層であるが，反応や移着のメカニズムなどは今後のさらなる研究成果が待たれる。

5 PTFE の摩耗量低減の様々な手法

PTFE はその優れたしゅう動特性からトライボ材料として広く使われているが，母材としてしゅう動部に用いる場合には何らかの手法により摩耗量を低減させる必要がある。摩耗量低減の手法としては，様々なフィラーを添加することによって複合材料とする方法が古くから用いられ，研究例も多い。この他にも，放射線や電子線の照射による分子鎖の架橋や PTFE 分子鎖の繊維化など，PTFE 自体の機械的強度の向上などがある。実用的かつ効果的な手法としてはフィラーを添加する方法であり，PTFE のメーカーからは色々なフィラーを添加した PTFE 粉末や，板，ロッド，ブロック等に成型されたものが提供されている。

以下に，いくつかの摩耗量低減手法について，研究例を述べる。

5.1 フィラーを添加することによる摩耗量低減
5.1.1 フィラーの種類とその動向

PTFE の利用者にとってはフィラーの選定は大変重要であり，同時に大変難しい問題である。研究例を見てもフィラーが摩擦係数に与える影響などは，相反する結果が報告されている例もしばしば見受けられる。しかしながら一般的な傾向として，他のプラスチックでも用いられる汎用的なフィラーを適量割合添加することにより，PTFE の耐摩耗性が向上し，耐クリープ性が向上することは共通した傾向と考えておおよそ間違いない。

現在，フィラーとして一般的に用いられている材料としては，炭素繊維やガラス繊維などの繊維系材料，グラファイトや二硫化モリブデンなどの層状固体潤滑剤，ブロンズなどの金属の微粉末などが挙げられ，これらを単独あるいは複合で用いる。繊維系材料の場合，炭素繊維強化プラスチック（CFRP）のような構造部品として用いられる場合はプリプレグなどのように長繊維が織り込まれたような材料が用いられることが多いが，しゅう動目的で PTFE に添加する場合には，繊維長と繊維径が 10：1 程度にサイジングされたミルドファイバーと呼ばれるものを用いることが多い。層状固体潤滑剤や金属微粉末については，粒径が数十 μm 程度以下のものが用いられることが多く，金属粉末については球状あるいは不規則形状の粒子が多い。

フィラーは PTFE 中に単に存在しているだけでは効果は少ないが，PTFE と接着あるいは絡み合うことで機械的強度向上などの特性変化を発現していると考えられる。従って，フィラー添加の効果をより高めるため，フィラーと PTFE 母材との密着性向上に関する研究も多い。

ShangguanとChengは，フィラーとして用いる炭素繊維の表面処理により耐摩耗性がさらに向上できることを示した[10～12]。図4に未処理の炭素繊維，加熱酸化処理の炭素繊維，および塩化ランタンアルコール溶液に浸漬処理した炭素繊維をフィラーとしたPTFE複合材料の摩耗痕の様子を示す[11]。図からも明らかなように，表面処理によってPTFE母材と炭素繊維との密着性が向上し，フィラーの摩耗低減の効果がより高まったと考えられる。Shiら[13]はナノ炭素繊維を硝酸で表面処理し，その後，シランカップリング剤による処理を行うことで，PTFE母材との密着性が向上し，未処理のナノ炭素繊維と比較して摩耗量がさらに30%低減したと報告した。また，この表面処理により母材中でのナノ炭素繊維の分散性が向上し，このことも摩耗量低減に寄与したと報告している。

近年，様々なナノ材料が開発され，トライボロジーの分野でも潤滑油から高分子材料に至るまで，ナノ材料を添加することによる特性向上に着目した研究が増えている。PTFEの耐摩耗性向上を目的としても，多くのナノ材料がフィラーとして試されている。Chenら[14]は，繊維直径

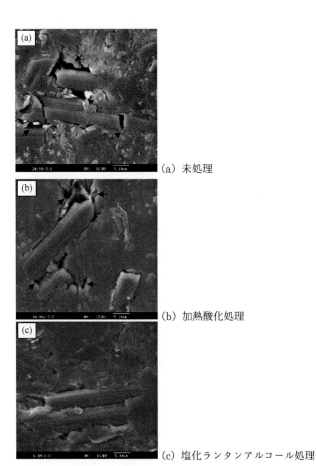

(a) 未処理

(b) 加熱酸化処理

(c) 塩化ランタンアルコール処理

図4 炭素繊維添加PTFE複合材料の摩耗痕
（出典：文献11）

第21章 PTFE（フッ素樹脂）

20～30 nm，繊維長数 μm のカーボンナノチューブを PTFE に添加し，20 vol.% の添加量の時に最も摩耗量が低減し，無添加の約 1/300 まで減少したと報告している。Sawyer ら[15]は，平均粒径約 40 nm 程度のアルミナナノ粒子を PTFE に添加し，摩擦係数が上昇するものの耐摩耗性が 3 桁も向上したと報告している。Feng ら[16]はチタン酸カリウムウィスカーを PTFE に添加し，20 wt.% の添加率の時に耐摩耗性が 3 桁向上し，ウィスカーの添加とともに結晶化度が上昇することを報告している。これらのナノ材料においても，汎用的なフィラーと同様に適切な配合率にて摩耗量低減に効果を発揮する。ただし，これらナノ材料を用いる場合には，その小さいサイズゆえの取り扱いの困難さが問題になる。特に PTFE 母材中での分散度合いはトライボロジー特性に大きく影響すると考えられる。

このようにフィラーの添加は耐摩耗性の向上には大変効果的な手法であるが，しゅう動相手の材質によっては硬質なフィラーが相手面を摩耗させて粗くし，その結果，PTFE 複合材料の摩耗が増加してしまうケースもある。炭素繊維として広く用いられる複数の PAN 系および Pitch 系炭素繊維を PTFE のフィラーとして用い，それらの寸法と相手面の摩耗の関係を調べた結果を図 5 に示す[17]。ここでは相手金属の摩耗重量が計測しやすいように比較的軟質なアルミニウム合金を用いている。炭素繊維の円筒表面積が大きいほど母材の PTFE が炭素繊維を保持しやすく，その結果，硬質な炭素繊維がアルミニウム合金を切削する効果が強く表れたと考えられている。

5.1.2 フィラーによる摩耗量低減メカニズム

フィラーがどのようにして PTFE の摩耗量を低減するのか，そのメカニズムについては多くの研究がなされている。前述のとおり相手面に形成される移着膜が摩擦摩耗特性に大きく影響するが，Briscoe ら[18]は，フィラーを添加することにより厚く強い付着力で形成された移着膜が形成されることで摩耗量が低減するというメカニズムを報告している。

Lancaster[19]は炭素繊維を添加した PTFE 複合材のトライボロジー特性を調べ，機械的強度に優れたフィラーが複合材表面で荷重を優先的に支えること，および炭素繊維がしゅう動相手となる金属表面を平滑にすることで局部応力を低下させることが摩耗量低減の原因と報告している。

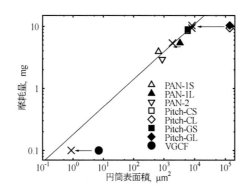

図5 炭素繊維添加 PTFE 複合材で擦ったアルミニウム合金の摩耗量
（出典：文献 17）

Tanakaら[20]はフィラーのサイズや形状が耐摩耗性向上に及ぼす影響を調べ，摩耗量低減に関してLancasterらの提唱したメカニズムを支持すると同時に，フィラーが摩擦面におけるバンド構造の大規模な破壊を抑制することも摩耗量が低減する要因になっていると報告している。また，このメカニズムではバンド構造の破壊を防止できるフィラーである必要性から，フィラーのサイズに関しては，微粉末よりは繊維のような大きなフィラーの方が摩耗量を低減できると述べている。Blanchetら[21]はフィラーを添加することにより表面直下の材料の変形を抑えるとともにき裂伝播を防止し，これにより大きな摩耗粉の発生を抑制し，摩耗量が低減できると報告している。

摩耗粉に着目したところでは，川邑ら[22]が二硫化モリブデンなどの層状固体潤滑剤を添加したPTFE複合材料を用いた摩擦試験の結果より，摩擦界面から引き出される摩耗粉を小さくすることで，結果的に摩耗量が低減されることを示している。また，Khedkarら[23]はPTFEの大規模な破壊を防ぎ，摩耗量が低減できると，摩耗粉のサイズも小さくなると報告している。フィラーのサイズは耐摩耗性向上に影響すると考えられるが，実験でフィラーのサイズを多様にするにはその材質も多様になってしまうため，純粋にフィラーのサイズだけで議論することは難しい。Takeichiら[24]は様々な一次粒子径を有するカーボンブラックをフィラーに用いたPTFE複合材料の摩耗量を調べ，カーボンブラックのアグリゲート（一次粒子が連なって構成される粒子）のサイズは一次粒子径のサイズとともに増減し，図6に示すように，サイズが小さいほど耐摩耗性が向上することを示した。また，アグリゲートの簡単なモデルを導入し，カーボンブラックの比表面積と一次粒子径の積で与えられる因子を用いて耐摩耗性向上のメカニズムを検討した。この結果，アグリゲートの表面形状の凹凸が大きくなるほど，アグリゲート同士ならびにPTFE繊維との機械的な絡み合いが強くなり，摩擦中の試料表面からPTFE繊維が引き出されにくくなり，摩耗量が抑制されると報告している。また，この摩耗低減機構により，摩耗量が少ないときほど結果的に摩耗粉が小さくなると報告した。

このように摩耗量低減メカニズムについては，PTFEの優れた低摩擦特性に注目が集まった当

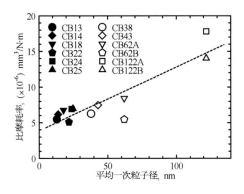

図6　カーボンブラック添加PTFEの比摩耗率と平均一次粒子径の関係
（出典：文献24）

第 21 章　PTFE（フッ素樹脂）

初から研究が続けられており，現在に至っても様々な角度から検証が行われているが，移着膜の形成および複合化することによる機械的強度の向上が重要な要因となることはおおむね共通しているように思われる。

5.2　放射線処理による摩耗量低減

PTFEの分子鎖は高エネルギーの放射線照射を受けることにより切断され，分解が進む。この結果，機械的強度の低下が生じる。また，Liversage[25]はPTFEにX線を照射することで電気抵抗が低下することを報告している。しゅう動材料として用いる上では機械的強度の低下は問題となるが，PTFEを不活性ガス中で310～330℃の温度環境下において放射線照射を行うことにより，分子鎖が切断されてポリマーラジカルが形成され，それらが再結合することによって網目状の構造をとる[26]。このような反応は架橋（橋架け）反応と呼ばれ，放射線以外にも電子線照射によっても生じる。バイオトライボロジーの分野では比較的広く知られており，人工関節用の超高分子量ポリエチレン（UHMWPE, ultra-high molecular weight polyethylene）では，滅菌処理のためにガンマ線による照射処理が行われる。

Fuchsら[27,28]は核磁気共鳴（NMR）を用いて照射PTFEの分子構造について解明を進めたが，照射の結果新たに形成される結合形態について定量的にはまだ十分な結論に至っていない。また，電子線照射[29,30]やガンマ線照射[31,32]により架橋させたPTFEのトライボロジー特性の報告がなされている。これらの結果では，いずれも適切な照射条件により摩耗量を大幅に低減できるが，摩擦係数は上昇する傾向にある。これは，先に述べたPTFEの摩擦摩耗メカニズムによって説明ができる。すなわち，放射線照射後の架橋により，分子鎖が網目状の構造になることによりバンド構造の崩壊が起きにくくなるため，これにより摩耗量が低減するが，バンドのすべりや分子鎖同士のすべりが抑制されることにより，摩擦係数が上昇すると考えられる。

なお，UHMWPEのガンマ線照射処理により発生したラジカルが再結合しないまま残り，その後，大気中の酸素との反応などにより時間とともに材料が脆化するという問題が報告されている。人工関節の分野では，10年以上もの長期にわたって生態にて使用するため，照射処理をしたUHMWPEの長期間にわたる物性の変化も問題となる。これについては相反する様々な報告がなされており，照射後の取り扱いが大きく結果を左右していると考えられる。PTFEについては，Menzelら[32]が照射処理後の取り扱いがトライボロジー特性に及ぼす影響について報告しているが，UHMWPEと同様にさらなる研究が必要と思われる。

5.3　繊維化および結晶化の耐摩耗性への影響

前節で述べたように，重合方法の違いによって得られるPTFEの粒子径なども異なり，一般的なPTFE成形品はモールディングパウダーを用いて圧縮成形や押出成形により得られる。モールディングパウダーは外力によって粒子同士が簡単に結合してしまうが，粒子径が小さいファインパウダーが水中に分散した状態のディスパージョンは，この状態では粒子同士が結合し

にくいため,例えば乳鉢と乳棒を使って混練すると,ある一定時間,粒子にせん断力を繰り返し加えることができる。この後,成型して加熱処理をすると,分子鎖が繊維化した成形品が得られる。繊維化のメカニズムはポリエチレンなどについて詳細に調べられており[33],図7にその模式図を示す。PTFEの繊維化についても同様の機構と考えられる。外力を受ける前のラメラ(A)に外力が加わり,これによって変形しながら一部の分子鎖が切断され(B),これが再配向する。外力が加わることで分子鎖が絡まり,一部の分子鎖がラメラとラメラを貫いてタイ分子となり,そのまま再配向する(C)。この分子差が絡み合った構造のためPTFEの機械的強度が向上すると考えられている。

川邑らはディスパージョンPTFEを繊維化させた試験片を用い,リングオンディスク試験により摩擦摩耗特性に繊維化が及ぼす影響を調べた[34]。この際,加熱後の冷却過程を徐冷(自然冷却)と急冷の2通りで処理し,結晶化度の異なる試料を作成して,結晶化度の摩擦摩耗特性への影響も調べた。繊維化処理の有無および徐冷急冷の違いによる,試料の結晶化度と摩耗量との関係を図8に示す[34]。繊維化により結晶化度はわずかに上昇する程度だが,冷却過程の違いは結晶化度に大きく表れ,徐冷の方が結晶化度が高くなる。摩耗量は繊維化によって大きく減少し,徐冷の方が急冷よりも摩耗量が少なくなる傾向にある。なお,結晶化度の耐摩耗性への影響はPV値によって逆になるという報告もある[35]。また,PTFEの分子量が高い方が耐摩耗性も良いという報告[36]もあるが,図8の結果では,分子鎖の切断が起きているはずの繊維化をした試料の方が摩耗量が低減していることから,図7に示す構造の変化は摩耗量低減に大きな効果があると考えられる。

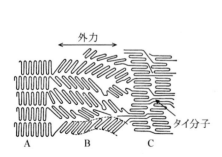

図7 繊維化メカニズムのモデル
(出典:文献33)

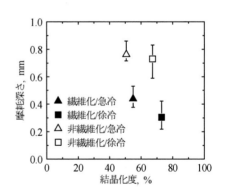

図8 PTFEの繊維化・結晶性と摩耗量の関係
(出典:文献34)

第 21 章　PTFE（フッ素樹脂）

文　　献

1) 里川孝臣 編集：ふっ素樹脂ハンドブック，日刊工業新聞社（1990）
2) C. W. Bunn, A. J. Cobbold & R. P. Palmer, Journal of Polymer Science, XXVIII, 365-376（1958）
3) C. J. Speerschneider & C. H. Li, *J. Appl. Phys.*, **33**, 5, 1871-1874（1962）
4) K. R. Makinson & D. Tabor, *Proc. Roy. Soc. A*, **281**, 49-61（1964）
5) K. Tanaka, Y. Uchiyama & S. Toyooka, *Wear*, **23**, 153（1973）
6) W. A. Brainard & D. H. Buckley, *Wear*, **26**, 75（1973）
7) D. Gong, Q. Xue & H. Wang, *Wear*, **148**, 1, 161（1991）
8) D. Gong, B. Zhang, Q. Xue & H. Wang, *Wear*, **137**, 2, 267（1990）
9) T. Onodera, M. Park, K. Souma, N. Ozawa & M. Kubo, *The Journal of Physical Chemistry C*, **117**, 10464-10472（2013）
10) Q. Q. Shangguan & X. H. Cheng, *Wear*, **260**, 1243（2006）
11) X. H. Cheng & Q. Q. Shang-Guan, *Tribology Letters*, **21**, 153（2006）
12) Q. Q. Shangguan & X. H. Cheng, *Wear*, **262**, 1419（2007）
13) Y. Shi, X. Feng, H. Wang & X. Lu, *Wear*, **264**, 934（2008）
14) W. X. Chen, F. Li, G. Han, J. B. Xia, L. Y. Wang, J. P. Tu & Z. D. Xu, *Tribology Letters*, **15**, 275（2003）
15) D. L. Burris & W. G. Sawyer, *Wear*, **260**, 915（2006）
16) X. Feng, X. Diao, Y. Shi, H. Wang, S. Sun & X. Lu, *Wear*, **261**, 1208（2006）
17) A. Wibowo, Y. Takeichi, T. Yamasaki, M. Kawamura & M. Uemura, Tribology Online, **4**, 1, 22（2009）
18) B. J. Briscoe & T. A. Stolarski, *Nature*, **281**, 206（1979）
19) J. K. Lancaster, *J. Appl. Phys.*, **1**, 549（1968）
20) K. Tanaka & S. Kawakami, *Wear*, **79**, 221（1982）
21) T. A. Blanchet & F. E. Kennedy, *Wear*, **153**, 229（1992）
22) 川邑正広・竹市嘉紀・上村正雄，トライボロジスト，**48**, 3（2003）230
23) J. Khedkar, I. Negulescu, E. I. Meletis, *Wear*, **252**, 361（2002）
24) Y. Takeichi, A. Wibowo, M. Kawamura & M. Uemura, *Wear*, **264**, 308（2008）
25) W. E. Liversage, *Brit. J. Radiol.*, **25**, 434（1952）
26) 幕内惠三, ポリマーダイジェスト, **9**, 34（2003）
27) B. Fuchs & U. Sheler, *Macromolecules*, **33**, 1, 120（2000）
28) B. Fuchs, U. Lappan, K. Lunkwitz & U. Scheler, *Macromolecules*, **35**, 24, 9079（2003）
29) T. A. Blanchet & Y. Peng, *Lubr. Eng.*, **52**, 489（1996）
30) T. A. Blanchet, Y. L. Peng & S. V. Nablo, *Tribology Letters*, **4**, 1, 87（1998）
31) B. J. Briscoe & Z. Ni, *Wear*, **100**, 1-3, 221（1984）
32) B. Menzel & T. A. Blanchet, *Wear*, **258**, 5-6, 935（2005）
33) 岡村誠三・中島章夫・小野木重治・河合弘迪・西島安則・東村敏延・伊藤典夫：高分子化学序論 第 2 版, 化学同人, 129（1981）
34) 川邑正広・竹市嘉紀・上村正雄，トライボロジスト，**47**, 12, 935（2002）
35) H. Jost & J. Richter-Mendan, *Plaste und Kautschuk*, **18**, 6, 436（1971）
36) T. Y. Hu, *Wear*, **82**, 3, 369（1982）

第22章　フェノール樹脂（熱硬化性樹脂）

竹市嘉紀*

1　はじめに

　熱硬化性樹脂の一種であるフェノール樹脂（phenolic resin）は，フェノール－ホルムアルデヒド樹脂（phenol-formaldehyde resin）とも呼ばれるように，フェノール類とアルデヒド類を原料として合成される樹脂であり，植物以外の原料で人工的に合成された樹脂としては最も古いものである[1,2]。A. V. Baeyerがフェノールとホルムアルデヒドから樹脂状の物質が精製されることを1872年に明らかにしたが，応用には至らず，Leo Hendrik Baekelandが1907年にこの成型に成功して以降，工業製品として普及した。当時，広く用いられていた工業材料である金属や木材と比較して，軽量かつ丈夫であり，加工がしやすく，優れた絶縁性を有し，また，耐熱性に優れるという特性から，多くの工業製品に用いられた。その後，低価格で加工が容易な熱可塑性樹脂に取って代わられた製品も多くあるが，耐熱性と成形品の機械的強度の高さは熱可塑性樹脂では代替できない部分も多く，建築部材の難燃建材およびバインダー，鋳造用鋳型砂の結着剤，自動車用成型部品などに利用されている。後述するようにトライボロジー分野の機械部品にも用いられている。

2　フェノール樹脂の製造

　フェノール樹脂はフェノール類とアルデヒド類を触媒下で反応させることにより合成される。一般的な工業用の製造方法では，フェノール類にはフェノール，アルデヒド類にはホルムアルデヒドが用いられる。付加反応と縮合反応によって分子量が増加するが，反応場が酸性の場合には縮合反応が優先的に，アルカリ性の場合には付加反応が優先的になる。従って，反応場のpHによって得られる樹脂が異なり，それらはノボラック（novolac）型とレゾール（resol）型に分類される。ノボラック型フェノール樹脂の構造を図1に示す。

　ノボラック型は，フェノールとホルムアルデヒドを酸性触媒下で縮合重合させることにより得られる。工業的には触媒としてはシュウ酸を用いることが多い。シュウ酸は高温で一酸化炭素，二酸化炭素，水に分解することから，触媒を除去する工程が割愛できる利点がある。これにより得られる中間体（プリポリマー）はフェノール核がメチレン結合でつながった縮合生成物であり，分子量も比較的低く，熱可塑性の脆い固体であり，このままでは成形品にならない。これに

---

*　Yoshinori Takeichi　豊橋技術科学大学　機械工学系　准教授

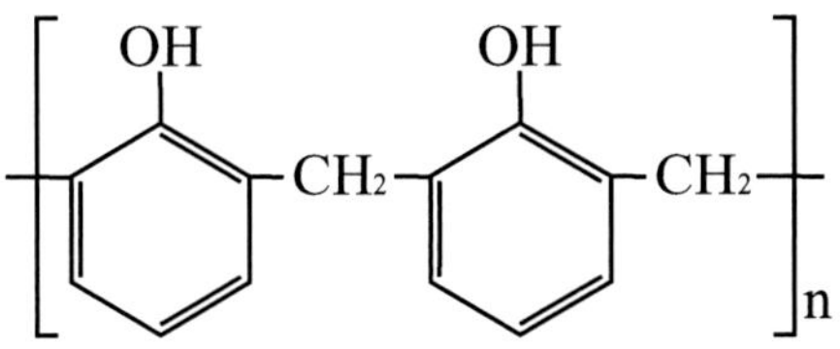

第22章　フェノール樹脂（熱硬化性樹脂）

図1　ノボラック型フェノールの分子構造

硬化剤を加えて加熱することで架橋反応が起き，硬い成形品となる。硬化剤としてはヘキサメチレンテトラミン（ヘキサミン）を用いるのが一般的で，また，硬化の際，最終的な成形品に含まれる充填材料なども添加した上で硬化させる。

レゾール型は，フェノールとホルムアルデヒドをアルカリ触媒下で反応させることにより得られる。触媒としては水酸化ナトリウム，炭酸ナトリウム，アルカリ土類酸化物と水酸化物，アンモニア，第三アミンなどが用いられ，配合比や触媒の選択などによって性質が大きく変化する。これにより得られる物質はフェノール核にメチロール基が多数結合したものであり，一部，特殊な製法により固形のものもあるが，通常は粘度の高い液状である。メチロール基は自己反応性を有するため，メチロール基を大量に含むレゾールは，ノボラックのように硬化剤を用いずとも，加熱することで架橋反応が進み，硬化する。

レゾールは液状であることから，接着剤や塗料の原料，積層材の含浸，木材に含浸させて難燃性を高めた建材などに用いられる。一方，機械部品などに成型される場合にはノボラックが用いられることが多い。

3　フェノール樹脂のトライボロジー研究

3.1　ブレーキ，クラッチ

トライボロジー分野では，自動車用ブレーキやクラッチなどの摩擦材に結合材としてフェノール樹脂が使用されていることは広く知られており，当分野でのフェノール樹脂の研究といえばブレーキやクラッチの研究と思われるほどに多数の研究がなされている[3〜16]。ブレーキなどの部品の摩擦特性については，いわゆるしゅう動材料に求められる特性とはいささか異なり，摩擦係数は適度に高く，それが温度などの条件に影響されにくく経時変化が小さいことが重要である。ブレーキ等の部品においてフェノール樹脂の主な役割は結着剤としての寄与であり，材料中に占める割合がせいぜい10％程度であることもあって，その他大半を占める繊維などの補強材，充填材料および摩擦調整剤などの効果を調べた研究が多いように思われる。これらの部品では特にディスクブレーキ用パッドの鳴きやクラッチフェーシングのジャダーなどが問題になることが多く，これら問題点の改善を目的とした研究が多い。

加藤ら[4]はフェノール樹脂の摩擦において温度上昇によって摩擦係数が著しく低下する原因と

して，摩擦面で生成される熱変質層の作用を考え，摩擦面の表面分析を行い，単分子フェノールのような物質が摩擦界面に潤滑膜を形成し，それが摩擦係数の低下に寄与したと報告している。大滝ら[5]はブレーキライニング構成材の選定の指針を得るため，基材や結合材を変えたライニングを製作し，ドラム表面に生じる凝着現象について詳細に調べた。その結果，フェノール樹脂のメチレン結合がカルボキシル基に変化したものに縮合水等が含浸してできたと考えられるタール状物質がライニング表面を覆い，表層以下で発生している熱劣化による活性ラジカルとドラムとの直接接触を妨げることで摩擦係数が比較的安定すると報告している。従って，熱劣化がさらに進行することでタール状物質の一部が脱落して活性ラジカルとドラムとの直接接触が起き，凝着が生じ，摩耗が増加すると結論づけた。井上ら[6,7]は自動車用摩擦材について鳴きやジャダーの現象についてそれぞれに振動モデルを用いて考察を行った。ここで，摩擦面の分解物との兼ね合いから，ディスクパッドに含まれる有機物の熱分解物が摩擦面に大量に付着すると鳴きが発生しやすく，これらが消失すると鳴きにくくなることを示した[6]。また，液状熱分解物の摩擦面への付着量がジャダーに大きく影響を及ぼすことを示した[7]。

通常，フェノール樹脂硬化物を大気中で加熱すると，分解温度で液相にならず気相になるが，上述のように摩擦面のようなせん断力が作用する場では液相が生成しうると考えられる現象が報告されている。Barkら[8]はフェノール樹脂の摩擦面から，通常の熱分解では生成しないエチルベンゼンが含まれるとしており，摩擦面での分解が単純ではないことがわかる。井上ら[9~11]は，せん断力の作用する場においてフェノール樹脂硬化物が分解して発生する分解生成物の分子量分布について，ゲル透過クロマトグラフィを用いて調べた。その結果から，分解物発生量と分子量分布および温度の関係をまとめたのが図2になる。熱のみによるフェノール樹脂の分解物が気相であるのに対し，せん断力と熱とが同時に作用した場合には，分子量が大きく液相になりやすいことを明らかにした。また，ブレーキ材料などに耐フェード性向上のために添加される金属粉が，メカノケミカル作用により樹脂分解物の液相化に寄与していることを示唆した。

成澤ら[12~15]はノボラック型フェノール樹脂，アクリルゴム変性フェノール樹脂，フェノールアラルキル樹脂の3種類の樹脂を用いた複合材料について，硬化条件が摩擦摩耗挙動に及ぼす影

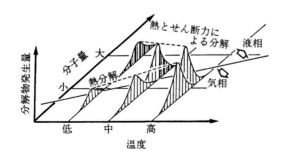

図2　分解物発生量と分子量分布・温度の関係
（出典：文献11）

第 22 章 フェノール樹脂（熱硬化性樹脂）

響を調べ，硬化が不十分なときの摩擦係数は分子構造により大きく異なり，硬化が十分に進行すると分子構造の差は見られなくなり，摩擦係数の変動に違いが見られることを報告した。さらに，充填材料である繊維系フィラーを変えて一連の実験を行い，炭素繊維充填フェノールアラルキル樹脂では繊維の充填により摩擦係数の低下が見られ，同時に摩擦係数の変動が大きく低下することや，摩耗量低減のための最適な炭素繊維配合割合が存在することを示した[13]。ガラス繊維添加の場合には，摩擦係数が繊維添加割合に依存せず，すべり速度に依存することや，低充填率の場合には耐摩耗性が向上するが，高充填率の場合には悪化することを示した[14]。また，アラミド繊維では炭素繊維やガラス繊維よりも耐摩耗性に効果があることを報告している[15]。

村木ら[16]はロックアップクラッチに用いられる摩擦材の低すべり速度領域の摩擦特性に対し，変速機油の油性剤が及ぼす効果について調べた。その結果，オレイルアミンがペーパー摩擦材の摩擦低減に効果的であること，また，オレイルアミンがアンモニウム塩となってフェノール樹脂の OH 基とイオン結合することで，ペーパー摩擦材に吸着することが摩擦低減の理由であることを明らかにしている。

3.2 しゅう動材料

トライボロジー関連部品でブレーキやクラッチ以外のフェノール樹脂成形品としては，歯車や軸受などがあげられるが，フェノール樹脂を低摩擦特性が求められるしゅう動材料に用いるという目的での研究事例は少ないように思われる。ブレーキなどの摩擦材の結合材としての印象からもわかるように，基本的には自己潤滑性のある樹脂ではない。しかし，フェノール樹脂成形品が耐熱性や機械的強度に優れ，特に高温下での機械的強度は群を抜いていることから，充填材料や添加剤との併用により，シビアな条件下での摩擦となるような部位のしゅう動材料として用いることが期待でき，しゅう動材料としての利用を目的とした研究もなされている。

関口ら[17]はフェノールアラルキル樹脂複合材料のトライボロジー特性に対し，炭素繊維や炭素系微粒子が及ぼす影響を調べ，球状ピッチ系炭素を充填することにより，摩擦摩耗特性が向上し，実験に用いた他の炭素繊維と比較しても優れた効果を発揮したことを報告している。

広中ら[18〜20]は S45C をしゅう動相手材料とし，ガラス繊維強化フェノール樹脂の摩擦摩耗特性にグラファイトの添加が及ぼす影響について調べた。ガラス繊維の添加により機械的強度が向上するとともに摩擦摩耗特性も向上すること，S45C 相手面がガラス繊維により摩耗すること，グラファイトを添加することにより摩擦摩耗特性の向上をさせつつ相手面の摩耗も抑制できることを報告している。また，フェノール樹脂単体では摩擦係数は高く，経時変化も安定しないことを示している。

フェノール樹脂複合材料のトライボロジー特性に関する研究において，充填材料や添加剤の影響を調べるために，フェノール樹脂のみを硬化させた試料を比較対象として用いる場合がある。しかし，これはあくまでも比較目的であり，フェノール樹脂の場合は一般的に何らかの充填材料を用いなくては，機械的強度等が不足して成形品としての実用は難しい。そのため，研究の着眼

点が併用する充填材料や添加剤の効果になることが多い。一方、樹脂材料そのものに着目した研究も少なからずある。

多官能のフェノールと二官能のホルムアルデヒドを用いたフェノール樹脂の合成反応において、分子量分布の制御は困難であり、また、フェノールのモノマーやダイマーなどの低分子量成分が多く残る。そして、分子量分布が幅広く、フェノール核感のメチレン結合の位置もランダムとなる。このような多分子性の混合物は流動特性や耐熱性を要望する特性に合わせ込むことが難しい。低分子量成分は揮発性が高く硬化物の物性にも悪影響を及ぼすが、幅広い分子量分布をもつ樹脂から低分子量成分を除去すると、溶融粘度が高く成形性が劣化するという問題もある。竹原ら[21,22]は、リン酸相分離反応という樹脂製造プロセスを用いることにより、低分量成分を除きつつ分子量分布を集約させたノボラック型フェノール樹脂の開発に成功した。図3に従来の樹脂と開発した樹脂とのゲル濾過クロマトグラフィチャートを比較する。この図の横軸は分子量分布に相当し、右から左へ行くほど分子量が高くなる。図から明らかなようにダイマーやモノマーの量が大幅に低減し、分子量分布も大幅に狭くなっている。ちなみに、集約帯域は低分子量、中分子量、高分子量と選択できる。竹市ら[23,24]は分子量分布集約樹脂を用い、炭素繊維およびグラファイトを添加したフェノール樹脂複合材の高負荷での摩擦試験を行い、図4に示すように、樹脂の改質により開発樹脂では従来樹脂と比較して摩擦摩耗特性が向上することを示した。また、一部の試験片には酸化防止剤としての効果もあるホウ酸を添加したところ、摩擦面温度が300℃を超えるようなしゅう動条件にもかかわらず摩耗を低減でき、ホウ酸添加と樹脂の改質により摩擦摩耗特性を大幅に向上できることを示した。ちなみに、炭素繊維を添加したPEEK (polyetheretherketone) 複合材料を用いて同条件で行った摩擦試験では、フェノール樹脂複合材料に比べて著しく大きな摩耗量を示しており、フェノール樹脂複合材の優位性が示された。

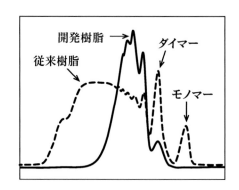

図3　分子量分布集約型フェノール樹脂における分子量分布
(出典：文献21, 22)

第 22 章　フェノール樹脂（熱硬化性樹脂）

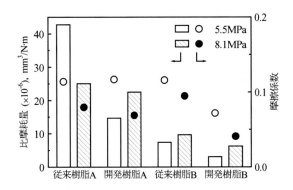

図 4　フェノール樹脂複合材料の摩擦摩耗特性に対するホウ酸添加および樹脂改質の効果図
（A：ホウ酸未添加，B：ホウ酸添加）（出典：文献 23, 24）

文　　献

1) A. Gardziella, L. A. Pilato, A. Knop, Phenolic Resins, Chemistry, Applications, Standardization, Safety and Ecology, 2nd Completely Revised Edition, Springer (2000)
2) A. Knop & L. A. Pilato, 瀬戸正二 監訳, フェノール樹脂 －化学的基礎, 応用分野と実用性能／将来展望－, プラスチックス・エージ (1987)
3) 三部隆宏, 中西宏之, トライボロジスト, **36**, 3, 189 (1991)
4) 加藤清, 水谷嘉之, 長沢一彦, 江崎泰雄, 村瀬篤, 野口登, 門田幸男, 日本潤滑学会東北大会研究発表会予稿集, 113 (1982)
5) 大滝英征, 星野努, 日本機械学会論文集（C 編）, **45**, 399, 1235 (1979)
6) 井上光弘, 日本機械学会論文集（C 編）, **51**, 466, 1433 (1985)
7) 井上光弘, 日本機械学会論文集（C 編）, **52**, 482, 2723 (1986)
8) L. S. Bark, D. Moran, S. J. Percival, Wear, **41**, 2, 309 (1977)
9) 井上光弘, 原泰啓, 笹田直, 日本機械学会論文集（C 編）, **56**, 521, 222 (1990)
10) 井上光弘, トライボロジスト, **35**, 10, 690 (1990)
11) 井上光弘, トライボロジスト, **37**, 6, 493 (1992)
12) 成澤郁夫, 栗山卓, 高久一彦, 成形加工, **4**, 8, 508 (1992)
13) 栗山卓, 成澤郁夫, 高久一彦, 成形加工, **4**, 10, 658 (1992)
14) 高久一彦, 栗山卓, 成澤郁夫, 成形加工, **6**, 8, 582 (1994)
15) 成澤郁夫, 栗山卓, 高久一彦, 成形加工, **7**, 5, 308 (1995)
16) 松岡徹, 村木正芳, トライボロジスト, **46**, 8, 655 (2001)
17) 永野幸司, 西谷要介, 小坂雅夫, 藤江裕道, 関口勇, 工学院大学研究報告第 95 号, 1 (2003)
18) 広中清一郎, 谷澤秀実, 山下千俊, トライボロジー会議 2002 春 東京 予稿集, 17 (2002)
19) 川上正義, 広中清一郎, トライボロジー会議 2003 秋 新潟 予稿集, 531 (2003)
20) 広中清一郎, 岩井邦昭, 川上正義, Material Technology, **24**, 5, 282 (2006)
21) 田上昇, 竹原聡, 篠原寛文, 横山源二, 稲富茂樹, 科学と工業, **77**, 10, 525 (2003)
22) 竹原聡, 末竹貴雄, 稲富茂樹, Polymer Preprints, Japan, **57**, 2, 5357 (2008)
23) 竹市嘉紀, 今中千博, 永山治希, 井上隆規, 宮田圭, 浅井啓二, トライボロジー会議 2013 秋 福岡 予稿集, E41 (2013)
24) 竹市嘉紀, 井上隆規, 浅井啓二, 第 10 回固体潤滑シンポジウム予稿集, 39 (2014)

第23章 高分子系複合材料

榎本和城*

1 はじめに

近年,部品の軽量化要求により金属部品から樹脂部品への転換が様々な分野で生じている。しゅう動部品についても同様であり,しゅう動特性に優れるポリアセタール(polyoxymethylene, POM)やポリアミド(polyamide, PA)を中心としたエンジニアリングプラスチックや特異なしゅう動特性を有するポリテトラフルオロエチレン(polytetrafluoloethylene, PTFE)が使用されている。また,耐熱性がさらに優れるポリイミド(polyimide, PI)やポリエーテルエーテルケトン(polyetheretherketone, PEEK)などのスーパーエンジニアリングプラスチックは耐熱性しゅう動部品や被覆用材料として使用されている[1]。

一方で,プラスチックは強化材をはじめとした他の材料と複合化することにより,機械的特性や耐熱性を向上させることができる。したがって,上述の樹脂についても,樹脂単体では要求特性を満たすことができない場合には,ガラス繊維(glass fiber, GF)や炭素繊維(carbon fiber, CF)といった繊維状フィラーやカーボンブラック(carbon black, CB)などの粒子状フィラーを添加した複合材料として用いるのが一般的であり,既に様々な分野へ適用されている。

本章では,高分子材料をベースとした複合系トライボマテリアルの作製方法について簡単に解説した後に,熱可塑性樹脂をベースとした複合材料のトライボロジー特性について,POM系,PTFE系,PEEK系の研究事例について紹介する。

2 複合化の目的

複合化の目的をトライボロジーの観点から整理すると,①摩擦特性の向上(低摩擦化),②耐摩耗性の向上,③限界pvの向上,④機械的強度の向上(硬さや疲労特性の改善)が挙げられる。最終的には①~④を実現することによって新規用途の開拓と適用範囲の拡大を目指すこととなる[2]。

複合化するフィラーについては,用途・目的に応じて選定することになるが,一般的に①~③を目的とした場合には,二硫化モリブデン(MoS_2)やグラファイトといった層状固体潤滑剤や自己潤滑特性を有するPTFE粒子を添加する場合が多く,④を目的とした場合には,GFやCFといった強化繊維を複合する場合が多い。また,潤滑効果を有するフィラーと補強効果を有する

---

* Kazuki Enomoto 名城大学 理工学部 材料機能工学科 准教授

第 23 章　高分子系複合材料

フィラーとを添加した 3 元系の材料にすることによって，①〜④を高いレベルで兼ね備えたトライボマテリアルを実現できる可能性がある。

しかしながら，複合材料の摩擦摩耗特性に及ぼす影響因子は，ベースとなるプラスチックの特性，強化繊維や固体潤滑剤の特性に加えて，それら相互の結合性などが複雑に関係しており，組み合わせによっては予期せぬトラブルを誘発することもありえるので，注意が必要である。

3　高分子系複合材料の作製法

熱可塑性樹脂をベースとした複合材料を作製する場合，溶融状態の樹脂中に粉体の強化材や固体潤滑剤を練り込む溶融混練が一般的である。通常は，溶融・混練工程からペレット化までを連続的に行うことができるスクリュー押出機を利用して作製される。スクリュー本数（単軸，2 軸，4 軸，8 軸）とスクリュー回転方向（同方向，異方向）により，混練時に材料に加えられるせん断力が大きく異なるため，フィラーの分散状態を大きく左右する。フィラーを高分散させるためには大きなせん断力が必要となるが，特に強化繊維を混練する場合には混練中に繊維の折損が生じるなどフィラーの物性を損なう場合もあるので，混練条件の選定には注意が必要である。また，実験室レベルなど少量ずつの混練でより多くの水準の試料を作製する場合にはバッチ式の混練機が用いられる場合もある。複合材料の成形は実験室レベルにおいては射出成形や加熱圧縮成形により行われる。

一方，熱硬化性樹脂をベースとした複合材料の場合，常温で樹脂が液体であるため，ミキサー，ボールミル，3 本ロールミル，超音波分散など液体への分散手法を利用してフィラーを樹脂中に分散させるのが一般的である。また，予備硬化させた樹脂を粉砕し，フィラーとドライブレンドして混合粉体とする手法も採られることがある。いずれの方法においても，材料を型に入れて加熱圧縮成形により一次硬化させ，離型後にポストキュア（二次硬化）により内部まで均一に硬化させる必要がある。

フィラーの添加量については，従来，数十％以上の多量に添加された複合材料が一般的であったが，溶融成形時の流動性（粘度）がベースとなるプラスチック単独の場合に比べて著しく悪くなり，成形性の面で課題となる。そこで，近年では数％程度もしくはそれ以下の微量添加で高性能を発揮させるフィラーや高次構造の制御に関する研究が行われている。

4　POM 系複合材料のトライボロジー特性

POM は最も一般的な樹脂系トライボマテリアルであり，AV・OA 機器内部の軸受や歯車など小型機能性部品へ多く適用されてきた。側鎖を持たない分子構造に起因して高い結晶化度を有する結晶性樹脂であることから単体でも優れた摩擦摩耗特性を示す。しかしながら，昨今の要求特性の上昇に伴い，異なる樹脂と組み合わせたポリマーアロイによるしゅう動グレードや繊維強

化グレードとしてGFやCFを添加したものも上市されている。

　黒川らは結晶性樹脂をベースとした複合材料において，1vol.以下の微量の添加でも耐摩耗性が向上することに着目し，POMにSiC微粒子を微量に添加することによってPOMの球晶サイズを制御し，従来のPOMの低摩擦性を維持したまま耐摩耗性を効果的に向上できることを明らかにしている[3〜6]。図1にPOMの球晶サイズと摩擦係数および比摩耗量の関係を整理したグラフを示す。無充填のPOMでは10^{-4}オーダーの比摩耗量であったのに対して，SiC微粒子を添加することで，添加量が0.5 vol%程度までは球晶サイズが小さくなるにしたがって比摩耗量が10^{-6}程度まで減少するが，1 vol%以上添加すると球晶サイズはさらに小さくなるものの比摩耗量は増加する傾向を示している[4]。また，SiC微粒子は摩擦係数低減には寄与しなかったが，摩擦低減について更なる検討を行った結果，アルキル基を有するオクタコサン酸カルシウム（Ca-OCA）をわずか1 wt%添加することにより，大幅な摩擦低減を実現できることも明らかにしている[3]。図2に種々のPOM系コンポジットにおける摩擦係数と比摩耗量を示す。POMにCa-

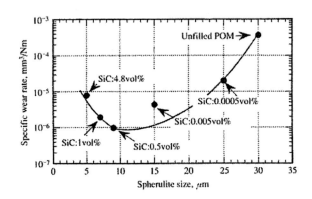

図1　SiC添加POMの比摩耗量と球晶サイズの関係［出典：文献3］

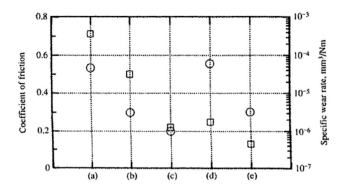

図2　種々のPOM系コンポジットの摩擦係数（○）と比摩耗量（□）［出典：文献3］
　　　(a) 無充填POM，(b) POM/PTFE（24wt%），(c) POM/Ca-OCA（1wt%）
　　　(d) POM/SiC（0.1wt%），(e) POM/SiC（0.1wt%）/Ca-OCA（1wt%）

OCAを1wt%だけ添加した場合には，無充填やPTFEを24wt%添加した場合に比べて低い摩擦係数と比摩耗量を示し，SiC微粒子0.1vol.%とCa-OCA1wt%とをハイブリッドすることによって，PTFEを24wt%添加した場合と同程度の摩擦係数を維持して，比摩耗量を2桁減少させている。

5 PTFE系複合材料のトライボロジー特性

PTFEは各種高分子材料中で最も低い摩擦係数を示すことから，樹脂軸受をはじめ様々な分野に適用されてきた。しかし，他の樹脂材料と比べて摩耗量が大きいことが課題であり，耐摩耗性向上に関する研究が盛んに行われている。特に，フィラーの添加による複合化は盛んに取り組まれており，広中による解説[7]や竹市らによる解説[8]に詳細にまとめられているのでそちらも参考にしていただきたい。ここでは，筆者らが行った寸法や形状の異なる種々の炭素系フィラーをPTFEに添加した複合膜の摩擦・摩耗特性について紹介する。

フィラーとして，図3に示すカーボンナノファイバー（CNF；繊維径150nm，繊維長10〜20μm），多層カーボンナノチューブ（MWCNT；繊維径10〜40nm，繊維長〜3μm），鱗片状黒鉛（Flake Graphite：平均粒径4μm），カーボンブラック（CB；平均粒子径122nm）の4種類を用いて，PTFEディスパージョン（懸濁液）に分散させ，ショットブラストしたガラス基板上にスピンコート法で成膜した樹脂膜の基本的な摩擦摩耗特性をボールオンディスク試験により評価した[9]。試験条件は負荷荷重2N，周回速度0.3m/s，試験時間30分であり，室温の容器内を相対湿度50%±5%に調節して試験を行った。このときの摩擦係数とフィラー添加量との関係を図4に示す。FGを添加した複合膜の摩擦係数を見ると，添加量が10wt%以下の時は無

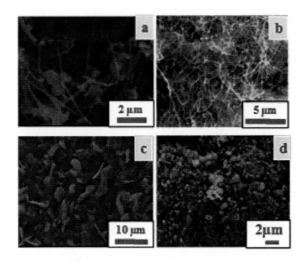

図3 種々の炭素系フィラーのSEM像
(a) CNF, (b) MWCNT, (c) FG, (d) CB

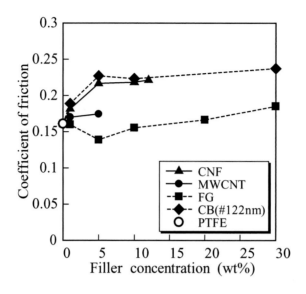

図4 種々の炭素系フィラーを添加したPTFE樹脂膜の摩擦係数とフィラー添加量の関係

添加のPTFE膜の場合よりも低く，5 wt%添加時には無添加の時の4/5程度まで減少し，その後は添加量が増加するとともに摩擦係数が上昇する傾向が見られた。それに対して，MWCNTやCNF，CBを添加した複合膜の摩擦係数は添加量に関わらず無添加のものよりも高くなり，添加量増加とともに摩擦係数も増加する傾向が見られた。次に，比摩耗量とフィラー添加量との関係を図5に示す。いずれのカーボンフィラーもPTFEの耐摩耗性向上に効果があることが分か

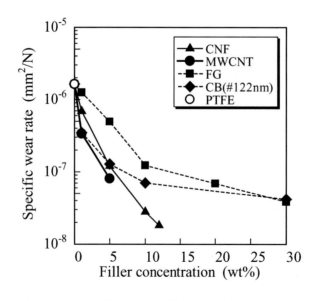

図5 種々の炭素系フィラーを添加したPTFE樹脂膜の比摩耗量とフィラー添加量の関係

り，添加量増加とともに摩耗量は減少する傾向が見られた。また，フィラー添加により摩耗量が減少したことで摩耗粉の発生が抑制され，摩擦挙動の安定化に繋がったのではないかと考えられる。

6　PEEK系複合材料のトライボロジー特性

PEEKは溶融成形が可能な熱可塑性樹脂の中で最高の耐熱性を有し，優れた機械的特性と動的耐久性を併せ持つことから，従来は金属しか使用できなかったような過酷な使用条件下においても，金属の代替材料として使用可能なトライボマテリアルである[10]。

PEEKおよびその複合材料の摩擦摩耗特性に関する研究の多くは，低速・無潤滑下もしくは高速・油潤滑下におけるものであり，他のプラスチックと同様に種々の添加剤の効果を検討している。それらの結果，添加剤としてはPEEKの強度を向上させて相手面に薄く均一で強固な移着膜を形成するものが良好な摩擦摩耗特性を示すことが知られている[11]。

最近では，補強効果のあるCFと潤滑効果のあるPTFEとグラファイトを同時に添加したものをはじめ，複数の添加剤の相乗効果に期待した研究事例が多い。詳細については，赤垣による解説[10,11]を参考にしていただきたい。

7　まとめ

本章では，高分子材料をベースとした複合材料における複合化の目的について整理し，高分子複合系トライボマテリアルの作製法について概説した。また，熱可塑性樹脂をベースとした複合材料のトライボロジー特性として，一般的な樹脂系トライボマテリアルであるPOM系，ユニークな特性を有するPTFE系，高耐熱・高強度を有するスーパートライボマテリアルであるPEEK系を例に挙げて概観した。ベース樹脂ごとに用途や求められる特性は異なるが，いずれもベース樹脂単独では要求特性を満足することはできず，各種添加剤との複合化により特性の改善が図られている。

また最近の動向としては，①複数の添加剤を同時に添加して相乗効果を狙うハイブリッド化，②高次構造の微細化（ナノアロイ化），③フィラーの微小化（ナノコンポジット化）が挙げられる。ますますの小型化・軽量化の要求によって，従来補強材として利用されてきたCFやGFといったマイクロメートルオーダーの繊維では補強が不可能な微細部品も出てくるものと思われ，ナノコンポジットによるトライボロジー特性の向上についても研究が進んでいくものと期待したい。

文　　献

1) 岩井善郎, 宮島敏郎, 田上秀一：トライボロジスト, **57**(1), 4 (2012)
2) 広中清一郎：成形加工, **25**(2), 58 (2013)
3) 黒川正也, 永井進：成形加工, **13**(7), 455 (2001)
4) 黒川正也, 内山吉隆：トライボロジスト, **44**(7), 544 (1999)
5) 黒川正也, 内山吉隆：トライボロジスト, **44**(10), 824 (1999)
6) 黒川正也, 内山吉隆：トライボロジスト, **45**(1), 174 (2000)
7) 広中清一郎：トライボロジスト, **49**(7), 573 (2004)
8) 竹市嘉紀, 川邑正広：トライボロジスト, **57**(1), 12 (2012)
9) 榎本和城, 吉川茂希：プラスチック成形加工学会第24回年次大会（成形加工'13）講演予稿集, 109 (2013)
10) 赤垣友治：トライボロジスト, **52**(2), 126 (2006)
11) 赤垣友治：トライボロジスト, **57**(1), 18 (2012)

第24章 ナノカーボン充填系複合材料

榎本和城[*]

1 はじめに

前章でも述べたように，軽量化による燃費の向上は至上命題であり，そのために多くの部品が従来の金属材料から樹脂材料に転換されている。樹脂材料に置換するにあたり，優れたしゅう動特性を有するポリアセタール（POM）やポリアミド（PA）を中心としたエンジニアリングプラスチックや特異なしゅう動特性を有するポリテトラフルオロエチレン（PTFE）が使用されることが多く，樹脂単体では要求特性を満たすことができない場合には，ガラス繊維（GF）や炭素繊維（CF）といった繊維状フィラーやカーボンブラック（CB）などの粒子状フィラーと複合化することにより，特性の改善が図られてきた。

しかし，従来型のフィラーはその大きさが直径 $10\mu m$ 程度であり，軽量化に伴う薄肉化・微小化された部品においては，フィラーが成形時の材料流動を妨げたり，薄肉部に侵入できなかったりといった問題が生じ，フィラー添加による補強効果が十分に得られない場合がある。

そこで最近では，微細なフィラーとして直径がサブミクロンからナノメートルオーダーの繊維状ナノカーボンが注目され，トライボロジー分野[1]のみならず，機械的[2]，電気的[3]，熱的特性[4]について様々な研究がなされている。

本章では，カーボンナノチューブに代表される繊維状ナノカーボンの構造や機能について簡単に解説するとともに，種々の熱可塑性樹脂に繊維状ナノカーボン添加した複合材料のトライボロジー特性に関する研究事例について紹介する。

2 ナノカーボン材料

炭素系材料は軽量・高強度で環境負荷が小さく，トライボロジー分野においても欠かすことのできない材料である。炭素系材料の特徴は，炭素の持つ多様な結合形態による結晶構造の違いに起因するものであり，軟質で良電気伝導体であるグラファイトから，硬質で電気絶縁体であるダイヤモンドまで多様な材料が存在する。中でも近年特に注目を集めているのが，カーボンナノチューブ（CNT，Carbon Nanotube）に代表されるナノカーボン材料である。

ナノカーボン材料には，二次元構造のグラフェン，粒子状のフラーレン，繊維状のCNT，さらにはナノダイヤモンドなど形状や特性の異なる様々な種類が存在し，いずれも高電気伝導性

---

[*] Kazuki Enomoto　名城大学　理工学部　材料機能工学科　准教授

や固体潤滑性などの優れた特性を有している。特に，CNTに代表される繊維状ナノカーボン材料は，「炭素から構成されるナノ素材のうち形状が繊維状のもの」と定義でき，高強度かつ高電気・熱伝導性のフィラーとして期待されている。一口に繊維状ナノカーボンといっても，その構造は大きく3種類のタイプ（図1）に分類でき，それぞれで特性が大きく異なる[5]。

一つ目はCNTのように円筒状のグラフェンシートが入れ子状に積層された構造（図1（a））をしており，ナノチューブ型と呼ばれる。また，IijimaによるCNTの発見[6]の以前から知られていた気相法で合成される直径100 nm程度の高結晶性微細炭素繊維（気相成長炭素ナノ繊維，VGCNF, Vapor Grown Carbon Nano Fiber）もCNTとほぼ同様にグラファイトの層が乱れた状態で層状に積層された中空構造であることから超多層のCNTとみなすことができる。二つ目はCNTの片側が開いたカーボンナノホーンが紙コップを積み重ねたように積層された構造（図1（b））をしており，カップスタック型と呼ばれる。三つ目は前述の2種類とは異なり，グラフェンシートが魚の骨のように積層された構造（図1（c））をしており，ヘリングボーン型と呼ばれる。これらはいずれもがナノメートルオーダーの繊維径を有する炭素繊維であることからカーボンナノファイバー（CNF, Carbon Nano Fiber）と総称されることもある。

繊維状ナノカーボンを樹脂などに添加して複合化する場合，従来のマイクロメートルオーダーのフィラーを添加した場合に比べて，フィラーの比表面積の増加とフィラー間距離の短縮が生じる。複合材料において界面での作用は極めて重要であり，フィラー間距離の近接と相まって，従来よりも少ない添加量でマトリックス樹脂の特性を改善することができる。また，フィラー添加量の増加は樹脂の流動粘度を増加させ成形性を損なうため，少量の添加で特性を改善できれば，樹脂の易成形性を維持できる。

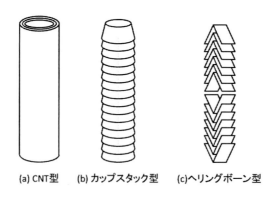

(a) CNT型　(b) カップスタック型　(c)ヘリングボーン型

図1　繊維状ナノカーボンの代表的な形態
［出典：文献5］

3 ナノカーボン充填系複合材料の作製法

熱可塑性樹脂をベースとした複合材料を作製する場合，溶融状態の樹脂中に粉体の繊維状フィラーを練り込む溶融混練が一般的であり，押出機により溶融・混練工程からペレット化までが連続的に行われる。スクリュ本数とスクリュ回転方向により，混練時に材料に加えられるせん断力が大きく異なるため，フィラーの分散状態を大きく左右する。フィラーを高分散させるためには大きなせん断力が必要となるが，混練中に繊維の折損が生じるなどフィラーの物性を損なう場合もあるので，混練条件の選定には注意が必要である。

4 ナノカーボン充填系複合材料のトライボロジー特性

繊維状ナノカーボンを充填した複合材料のフィラーとしては，CNTを中心とした上述の3種類のカーボンナノファイバーいずれについても多くの検討がなされているが，トライボロジー特性に関してはVGCNFを使用した研究が最も多くなされている。これは，製造段階の熱処理によりVGCNF表面のグラフェンシートが高度に結晶化しており，グラファイトに近いしゅう動特性を示すことが期待されるからである。それに加えて，CNTに比べて入手が容易でコストも安く，比較的樹脂中に分散させやすく成形加工性に優れることも一因として挙げられる。

筆者らは，種々のCNFをポリスチレン（PS）に添加した複合材料に対して，CNFの種類と添加量がトライボロジー特性に及ぼす影響について検討を行った[1]。検討したフィラーは，多層CNT（MWCNT），直径の異なるVGCNF（直径80 nmのVG80と直径150 nmのVG150），ピッ

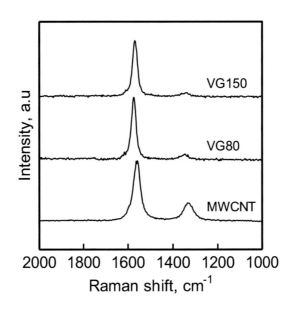

図2 各種CNFのラマンスペクトル

チ系炭素繊維(PitchCF),CBである。使用した3種のCNFのラマンスペクトルは図2に示す通りであり,1570 cm^{-1} 付近に存在する炭素の sp^2 ネットワークの結晶性の高さに起因するGバンドと1340 cm^{-1} 付近に存在する炭素ネットワークの無秩序性に起因するDバンドとの強度比(I_G/I_D)よりこのMWCNTはVGCNFに比べ結晶性に劣ることがわかる。複合材料の作製はバッチ式二軸混練機により行い,溶融混練後に複合材料をミキサーから取り出して粉砕したペレットを用いて射出成形により板状の成形品(30 mm × 30 mm × t2 mm)に成形した。図3に各種フィラーを添加したPSベース複合材料の摩擦係数とフィラー添加量との関係を示す。この結果は,ボールオンディスク摩擦試験(相手材SUJ2鋼球,直径10 mm)により得られ,試験条件は垂直負荷荷重0.2 N,しゅう動速度0.15 m/s,室温大気中,無潤滑である。結晶性に劣るMWCNTを添加した場合には添加量を増加しても摩擦係数に大きな変動は見られないが,高結晶性のVGCNFを30 wt%以上添加した場合には,無添加の場合に比べて大きな摩擦係数の低減が見られる[1]。しゅう動面を走査型電子顕微鏡(SEM, Scanning Electron Microscope)で観察したところ,図4に示すように多くのVGCNFの存在としゅう動方向への樹脂の塑性流動

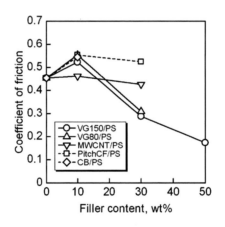

図3　PSに繊維状ナノカーボンを添加した複合材料の摩擦係数と添加量の関係

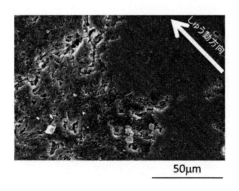

図4　しゅう動面のSEM像(VG150/PS, 50 wt%)

第24章 ナノカーボン充填系複合材料

が観察された（図中右半分の地均しされたような領域がしゅう動痕で，しゅう動方向へのすじも確認できる）ことから，しゅう動面に自己潤滑性を有する高結晶性のVGCNFが多く存在することにより摩擦係数が低減されたと考えられる。次に，同試験により得られた各試料の摩擦係数と比摩耗量との関係を示す（図5）。いずれのフィラーを添加した場合にも比摩耗量の低減が確認できる。MWCNTを添加した場合には摩擦係数をほぼ変化させずに比摩耗量を低減することができるのに対し，VGCNFを添加した場合には摩擦係数と比摩耗量の両方を低減できることがわかる[1]。また，試験後の相手材を観察したところ，SUJ2鋼球にはわずかにしゅう動方向に傷がつく程度で，MWCNTとVGCNFは相手攻撃性が低い材料であることが示唆された。

また，西谷らはポリブチレンテレフタレート（PBT），ポリアミド（PA）など各種エンプラ

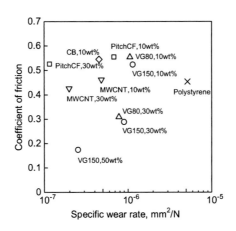

図5　PSに種々の繊維状ナノカーボンを添加した複合材料の摩擦係数と比摩耗量の関係

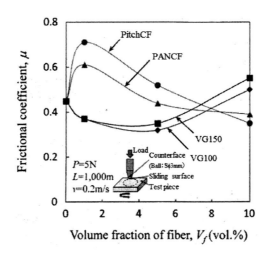

図6　PBTに繊維状ナノカーボンを添加した複合材料の摩擦係数と添加量の関係
［出典：文献10］

にVGCNFを添加した複合材料のトライボロジー特性について検討を行っている[7〜10]。図6に各種フィラーを添加したPBTベース複合材料の摩擦係数とフィラー添加量との関係を示す。この結果は，ボールオンディスク摩擦試験（相手材S45C鋼球，直径3mm）により得られ，試験条件は垂直負荷荷重5N，しゅう動速度0.2m/s，室温大気中，無潤滑である。なお，図中のVG100は直径100nmのVGCNF，VG150は直径150nmのVGCNFであり，PANCFはポリアクリロニトリル（PAN）系炭素繊維，PitchCFはピッチ系炭素繊維である。VGCNFを添加した場合，1〜5vol%の微量添加領域において摩擦係数が減少している[10]。プラスチックの摩擦係数は垂直荷重の影響を大きく受けることが知られており[11]，一概に前述のPSの場合と比較はできないが，マトリックス樹脂と使用条件との組み合わせによりVGCNFの微量添加によって摩擦係数を低減できることを示唆している。

図7にリングオンプレート摩擦試験（相手材S45C，しゅう動速度0.5〜1.0m/s，荷重ステップ50N/5min）によって得られたVGCNF添加PA66ベース複合材料の限界pv特性（pは臨界荷重を見かけの接触面積で除した臨界接触面圧［MPa］，vはしゅう動速度［m/s］）を示す。なお，図中で繊維を表す略称の後ろの数字は添加量（wt%）を表している。低速域においてVGCNFの添加により臨界接触面圧が向上しているが，高速域になると添加の効果は見られない。高熱伝導性を有するVGCNFを添加することにより試料の熱伝導率が増加し，しゅう動面に生じる摩擦熱を放出しやすくなるが，高速になると発熱量も増加するためしゅう動面温度が上昇し樹脂の軟化溶融が進行することが原因であると考えられる[9]。

熱可塑性樹脂をベースとした場合，耐熱性の面からも樹脂の融点を考慮する必要があるが，低速・軽荷重といった比較的マイルドなしゅう動条件に限れば微量の添加によって低摩擦・耐摩耗性を実現することができると考えられる。

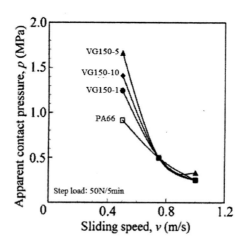

図7　PA66に繊維状ナノカーボンを添加した複合材料の限界pv特性
［出典：文献9］

第24章 ナノカーボン充填系複合材料

5 まとめ

本章では，繊維状ナノカーボンの構造と特徴について簡単に紹介し，主にVGCNFを熱可塑性樹脂に添加した複合材料のトライボロジー特性について概観した。繊維状ナノカーボンは表面がグラファイトに近い特性を持つことから，優れたトライボロジー材料として期待されている物質であるが，グラフェンシートの結晶性や構造により大きく特性が異なる。また，直径や長さ，結晶性などを系統的に変化させた繊維状ナノカーボンが選択的に入手できる状況には至っておらず，今後の適用範囲の拡大に向けて技術開発だけでなく繊維状ナノカーボンの規格化など多くの課題がある。しかし，これらの諸課題を乗り越え，繊維状ナノカーボンの特長を活かした製品設計や成形法の開発をしていくことにより，トライボロジー材料として飛躍することを期待したい。

文　献

1） 例えば K.Enomoto, T.Yasuhara, S.Kitakata, H.Murakami & N.Ohtake：*New Diamond and Frontier Carbon Technology*, **14**(1), 11 (2004)
2） 例えば K.Enomoto, T.Yasuhara, N.Ohtake：*New Diamond and Frontier Carbon Technology*, **15**(2), 59 (2005)
3） 例えば S.A Gordeyev, F.J Macedo, J.A Ferreira, F.W.J van Hattum & C.A Bernardo：*Physica B*, **279**, 33 (2000)
4） 例えば藤原修, 榎本和城, 安原鋭幸, 村上碩哉, 寺木潤一, 大竹尚登：精密工学会誌, **72**(1), 95 (2006)
5） 榎本和城：トライボロジスト, **57**(10), 676 (2012)
6） S.Iijima：*Nature*, **354**, 56 (1991)
7） 西谷要介, 平野雄貴, 石井千春, 北野武, 関口勇：材料技術, **26**(2), 114 (2008)
8） 内藤貴仁, 西谷要介, 関口勇, 石井千春, 北野武：成形加工, **22**(1), 35 (2010)
9） 西谷要介, 富樫翔, 関口勇, 石井千春, 北野武：材料技術, **28**(6), 292 (2010)
10） 西谷要介：材料技術, **28**(6), 263 (2010)
11） 岩井善郎, 宮島敏郎, 田上秀一：トライボロジスト, **57**(1), 4 (2012)

第 25 章　RB セラミックス粒子を配合した樹脂系複合材料

堀切川一男[*1]，山口　健[*2]，柴田　圭[*3]

1　はじめに

　RB セラミックスは，Hokkirigawa ら[1〜11]によって開発された，脱脂された米ぬかを原料とする硬質多孔性炭素材料である。RB は米ぬかの英単語 rice bran の頭文字を表している。この RB セラミックスは，新しいトライボマテリアルとして，様々な応用研究がなされている[12〜14]。また，RB セラミックス成形体の製造工程の前段階で作製される粒子状の RB セラミックスを用いて，第二段階の複合材料開発も可能である。現在，この RB セラミックス粒子を，機械的性質やトライボロジー特性の向上，低コスト化を同時に付与できる新しい粒子系充填剤として，樹脂材料に応用する試みがなされている[12〜29]。本章では，RB セラミックス粒子を充填した樹脂複合材料について紹介する。

2　硬質多孔性炭素材料 RB セラミックス

　米ぬかから米ぬか油，ワックスなどを精製する際に残留物として脱脂ぬかが発生する。この脱脂ぬかに液状のフェノール樹脂を含浸させ，不活性ガス雰囲気中において 800 − 1000℃で炭化焼成させることにより，粒子状の RB セラミックスが製造される。この粒子状の RB セラミックスと粉末状のフェノール樹脂を混合させ，圧縮成形あるいは射出成形させた後，不活性ガス雰囲気中において再度 800 − 1000℃で炭化焼成することにより，バルク状の RB セラミックスが製造される（図 1）。RB セラミックスは，米ぬかの炭化物である軟質の無定形炭素と，フェノール樹脂の炭化物である硬質のガラス状炭素から構成され，米ぬか自身のセル構造とガラス状炭素の微細構造に由来した気孔を有する多孔質構造（図 2）の粒子の集合体であると考えられている。また，RB セラミックスは，高硬度，低弾性率，低摩擦，優れた耐摩耗性を示す高機能・多機能材料である。具体的には，ビッカース硬さは 4 − 6 GPa，かさ密度は 1.3 − 1.7 Mg/m^3，弾性率は 10 − 15 GPa，摩擦係数は大気中無潤滑下において 0.1 − 0.2 の値，比摩耗量は大気中無潤滑下において 1.0×10^{-8} mm^2/N 以下の値を示すことなどが挙げられる[1〜11]。

　RB セラミックス粒子としては，分級，粉砕過程を経ることで数 100 μm から数 μm 程度のも

[*1]　Kazuo Hokkirigawa　東北大学　大学院工学研究科　教授
[*2]　Takeshi Yamaguchi　東北大学　大学院工学研究科　准教授
[*3]　Kei Shibata　東北大学　大学院工学研究科　助教

第 25 章　RB セラミックス粒子を配合した樹脂系複合材料

(a)
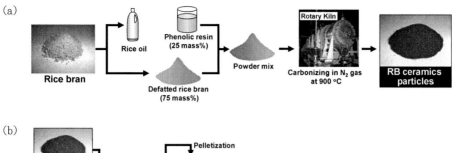

(b)
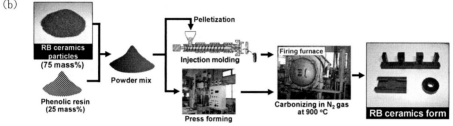

図 1　RB セラミックスの製造方法の概略図：(a) RB セラミックス粒子　(b) RB セラミックス成形体 [10]

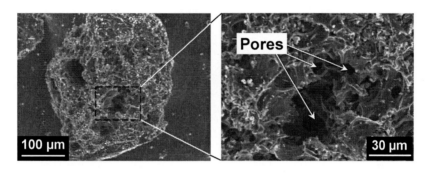

図 2　RB セラミックス粒子の SEM 像 [11]

のまで粒子径の調整が可能である。粒子径の大きな RB セラミックス粒子は，数 μm － 数 10 μm の気孔を有する多孔質粒子である。粒子径が小さくなるにつれて，含まれる気孔が少なくなるため，見かけの比重が増加する。粒子径の大きい RB セラミックス粒子は，みかけの比重が樹脂材料と同等の低い値であるため，樹脂材料に最大 80 mass% 程度までの高充填が可能であり，また，分散性も良い。そのため，種々の樹脂材料に複合化され，そのトライボロジー特性が明らかにされている [12〜29]。また，樹脂材料のみならず，金属材料に対しても，トライボロジー特性を向上可能な添加剤として研究開発がなされている [30〜48]。

3　RB セラミックス粒子を充填した各種熱可塑性樹脂複合材料のトライボロジー特性

Akiyama ら [15] によって，5 種類の熱可塑性樹脂材料に RB セラミックス粒子を充填した複合

材料の，大気中無潤滑下及び油潤滑下におけるトライボロジー特性が明らかにされている。

図3は，RBセラミックス粒子を充填した熱可塑性樹脂複合材料の製造方法の概略図である[15]。母材樹脂には，ポリアミド66(PA66)，ポリアミド11(PA11)，ポリアセタール(POM)，ポリブチレンテレフタレート(PBT)，ポリプロピレン(PP)の5種類が用いられ，充填するRBセラミックス粒子の平均粒径は150 μm，充填率は50 − 70 mass%である。母材と充填剤は二軸混練押出機により混練され，ペレットが作製された後，射出成形にて試験片が作製される。表1は，各材料の機械的性質である[15]。同表から分かるように，RBセラミックス粒子の充填により，引張強度は減少し，弾性率とビッカース硬さが増加する。ガラス繊維では，引張強度，弾性率，ビッカース硬さともに増加する。また，ビッカース硬さの増加率は，ガラス繊維に比べRBセラミックス粒子の方が大きい。

図4は，高炭素クロム軸受鋼球に対する大気中無潤滑下における各材料の摩擦係数である[15]。同図から分かるように，ガラス繊維を充填したPA66では，未充填のものに比べ摩擦係数は高い

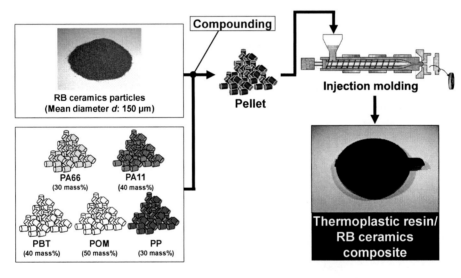

図3 各熱可塑性樹脂複合材料の製造方法の概略図[15]

表1 RBセラミックス粒子を充填した熱可塑性樹脂複合材料の機械的性質[15]

Matrix	PA66			PA11		PBT		POM		PP	
Filler	—	GF	RBC	—	RBC	—	RBC	—	RBC	—	RBC
Mass fraction of filler α, mass%	0	23	70	0	60	0	60	0	50	0	70
Density ρ, Mg/m^3	1.14	1.31	1.31	1.04	1.30	1.31	1.46	1.41	1.36	0.90	1.32
Tensile strength T, MPa	78.5	137.3	61.4	57.0	50.3	53.0	49.6	61.0	34.8	28.0	22.7
Elastic modulus E, GPa	2.79	6.67	6.14	1.00	4.39	2.60	7.50	2.45	6.12	0.96	6.50
Vickers hardness H_v, GPa	0.09	0.12	0.28	0.07	0.22	0.12	0.26	0.17	0.27	0.09	0.29

GF：glass fiber　　RBC：RB ceramics particles

第 25 章　RB セラミックス粒子を配合した樹脂系複合材料

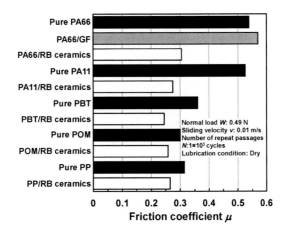

図 4　大気中無潤滑下における各材料の摩擦係数 [15]

値を示す。一方，RB セラミックス粒子を充填した複合材料では，樹脂の種類によらず未充填の樹脂に比べ摩擦係数は低くなる。図 5 は，大気中無潤滑下における各材料の比摩耗量を示したものである [15]。ガラス繊維を充填した PA66 の耐摩耗性は，未充填のものと同等である。一方，RB セラミックス粒子を充填した複合材料では，樹脂の種類によらず未充填の樹脂に比べ 67 − 98％ も比摩耗量が低減される。

図 6 は，ジエステル基油潤滑下における各材料の摩擦係数である [15]。大気中無潤滑下に比べ全体的に摩擦係数は 0.20 以下の低い値となっている。ガラス繊維の充填により摩擦係数は増加傾向にあるが，RB セラミックス粒子の充填により摩擦係数は減少している。図 7 に示される油潤滑下における各材料の比摩耗量の比較においても，RB セラミックス粒子の充填により未充填の樹脂に比べ 67 − 99％ も比摩耗量が低減されることが分かる [15]。

このように，高充填が可能な RB セラミックス粒子は，機械的性質の向上が可能なガラス繊維

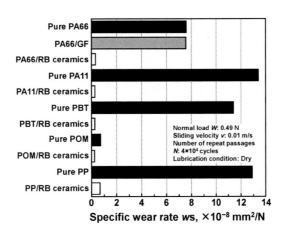

図 5　大気中無潤滑下における各材料の比摩耗量 [15]

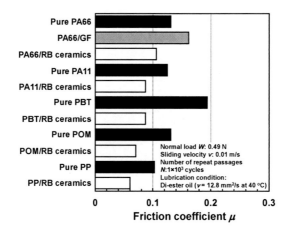

図6　油潤滑下における各材料の摩擦係数 [15]

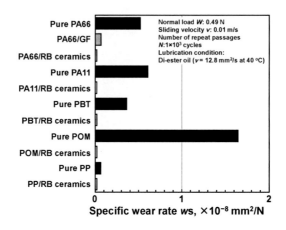

図7　油潤滑下における各材料の比摩耗量 [15]

では実現不可能な，樹脂材料に低摩擦・低摩耗を付与できる充填剤として期待できる．

4　PA66樹脂複合材料のトライボロジー特性に及ぼすRBセラミックス粒子の粒径及び充填率の影響

Akiyamaら[16]は，PA66樹脂複合材料の大気中無潤滑下におけるトライボロジー特性に及ぼす，RBセラミックス粒子の粒径及び充填率の影響について明らかにしている．

母材樹脂にはPA66が用いられ，充填したRBセラミックス粒子の平均粒径は3－150 μm，充填率は10－70 mass%である．表2は，これらPA66複合材料の機械的性質である[16]．同表から分かるように，引張強度は，未充填のPA66に比べ低く，RBセラミックス粒子の粒径の増加に伴い減少する傾向を示す．弾性率及びビッカース硬さは，未充填のPA66に比べ高く，充填

第25章 RBセラミックス粒子を配合した樹脂系複合材料

表2 RBセラミックス粒子を充填したPA66複合材料の機械的性質[16]

Mean diameter of RBC d_m, μm	—	3	3	3	30	30	30	150	150	150
Mass fraction of RBC $α$, mass%	0	10	30	50	30	50	70	30	50	70
Density $ρ$, Mg/m^3	1.14	1.19	1.30	1.40	1.28	1.37	1.43	1.27	1.35	1.38
Tensile strength T, MPa	94.5	88.8	81.9	85.5	70.2	78.4	76.5	57.3	64.6	61.4
Elastic modulus E, GPa	2.12	2.45	2.90	3.85	2.60	3.39	4.69	2.59	3.71	3.77
Vickers hardness H_v, GPa	0.10	0.15	0.19	0.27	0.14	0.21	0.34	0.13	0.18	0.28

RBC：RB ceramics particles

率の増加に伴い増加する傾向を示す。

図8は，摩擦係数とRBセラミックス粒子の充填率の関係である[16]。PA66樹脂複合材料の摩擦係数は，RBセラミックス粒子の充填率の増加に伴い減少し，同充填率において平均粒径の減少に伴い減少することが分かる。図9は，各複合材料の比摩耗量とRBセラミックス粒子の関係を示したものである[16]。摩擦係数と同様に，比摩耗量は，RBセラミックス粒子の充填率の増加に伴い減少し，同充填率において平均粒径の減少に伴い減少する。Akiyamaらは，これらの実験結果より，最も摩擦係数が低い条件は，平均粒径30μmの粒子を70 mass％充填した場合であり，最も比摩耗量が低い条件は，平均粒径3μmの粒子を50 mass％充填した場合であるとしている[16]。

このように，RBセラミックス粒子の粒径や充填率を好適な値に設定することにより，優れた摩擦・摩耗特性を付与できるといえる。低摩擦，特に低摩耗となる理由として，RBセラミックス粒子自体の低い摩擦係数と高硬度，また，充填による圧縮における降伏応力（あるいはビッカース硬さ）の向上が挙げられる。RBセラミックスは硬質かつ低摩擦材料であるため，RBセラミックス粒子と接触する割合が増加する小粒径かつ高充填率の場合には，真実接触面積が減少するとともに，接触界面のせん断強度が減少する。そのため，摩擦係数が低減される。また，樹

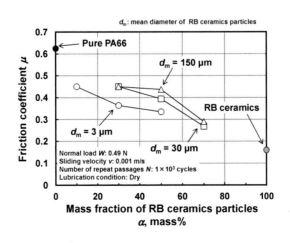

図8 PA66/RBC複合材料におけるRBセラミックス粒子の充填率と摩擦係数の関係[16]

高分子トライボロジーの制御と応用

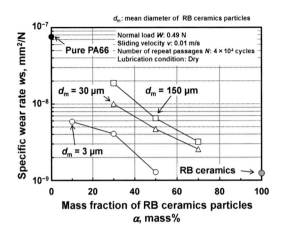

図9　PA66/RBC 複合材料における RB セラミックス粒子の充填率と比摩耗量の関係[16]

脂材料の摩耗においては，摩擦により接触面において塑性流動が生じると大規模な摩耗となる。一般に，接触面内のせん断応力 τ が材料のせん断降伏応力 κ に達した場合，塑性流動が生じる。RB セラミックス粒子を充填することにより，降伏応力の増加に伴い材料のせん断降伏応力 κ が増加し，また，摩擦係数の低減に伴い接触面内のせん断応力 τ が低減し，塑性流動が抑制されるため，耐摩耗性が向上する。図10は，Akiyama らの結果を基にした，接触面後端におけるせん断応力 τ_{end} とせん断降伏応力 κ の比と，比摩耗量の関係である。接触面後端におけるせん断応力 τ_{end} は，Hamilton の式により算出した[49]。同図から分かるように，応力比 τ_{end}/κ の増加に伴い比摩耗量は指数関数的に増加し，特に1を超える場合（未充填の PA66）に高い値を示す。これは，RB セラミックス粒子を充填することにより，塑性流動が抑制され，摩耗を低減できることを示している。

図11は，充填剤の比較として，RB セラミックス粒子とガラスビーズを充填した複合材料の

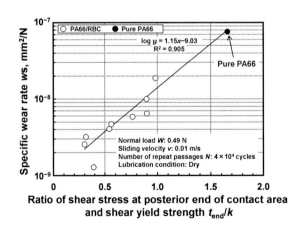

図10　PA66/RBC 複合材料におけるせん断応力比と比摩耗量の関係

第 25 章　RB セラミックス粒子を配合した樹脂系複合材料

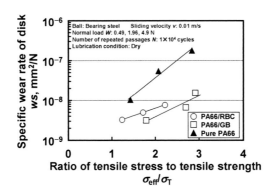

図 11　PA66/RBC 及び PA66/GB 複合材料における引張応力比と比摩耗量の関係[28]

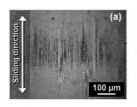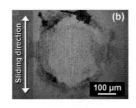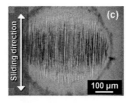

図 12　PA66/RBC 及び PA66/GB 複合材料に対する軸受鋼球の摩耗面：
　　　（a）vs PA66 単体，（b）vs PA66/RBC，（c）vs PA66/GB[28]

摩耗特性を示したものである[28]。横軸は，摩擦面の引張応力と材料の引張強度の比である。同摩擦条件において，RB セラミックス粒子，ガラスビーズを充填した複合材料の比摩耗量は，同等であり，未充填の PA66 に比べ低い。一方，図 12[28] に示されるように，ガラスビーズを充填した複合材料と摩擦させた場合，しゅう動相手の軸受鋼球の摩耗面には，明瞭なスクラッチ痕が確認されるのに対して，RB セラミックス粒子を充填した複合材料と摩擦させた場合には，スクラッチ痕はごくわずかである。これらは，樹脂材料の耐摩耗性向上効果については，RB セラミックス粒子とガラスビーズは同等であるが，相手攻撃性の面では，RB セラミックス粒子が優れていることを示している。

5　RB セラミックス粒子を充填した PEEK 樹脂材料の水中におけるトライボロジー特性

山口ら[25] によって，スーパーエンジニアリングプラスチックの一つであるポリエーテルエーテルケトン（PEEK）に RB セラミックス粒子を充填した複合材料の水中におけるトライボロ

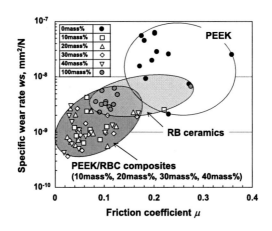

図13 水中におけるPEEK/RBC複合材料摩擦係数と比摩耗量の関係[25]

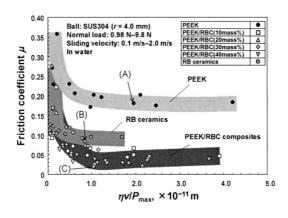

図14 水中におけるPEEK/RBC複合材料のストライベック曲線[25]

ジー特性が明らかにされている。

　充填したRBセラミックス粒子の平均粒径は3 μm,充填率は10-40 mass%である。図13は,摩擦係数と比摩耗量の関係である。PEEK/RBC複合材料の摩擦係数及び比摩耗量は,未充填のPEEKやRBセラミックス単体に比べ,充填率によらずに低い。低摩擦の理由としては,PEEK/RBC複合材料では,耐摩耗性に優れるために相手鋼材表面への摩耗粉の付着による相手面表面粗さの増加,また,摩耗に伴う自身の表面粗さの増加が少なく,すべり速度の増加や接触圧力の減少に伴う流体潤滑効果が他の材料に比べて顕著であるためと考えられている(図14)[25]。

第 25 章　RB セラミックス粒子を配合した樹脂系複合材料

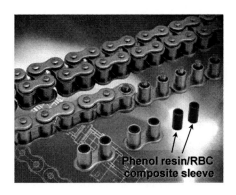

図 15　フェノール/RBC 複合材料を用いた無潤滑ステンレスチェーン[50]

6　RB セラミックス粒子を充填した樹脂複合材料の応用

　RB セラミックス粒子を充填した複合材料の応用例として，図 15 に示される無潤滑ステンレスチェーンが開発されている[50]。ステンレス製のブッシュ及びピンの間に配置されるスリーブ材料として，フェノール樹脂に RB セラミックス粒子を充填した複合材料が応用されており，従来のステンレスチェーンに比べ，無潤滑下で摩耗伸びが少なく，11 倍以上の長寿命が達成されている。

7　おわりに

本章では，充填剤として，硬質多孔性炭素粒子である RB セラミックス粒子を用いた樹脂複合材料のトライボロジー特性及びその応用例について紹介した。高充填が可能な RB セラミックス粒子は，樹脂材料に低摩擦・低摩耗を付与できる新たな充填剤として利用の拡大が期待される。

文　献

1)　K. Hokkirigawa *et al.*, *Proc. 3rd Int. Conf. on Ecomaterials*, 132-135（1997）
2)　堀切川一男ほか，トライボロジー会議予稿集 東京 1997-5, 399-401（1997）
3)　堀切川一男ほか，トライボロジー会議予稿集 名古屋 1998-11, 578-580（1998）
4)　K. Hokkirigawa *et al.*, *Proc. 3rd Int. Tribology Conf. Nagasaki*, 31-38（2001）

5) K. Hokkirigawa et al., *Proc. 3rd Int. Tribology Conf. Nagasaki*, 839-849 (2001)
6) 堀切川一男, 未来材料, **2**, 18-23 (2002)
7) 堀切川一男, プロジェクト摩擦, pp.98-149, 講談社 (2002)
8) T. Yamaguchi et al., *Proc. 3rd Asia Int. Conf. on Tribology*, 387-388 (2006)
9) 堀切川一男, トライボロジスト, **49**, 220-226 (2004)
10) 山口健ほか, セラミックス誌, **41**, 89 (2006)
11) 山口健ほか, 月刊トライボロジー, **276**, 44-47 (2010)
12) 山口健ほか, トライボロジスト, **52**, 114-119 (2007)
13) 山口健ほか, 月刊トライボロジー, **240**, 36-39 (2007)
14) T. Yamaguchi et al., *Proc. Malaysia-Japan Int. Symp. on Advanced Tech. 2007*, CD-ROM (2007)
15) M. Akiyama et al., *Tribology Online*, **5**, 19-26 (2010)
16) M. Akiyama et al., *Tribology Online*, **5**, 87-91 (2010)
17) 柴田圭ほか, 日本機械学会東北支部第47期秋季講演会講演論文集, 408-409 (2011)
18) 柴田圭ほか, 日本トライボロジー学会トライボロジー会議予稿集東京2012-5, 171-172 (2012)
19) K. Shibata et al., *Final Papers of 15th Nordic Symposium on Tribology*, USB flash drive, 1-6 (2012)
20) 伊福遼太ほか, 日本機械学会東北支部第48期秋季講演会講演論文集, 34-35 (2012)
21) 山口健ほか, 日本機械学会東北支部第48期秋季講演会講演論文集, 166-167 (2012)
22) 柴田圭ほか, 日本トライボロジー学会トライボロジー会議予稿集東京2013-5, USB flash drive, 1-2 (2013)
23) K. Shibata et al., *Extended Abstracts of World Tribology Congress 2013*, USB flash drive (2013)
24) 柴田圭ほか, 日本トライボロジー学会トライボロジー会議予稿集福岡2013-10, USB flash drive, 1-2 (2013)
25) 山口健ほか, トライボロジスト, **58**, 487-495 (2013)
26) K. Shibata et al., *Final Papers of 16th Nordic Symposium on Tribology*, USB flash drive, 1-6 (2014)
27) 貴志萌子ほか, 日本トライボロジー学会トライボロジー会議予稿集盛岡2014-11, USB flash drive, 72-73 (2014)
28) K. Shibata et al., *Wear*, **317**, 1-7 (2014)
29) K. Shibata et al., *Tribologia-Finnish Journal of Tribology*, **32**, 33-40 (2014)
30) 柴田圭ほか, 日本トライボロジー学会トライボロジー会議予稿集佐賀2007-9, 219-220 (2007)
31) 柴田圭ほか, 日本機械学会東北支部第43期総会・講演会 講演論文集, 35-36 (2008)
32) 柴田圭ほか, 日本トライボロジー学会トライボロジー会議予稿集東京2008-5, 85-86 (2008)
33) 柴田圭ほか, 日本トライボロジー学会トライボロジー会議予稿集名古屋2008-9, 121-122 (2008)
34) 柴田圭ほか, 日本トライボロジー学会トライボロジー会議予稿集名古屋2008-9, 123-124 (2008)
35) 横山信行ほか, 土木学会第15回鉄道技術・政策連合シンポジウム, **137**, 517-518 (2008)
36) K. Shibata et al., *Extended Abstracts of 2nd Int. Conf. on Advanced Tribology 2008*, 366-368 (2008)
37) K. Shibata et al., *Tribology Online*, **3**, 222-227 (2008)

38) K. Shibata *et al.*, *Abstracts of 3rd Int. Conf. on Manufacturing, Machine Design and Tribology 2009*, 69 (2009)
39) K. Shibata *et al.*, *Proc. World Tribology Cong. 2009*, 162 (2009)
40) K. Shibata *et al.*, *Tribology Online*, **4**, 131-134 (2009)
41) 柴田圭ほか, 日本トライボロジー学会トライボロジー会議予稿集福井 2010-9, 49-50 (2010)
42) 柴田圭ほか, 日本トライボロジー学会トライボロジー会議予稿集東京 2011-5, 55-56 (2011)
43) K. Shibata *et al.*, *Extended Abstracts of Int. Tribology Conf., Hiroshima 2011*, G1-02 (2011)
44) K. Shibata *et al.*, *Tribology Online*, **6**, 180-181 (2011)
45) K. Shibata *et al.*, *Abstracts of IUMRS-ICEM 2012*, USB flash drive, A-9-O26-006 (2012)
46) K. Shibata *et al.*, *Wear*, **294-295**, 270-276 (2012)
47) 三島潤一郎ほか, 電気学会論文誌D（産業応用部門誌）, **135**, 1-6 (2015)
48) 柴田圭, トライボロジスト, **60**, 105-110 (2015)
49) G. M. Hamilton, *Proc. Institution of Mech. Sci. Eng., Part C: J. Mech. Eng. Sci.*, **197**, 53-59 (1983)
50) 坂爪克行, 機械設計, **48**, 39-42 (2004)

【第4編　応用】

第26章　歯車

高橋秀雄[*1]，板垣貴喜[*2]

1　プラスチック歯車の特徴

プラスチック歯車は，1970年代頃のプラモデルで初めて使われたと言われている[1]。玩具用の歯車として使用され始めたプラスチック歯車は，その後，その利点を生かして次第にテープデッキ等のAV機器で使用されるようになった。現在では，家電製品やOA機器，自動車部品など幅広い分野の製品に使用されている[2]。さらに最近では，一般産業機械，医療・健康機器などでの利用も増加しており，利用分野の多様化が進んでいる[3]。一般に，プラスチック歯車は，金属歯車に比べ，軽量，安価で静粛性に優れており，軽量化，低コスト化や低騒音化を目的としてその需要が増加している。プラスチックは金属とは異なり，粘弾性体であり，機械的性質に温度依存性を有するため，使用環境や運転条件によって，これらに起因した問題が発生することが多い。また，吸湿性があり，水分を吸収することで寸法や物性も変化する。このため，高精度なものには向かず，プラスチック歯車の強度や寿命の評価も単純ではない[4]。

プラスチック歯車の利点としては，(1)軽量である，(2)静粛性が高い，(3)自己潤滑性を有しているので無潤滑で使用できる，(4)射出成形により安価に大量生産が可能である，(5)複数の要素からなる部品を一体成形できるので安価，製作時間の短縮が可能である等が挙げられる。

一方，欠点としては，(1)低強度である，(2)柔らかくたわむため伝達誤差が大きい，(3)温度変化・吸水等により寸法が不安定となる，(4)物性値が温度依存性を有し，高温に弱い特性を持っている，(5)摩耗しやすい，(6)クリープ変形が大きい，(7)熱伝導率が低く熱がこもり易い等が挙げられる。

2　プラスチック歯車の材料

現在，プラスチック歯車の材料として一般に使用されているのは，ポリアセタール（POM：PolyacetalまたはPolyOxyMethylene）とポリアミド（PA：PolyAmide）である。ポリアセタールとは，オキシメチレン構造を単位構造に持つポリマーであり，ポリアミドとはアミド結合により多数のモノマーが結合されてできたポリマーである。このうち，日本国内において使用されるプラスチック歯車の約80%がポリアセタール[5]と言われている。これは，季節による湿度

[*1]　Hideo Takahashi　木更津工業高等専門学校　機械工学科　教授

[*2]　Takayoshi Itagaki　木更津工業高等専門学校　機械工学科　准教授

の変化の激しい日本では，吸水性が高いため寸法変化が大きく，また曲げ強さなどの機械的特性の変化も大きいポリアミドが敬遠されていることが一因といわれている。

日本国内で使用されるプラスチック歯車のほとんどがポリアセタール製であるが，そのポリアセタールにも多くの種類およびグレードがある。まず，化学構造によるとホモポリマとコポリマに大別できる。ホモポリマ（$[-CH_2O-]_n$）はホルムアルデヒド（CH_2O）が重合したもので，融点は約175～179℃である。コポリマは数モル％のコモノマ（$-CH_2CH_2O-$）を含むもので，融点は約165℃である。ホモポリマの融点はコポリマより約10℃高いため耐熱性はわずかに優れる。コポリマ（$[-CH_2O-]_n[-CH_2CH_2O-]_m$）は，コモノマを共重合して熱分解を抑え，成形性を改善した材料である。このコポリマは，化学的にも熱的にも安定しており成形性に優れているため，日本で最も使用量の多い材料である。また，ポリアセタールは，ホモポリマ，コポリマのいずれにおいても，標準グレードだけでなく，高剛性グレード，耐クリープ性グレード，しゅう動性グレード等多くのグレードが存在し，用途に応じて使い分けが可能となっている。このように，ポリアセタールは他の汎用エンジニアリングプラスチックに比べて性能や価格の点で非常にバランスの良い優れたプラスチック材料である[6,7]。

3　プラスチック歯車の損傷

プラスチック歯車の場合，鋼製歯車に比較してその素材や運転条件によって損傷形態が大きく異なることが知られている[8〜10]。また，プラスチック歯車に鋼製歯車の概念を流用する場合，歯車の歯以外の箇所に損傷が発生することにも留意する必要がある。すなわち，鋼製歯車の場合，歯車の各部に対して歯の剛性が低いために歯のみに着目すれば良いが，射出成形のプラスチック歯車では成形性を高める目的で薄肉構造が採用されるために，歯の剛性が他の箇所に比べて高いことが多い。このため，歯車のリム部や軸とのはめあい部から歯車が破壊することが報告されている[9]。

歯車の強度は損傷形態によって評価方法が異なる。このため，寿命に至った歯車の損傷形態を把握し，評価することが重要である。プラスチック歯車の損傷は，最終的損傷と経過的損傷に大別され，表1のように分類される[10]。一般にポリアセタール製平歯車の最終的損傷は主に表中の「1.1 折損」「1.2 溶融」であり，溶融と折損の複合的損傷も現れることが知られている[9]。また，プラスチック複合材料を用いた歯車の損傷形態は，ポリアセタールにガラス繊維を充てんしたプラスチック歯車において，最大曲げ応力が発生する歯元すみ肉部近傍からの折損であることが報告されている[11]。

ところで，歯車の損傷は歯面に発生することもある。かみ合うプラスチック歯車対の歯面同士に着目すれば，アブレシブ摩耗が発生しない場合のプラスチックの摩耗は凝着摩耗が支配的で，その形態は次の6つに分類される[12]。

　(1) 表面流動型　(2) ロール成形型　(3) 界面滑り型
　(4) 軟化溶融型　(5) 熱分解型　　(6) 局部破断型

高分子トライボロジーの制御と応用

表1 プラスチック歯車の損傷[10]

1.	最終的損傷	Final Damage
1.1	折損	Tooth Breakage
1.1.1	疲労折損	Fatigue Breakage
1.1.2	過負荷折損	Overload Breakage
1.1.3	せん断折損	Shear Breakage
1.2	溶融	Melting
1.3	焼付き	Seizure
1.4	異常摩耗	Destructive Wear
1.5	塑性変形	Plastic Deformation
2.	経過的損傷	Progress Damage
2.1	摩耗	Wear
2.1.1	正常摩耗	Normal Wear
2.1.2	アブレシブ摩耗	Abrasive Wear
2.2	歯面の疲労	Surface Fatigue
2.2.1	ピッチング	Pitting
2.3	熱的損傷	Thermal Damage
2.3.1	スカッフィング	Scuffing
2.3.2	焼け	Burning
2.4	その他	The Others
2.4.1	き裂	Cracking
2.4.2	干渉による損傷	Fatigue by Interference
2.4.3	異物かみこみによる損傷	Fatigue by jamming
2.4.4	膨潤	Swelling

　プラスチックでは真実接触部での変形は弾性変形が支配的であり，もし弾性変形のみであると仮定すれば，摩擦係数は荷重の$-1/3$乗に比例することになる[12]。また，摩擦熱により温度が上昇すれば粘弾性的な挙動が顕著になり，レオロジカルな扱いも必要になる。ポリアセタール樹脂同士の摩耗に関して，摺動形態を観察した結果[13]，摩耗粉の相手材への移着が発生することが示された。これらのことを勘案すると，プラスチック歯車の歯面同士の摩擦はより複雑な様相となることが推察される。

　プラスチック歯車同士のかみ合わせによる摩耗については，小川らがプラスチック平歯車の歯面の摩耗を細かく観察し，歯形形状の変化や精度との関係を報告している[14]。また，武士俣らは各種プラスチック材料の平歯車を組み合せて運転した際の摩耗の違いを調べ，同種材料同士では異種材料同士に比べ摩耗が多くなることを明らかにした[15]。

　歯車の歯の摩耗および損傷形態の一例を図1に示す。図中の右歯面が作用歯面である。図1(a)の例は，ポリアセタール製平歯車の歯面に摩耗が生じ，運転時間の増加に伴い歯が細くなった様子を表す。破損後の歯車の様子を示した図1(b)では，摩耗の進行後に摩擦による発熱のために歯が溶融した様子が分かる。

第 26 章　歯車

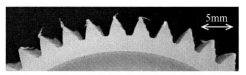

(a) 歯の摩耗（トルク 2.0 Nm，回転数 1000 min^{-1}，積算回転数 1.03×10^7 rev.）

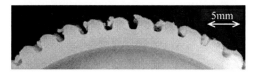

(b) 溶融（トルク 3.0 Nm，回転数 1000 min^{-1}，積算回転数 3.77×10^6 rev.）

図 1　ポリアセタール製平歯車の損傷例

次に，はすば歯車の歯の摩耗および損傷形態の一例を図 2 に示す．図 2(a) に示すように疲労限度（ここでは積算回転数 10^7 rev. と定義）に達したポリアセタール製はすば歯車の場合，

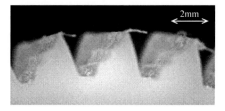

(a) 歯の摩耗（トルク 2.0 Nm，回転数 1000 min^{-1}，積算回転数 1.0×10^7 rev.）

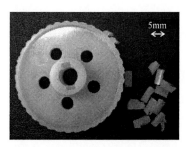

(b) 疲労折損（トルク 2.75 Nm，回転数 500 min^{-1}，積算回転数 2.5×10^4 rev.）

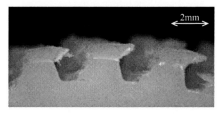

(c) 溶融（トルク 3.5 Nm，回転数 1000 min^{-1}，積算回転数 2.2×10^5 rev.）

図 2　ポリアセタール製はすば歯車の損傷例

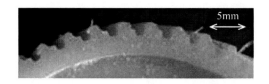

図3 ポリアセタール製ねじ歯車の損傷例
（トルク 0.5 Nm，回転数 500 min^{-1}，積算回転数 1.24×10^6 rev.）

　図1(a)のポリアセタール製平歯車と同様に歯面に摩耗が生じ，運転時間の増加に伴い歯が細くなった。また，負荷が比較的に低い場合は図2(b)に示すように折損が主である。一方，負荷が高い場合は図2(c)に示すように，平歯車と同様に摩擦による発熱のために歯の変形および溶融がみられる。

　図3に示したねじ歯車の損傷形態は，平歯車やはすば歯車とは異なり，歯面の摩耗の進行による損傷，過摩耗による破損ということが分かる。

4　プラスチック歯車の騒音

　プラスチック歯車は金属歯車に比べて低騒音と言われている。低騒音である理由は金属歯車に比べて弾性係数が小さく，さらに，振動減衰率が大きく，かみ合い時の衝撃を吸収する特性が優れているためと言われているが[16]，運転条件や歯車形状などによっては騒音が問題となる事もある[17]。

　プラスチック歯車の騒音に関する研究として，扇谷らは，鋼製の駆動歯車とかみ合う動力伝達用MCナイロン平歯車に関する研究[18,19]を行い，プラスチック歯車の歯のたわみに起因する伝達誤差により歯車が振動し騒音を発すること，駆動歯車をMCナイロン歯車に変更したプラスチック歯車対では鋼製歯車とかみ合わせた場合に比べ静粛性を向上できないことを報告した[18]。また，騒音に及ぼす歯形誤差（圧力角誤差）の影響は小さいことと負の圧力角誤差のある方が振動は低下する傾向を見出した[19]。張らは，ポリアセタールおよびナイロン平歯車を用い材質の縦弾性係数と騒音の関係を調べ，軟らかい材質の方が低騒音となる事を示した[20]。塚本らは，ポリアセタールに添加剤を充てんし，低摩擦・低摩耗化した低騒音プラスチック平歯車を開発することを試みており，ポリアセタールに高級脂肪酸エステルと低分子量ポリオレフィン＋鉱油を充てんした2種類の歯車の低騒音化の効果を比較し，300 Hz以上の周波数域で低騒音化の効果が表れたこと[21]，さらに，ポリオレフィンと合成油を充てんした複合POM歯車では，2〜3 kHz以上の高周波数域での音圧レベルが低下することを明らかにした[22]。また，低剛性化することでかみ合い音が低下し，低騒音化の効果があることを報告した[23]。このように，プラスチック歯車の騒音を低下させるためには，歯車の精度が良いことはもちろんのこと，歯形の変更や低剛性化することで歯のかみ合い音を低下させる，潤滑剤や添加剤を用いて歯面のしゅう動音を低下させ

ることが低騒音化の主な方法であることが知られている。

　図4～6に歯車対の種類別（平歯車対，はすば歯車対，ねじ歯車）に音圧レベルと歯車本体温度の関係を示す。いずれも駆動および被動歯車はポリアセタール製歯車であり，同一諸元の歯車同士を噛合わせている。図から分かるように，いずれの歯車対においても歯車本体温度の増減と音圧レベルの増減の変化は非常に類似している。このため，プラスチック歯車の音の主な発生原因は歯面の摩擦および摩耗であると言える。特に，平歯車対およびはすば歯車対の本体温度において，運転中に初期摩耗から定常摩耗への推移が明確に表れるため，音圧レベルにもその影響が明確に表れている。

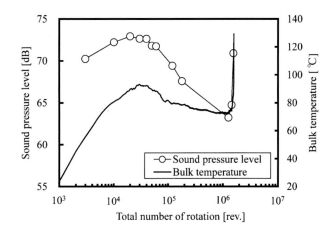

図4　ポリアセタール製平歯車の騒音と本体温度の変化
（トルク 3.0 Nm，回転数 1000 min^{-1}）

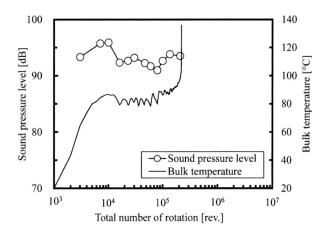

図5　ポリアセタール製はすば歯車の騒音と本体温度の変化
（トルク 3.5 Nm，回転数 1000 min^{-1}）

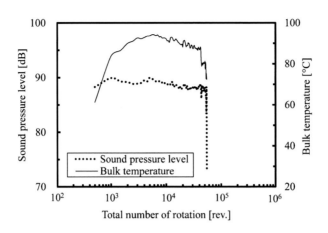

図6　ポリアセタール製ねじ歯車の騒音と本体温度の変化
（トルク 0.8 Nm，回転数 500 min^{-1}）

5　プラスチック歯車の強度

　現在，プラスチック歯車の寿命など歯車強度を検討するための歯元強度や摩耗強度の計算式では，鋼の場合の計算式に補正項を加えて使用しており，プラスチック歯車の強度評価は鋼歯車に準じて行われているのが現状である。しかし，プラスチックの物性値は，鋼の場合とは大きく異なり，温度に依存して大きく変化するため，プラスチック歯車の強度評価を正確に行うためには駆動時の歯面温度や雰囲気温度を考慮した強度評価法を確立する必要がある。最近，JIS において，プラスチック円筒歯車の曲げ強さ評価方法が制定[24]され，曲げ強度の評価には雰囲気温度やヒステリシス発熱などの温度の影響が考慮されつつある。

　JIS のプラスチック円筒歯車の曲げ強さ評価方法により求められる歯元表面における最大引張応力である歯元曲げ応力 σ_F は，式(1)で表される。

$$\sigma_F = \frac{F_{wt}}{b \cdot m_n} Y_F \cdot Y_S \cdot Y_\beta \cdot Y_f \cdot Y_B \quad [\text{MPa}] \tag{1}$$

ここに，

　F_{wt}：呼び接線力 [N]
　m_n：歯直角モジュール [mm]
　b 　：歯幅 [mm]
　Y_F：歯形係数
　Y_S：応力修正係数
　Y_β：ねじれ角係数
　Y_f：歯元形状係数

第 26 章 歯車

Y_B：リム厚さ係数

これに対して，歯車材料の許容歯元曲げ応力 σ_{FP} は次式(2)となる．

$$\sigma_{FP} = \sigma_{Flim} \cdot Y_{NT} \cdot Y_\Theta \cdot Y_{\Delta\Theta} \cdot Y_L \cdot Y_M \quad [\text{MPa}] \tag{2}$$

ここに，

σ_{Flim}：許容曲げ応力［MPa］：かみ合い回数 10^6 で損傷率 1％となる歯元曲げ応力
Y_{NT}：寿命係数
Y_Θ：雰囲気温度係数
$Y_{\Delta\Theta}$：温度上昇係数
Y_L：潤滑係数
Y_M：相手歯車係数

プラスチック材料は，金属材料に比べ熱伝導率が非常に小さく，摩擦発熱またはヒステリシス発熱による歯の温度上昇が材料強度に大きく影響を及ぼす．これを考慮したのが式(2)の $Y_{\Delta\Theta}$：温度上昇係数である．これを求めるためには詳細な実験，解析が必要となる．各種係数の算出方法は紙面の都合でここでは省略するが，ポリアセタール製歯車に対する温度上昇係数を求める例は文献 [25～27] に示されているので参照されたい．

なお，これらの式は歯の疲労折損の破壊モードに対応する強度評価法の例であり，実際には摩耗や溶融などの損傷が複雑に絡み合って最終的な破損に至る．

文　　献

1) 精密工学会成形プラスチック歯車研究専門委員会編, 成形プラスチック歯車ハンドブック, 序文, シグマ出版 (1995)
2) 岩井實ほか, 精密工学会誌, **62**(6), 789-794 (1996)
3) 公益社団法人精密工学会成形プラスチック歯車研究専門委員会編, プラスチック歯車の動向調査報告, 57-61 (2012)
4) 精密工学会成形プラスチック歯車研究専門委員会編, 成形プラスチック歯車ハンドブック, 113-118 (1995)
5) 精密工学会成形プラスチック歯車研究専門委員会編, 成形プラスチック歯車ハンドブック, 59 (1995)
6) 精密工学会成形プラスチック歯車研究専門委員会編, 成形プラスチック歯車ハンドブック, 59-68 (1995)
7) 高分子学会編・井上俊英ほか著, エンジニアリングプラスチック, 21-32 (2004)

8) 寺島健一, 塚本尚久, 西田知照, 日本機械学会論文集（C編）, **51**(468), 2161-2166（1985）
9) 精密工学会成形プラスチック歯車研究専門委員会編, 成形プラスチック歯車「歯車強度評価事例集」, 57-64（2005）
10) 精密工学会成形プラスチック歯車研究専門委員会編, 成形プラスチック歯車「歯車損傷事例集」, 1（2003）
11) 塚本尚久, 三村博, 日本機械学会論文集（C編）, **63**(614), 3619-3627（1997）
12) 精密工学会成形プラスチック歯車研究専門委員会編, 成形プラスチック歯車ハンドブック, 92-97（1995）
13) 加田雅博, 石川優, トライボロジスト, **51**(2), 147-154（2006）
14) 小川正明, 芝宮良雄, 岩井實, 成形加工, **5**(11), 821-828（1993）
15) 武士俣貞助, 佐久田博司, 浅井拓, トライボロジスト, **46**(11), 889-896（2001）
16) 精密工学会成形プラスチック歯車研究専門委員会編, 成形プラスチック歯車ハンドブック, 417（1995）
17) 精密工学会成形プラスチック歯車研究専門委員会編, 成形プラスチック歯車ハンドブック, 428-448（1995）
18) 扇谷保彦, 日本機械学会機素潤滑設計部門MPT2004シンポジウム＜伝動装置＞講演論文集, 109-112（2004）
19) 扇谷保彦, 菅真澄, 矢澤孝哲, 小島龍広, 日本機械学会機素潤滑設計部門MPT2007シンポジウム＜伝動装置＞講演論文集, 242-245（2007）
20) 張謹, 上口博司, 北村敏也, 山田伸志, 騒音制御, **21**(1), 50-54（1997）
21) 塚本尚久, 丸山広樹, 三村博, 日本機械学会論文集（C編）, **59**(558), 548-555（1993）
22) 塚本尚久, 丸山広樹, 三村博, 日本機械学会論文集（C編）, **59**(568), 3874-3879（1993）
23) 造田敬一, 三村博, 塚本尚久, 日本機械学会論文集（C編）, **72**(716), 1361-1369（2006）
24) JIS B 1759-2013, プラスチック円筒歯車の曲げ強さ評価方法（2013）
25) 上田昭夫, 吉原正義, 高橋秀雄, 森脇一郎, 日本機械学会論文集（C編）, **73**(732), 2357-2366（2007）
26) 上田昭夫, 高橋秀雄, 中村守正, 森脇一郎, 日本機械学会論文集（C編）, **74**(748), 3050-3055（2008）
27) 上田昭夫, 高橋秀雄, 中村守正, 森脇一郎, 日本機械学会論文集（C編）, **75**(752), 1072-1080（2009）

第27章　軸受

江上正樹[*1]，石井卓哉[*2]

1　はじめに

　プラスチック（樹脂）は，自己潤滑性に優れ，軽量で耐食性があり，かつ射出成形などにより複雑形状を高い生産性で製造できるなど多くの利点を有していることから，情報機器，産業機械，自動車などの幅広い分野ですべり軸受の素材として採用されている。樹脂は荷重，すべり速度，相手材，温度，潤滑有無などの使用条件で摩擦係数や耐摩耗性などのトライボロジー特性が変化するため，用途に適した材料選定や設計が重要である。また，高度な特性を要求される場合には，四フッ化エチレン樹脂（PTFE），黒鉛などの固体潤滑剤，ガラス繊維，炭素繊維などの補強材，潤滑油などを配合して用いることが多く，これらの配合組成が樹脂すべり軸受製造メーカのノウハウとなっている。

　一方，樹脂には，金属材料に比べて耐熱性，強度が低い，線膨張係数が大きいなどの欠点もあり，これらを十分把握したうえで使用する必要がある。

2　代表的な樹脂すべり軸受材料

　ここでは，比較的高いトライボロジー特性や耐熱性が要求される用途向けに用いる代表的なエンジニアリングプラスチックを紹介する。

① 四フッ化エチレン樹脂（PTFE）

　高い非粘着性を持ち，連続使用温度は約260℃で，耐熱性，耐薬品性，耐候性，摩擦特性に優れている。溶融粘度が非常に高く射出成形が出来ないため，圧縮成形や押出成形で成形する。PTFE単独では耐摩耗性，耐荷重性に劣るため，充填剤を配合した材料がシール部品や特殊環境用の軸受として使用されている。また，他の樹脂のトライボロジー特性を向上させる目的で，固体潤滑剤として配合されることも多い。

② ポリフェニレンサルファイド樹脂（PPS）

　分子構造により架橋型，リニア型，セミリニア型に分類され，いずれも連続使用温度は240℃である。高剛性で，難燃性，耐薬品性，電気特性に優れている。架橋型は耐クリープ性に優れるが衝撃に弱く，リニア型はその逆の性質を有する。溶融粘度が低く流動性が良好な半面，射出成

[*1] Masaki Egami　NTN㈱　商品開発研究所　所長
[*2] Takuya Ishii　NTN精密樹脂㈱　技術部　自動車商品課　課長

形時にバリやガス焼けなどが生じることがある。トライボロジー特性は各種充填剤により改善が可能であるため，射出成形可能な耐熱性樹脂軸受の母材として広く用いられている。

③ ポリエーテルエーテルケトン樹脂（PEEK）

熱可塑性樹脂の中でも高い連続使用温度（260℃）を有し，耐熱劣化性にも優れる。また，強度，疲労特性，耐薬品性，燃焼性にも優れる樹脂である。アウトガスも少なく，PPSよりも高い耐熱性が求められる時に利用される。

④ 超高分子量ポリエチレン樹脂（UHMWPE）

連続使用温度は80℃と低いが，自己潤滑性がある。通常のポリエチレンの分子量が2万〜30万であるのに対して，本樹脂は100万〜700万と高く，そのため耐衝撃性や耐摩耗性（特にざらつき摩耗）に優れるが，溶融粘度が高く射出成形できない。そこで，通常のポリエチレンとUHMWPEの中間分子量で射出成形を可能にした特殊UHMWPEが開発されている。

⑤ ポリアミドイミド樹脂（PAI）

連続使用温度は260℃で，優れた耐薬品性（アルカリを除く）や電気特性を有する。射出成形可能であるが，溶融粘度が高いため，製品形状や射出成形機，金型設計に留意する必要がある。成形後に高分子量化のための熱処理（ポストキュア）を施すことにより，強度，伸び，疲労強度などが大きく向上する。分子構造にアミド結合を有するため，吸水による機械的特性の低下や寸法変化が生じる。耐摩耗性が良好なため，固体潤滑剤を配合した材料が歯車や軸受として使用されている。

3　樹脂すべり軸受の種類と使用上の注意点

代表的なすべり軸受を図1に示す。鋼製の転がり軸受では規格寸法の製品が使用されるが，樹脂すべり軸受は射出成形による形状の自由度が大きいことを利用し，組み合されるハウジングや軸の形状・寸法に合わせて様々な設計が採用される。樹脂単体のものが多いが，内径のすべり面をトライボロジー特性に優れるPTFEのパイプ材で形成し，その外径にPPSなどの高強度材を

図1　樹脂すべり軸受の代表例

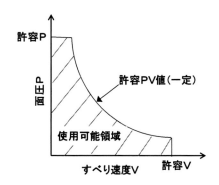

図2　樹脂すべり軸受の許容PV値

射出成形したものや，金属円環の内径面に樹脂の円環を圧入したり，樹脂フィルムを接着したもの，樹脂コーティングを施したものもある。

樹脂すべり軸受の設計には，使用温度，荷重，すべり速度，相手材材質，トルク，精度，環境，運動形態，期待寿命等の諸条件を明確に把握しておく必要がある。軸受材の選定にあたっては，軸受材の許容面圧や許容すべり速度を考慮するとともに，使用温度，相手材の材質，潤滑条件等の検討が必要である[1]。軸受材の使用可能な運転許容範囲を判定するために，面圧Pとすべり速度Vの積であるPV値がよく利用される。ただし，面圧およびすべり速度にも各許容値があるため，使用可能な範囲は図2のようになる。

また，樹脂は線膨張係数が大きいため，ハウジングとのはめあいや，軸とのすきまの設定には注意が必要である。使用温度の変化が大きい場合は，温度上昇により軸受が膨張し，すきまが小さくなるので，この量だけすきまを大きくしておく必要がある。低温で使用する場合，圧入しまりばめが緩くなることがあるので，ノックピン又はキーを用いて回り止めを行うか，接着剤を用いて軸受を固定して使用する。

4　金属との複合化による樹脂すべり軸受の機能向上

金属と比較して，樹脂は機械的特性や耐熱性が低く，熱伝導率も小さいため，耐熱性の高いスーパーエンプラを使った軸受でも，摩擦発熱により溶融摩耗する場合がある。また，線膨張係数が大きく，金属製軸受に比べて温度に対する寸法変化が大きく，広い温度範囲で高い回転精度を維持することが難しい。ここでは，金属との複合化により樹脂の欠点を克服し，高PV値条件下での使用や高回転精度を達成した樹脂すべり軸受を紹介する。

4.1　特殊UHMWPEと焼結金属との複合化

複写機・プリンターの現像部，感光部，定着部などの回転部には，転がり軸受，樹脂すべり軸受，含油焼結軸受が使用されている。各種軸受の比較を表1に示す。転がり軸受は低トルクで，

表1 各種軸受の比較

項目	転がり軸受	焼結含油軸受	樹脂軸受	樹脂と金属の複合軸受
回転精度	◎	○	△	○
トルク	◎	○	○〜△	○
相手軸の損傷	◎	○〜×	○	○
コスト	△	◎	◎	○

◎：優　○：良　△：可　×：不可

　回転精度に優れるが，部品点数が多く高価である．樹脂軸受は安価で，樹脂および充填剤の選定により様々な相手軸に対応できるが，寸法精度，熱膨張を考慮して運転すきま（軸と軸受のすきま）を大きくとる必要があるため回転精度に劣る．一方，焼結含油軸受は樹脂軸受よりも寸法精度が高く熱膨張も小さいため，回転精度は比較的高く低トルクであるが，低速では油膜切れを起こし相手軸を摩耗損傷させることがある．

　これに対し，感光部などの高い回転精度が求められる部位用として，図3のように焼結金属ブッシュの内径面に樹脂層を約0.3 mmと薄く射出成形した樹脂すべり軸受が採用されている．焼結金属表面の微細な空孔に樹脂を侵入させ，アンカー効果により高い密着性を得ている．また，樹脂層を焼結金属上に薄く形成しているので熱膨張変化量が小さく，運転時のすきまを小さく設定することができ，回転精度が高い[2]．

　本用途では低摩擦係数も求められるため，内径面の樹脂層は特殊UHMWPEに含油シリカを配合した材料を採用している．含油シリカとは，シリコーン油を含浸させた多孔質シリカの微粉末であり，シリカが補強材としてはたらくため，一般の含油樹脂のような材料の強度低下がなく，自己潤滑性材料としては極めて低い摩擦係数（$\mu = 0.05$）を実現している．表1に本軸受を併記（右欄）し，図4に本軸受も含めた各種軸受の摩擦特性を示す．

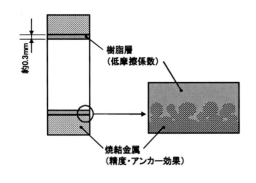

図3　特殊UHMWPEと焼結金属の複合軸受

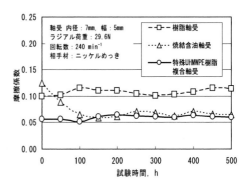

図4　各種軸受の摩擦特性

4.2 PEEKと焼結金属との複合化

　家庭用，業務用を問わず，エアコンの消費電力の大部分はコンプレッサーが占めている。コンプレッサーには複数の樹脂すべり軸受が使用されており，エアコンの省エネルギー化には，これらの機能向上が求められる。

　軸受には主に図5のPTFE巻きブッシュが使用されているが，希薄潤滑下では樹脂層が摩耗して，焼結金属層が露出する場合がある。そこで，耐熱性，耐摩耗性，耐油性，耐薬品性および疲労特性に優れるPEEKと焼結金属を複合化した樹脂すべり軸受が開発されている[3]。図6にPEEK複合軸受の外観を，表2に特徴を示す。鋼板上の焼結金属層にPTFEを含浸・焼成して製造するPTFE巻きブッシュと異なり，本軸受は鉄系焼結金属ブッシュの内径面に，PEEKが厚さ0.5 mmで射出成形されている。4.1項の複合軸受と同じく，アンカー効果により焼結金属と樹脂の密着力を高め，摩擦力によるはく離を防止している。

　図7に各種軸受の耐焼付き性を示す。PEEK複合軸受は，油循環停止後に焼付くまでの時間がPTFE巻きブッシュより5倍以上長い。なお，金属と複合化していないPEEK軸受は放熱性が悪いため，早期に焼付く。

図5　PTFE巻きブッシュ

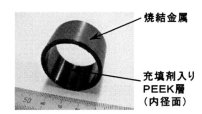

図6　PEEK複合軸受

表2　各種軸受の比較

項目		PEEK 複合軸受	PTFE 巻きブッシュ
構成	表層	PEEK 厚さ0.5 mm	PTFE 厚さ0.05 mm
	中間層	なし	青銅焼結金属 厚さ0.3 mm
	裏金	焼結金属	鋼板
形状		割りなしブッシュ	巻きブッシュ
樹脂材料の成形方法		射出成形	含浸成形
耐焼付き性		◎	△
耐摩耗性		◎	○
摩擦特性		◎	○

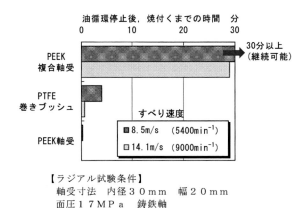

図7　耐焼付き性

5　用途展開

これまで代表的な樹脂すべり軸受について述べた。ここでは，樹脂すべり軸受の技術を応用した用途展開について3つの事例を紹介する。

5.1　自動車変速機用シールリング

自動車の自動変速機（AT），無段階変速機（CVT）には，外径15〜60 mmの樹脂製シールリングが4〜10個使用されている。シールリングは図8に示すATやCVTの油圧回路内で相対運動する軸とハウジング間に組み付けられ，図9のように油圧によりハウジングと軸の両方に押し付けられながらしゅう動し，オイルを密封して油圧回路内の圧力を保持する。

シールリングの要求性能は低トルク，低オイルリーク，低摩耗特性である。トルクを低減すると，変速機の効率が向上し省エネルギーとなる。また，オイルリークを抑えると，油圧ポンプの高効率化，小型化を図ることが可能となり，省エネルギー化につながる。また，シールリングの摩耗が小さいこと，相手部材を摩耗損傷させないことも必要である。

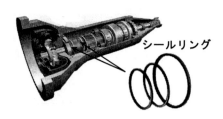

図8　自動変速機（AT）の構造

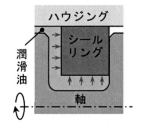

図9　シールリングの作動状態

シールリングの材質は主にPTFEやPEEKである。PTFEは圧縮成形素材を機械加工して，一方PEEKは射出成形してシールリングにする。合い口（切り割）を複雑形状に射出成形したPEEK製シールリングは，合い口が単純なストレート形状のPTFE製よりオイルリークが少ない。

自動車の燃費規制が今後益々厳しくなる中で，シールリングには一層の低トルク化が求められ，軸と接触する側面に潤滑溝を形成することで改善が図られている。PEEK製シールリングの側面にV字状溝を射出成形により形成し，高いシール性と低トルクを両立したシールリング（以下，V溝シールリング）について例示する[4]。

V溝シールリングの構造を図10に，トルク（シールリング2本分）の油圧依存性，シールリングの摩耗試験結果を図11，12に示す。V溝シールリングは溝なしシールリングに比べトルクが60〜70%低く，側面摩耗量は1/10である。

シールリング側面の溝をV字状にすることで動圧効果により溝端部が高圧となる。この力は，油圧によりシールリングに加わる軸溝側面への押し付け力と反対向きであり，接触部の面圧低下に寄与する。また，溝の端部からしゅう動面に油が入り込むため，トルク，摩耗量が低減できる。一方，オイルリークに関しては，従来の溝なしシールリングと同等の低リーク特性を示す。

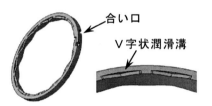

図10 V溝シールリングの溝形状

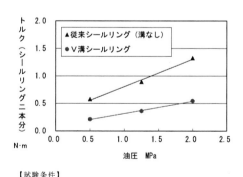

【試験条件】
外径50mmシールリング 油圧0.5〜2MPa
回転数7000min⁻¹ ATF（110℃）
S45C軸

図11 トルクの油圧依存性

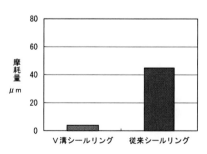

【試験条件】
外径50mmシールリング 油圧3MPa
回転数7000min⁻¹ ATF（150℃） 1時間
S45C軸

図12 シールリングの側面摩耗量

5.2 樹脂すべりねじ

産業機械，医療機器，食品機械などの搬送部に，モータの回転運動を直進運動に変換する送りねじが使用されている。送りねじにはボールねじ，樹脂すべりねじがある。表3にこれらの性能比較を示す。ボールねじは耐荷重性，ねじ効率に優れるが，高価である。また，グリースで潤滑するため，グリースの飛散や高温での劣化が懸念される用途には適さない。一方，樹脂すべりねじは，許容荷重は低いが，無潤滑でも使用可能であり，真空中や高温雰囲気などの幅広い環境に適用できるほか，安価で低騒音である。

樹脂すべりねじは，図13のように樹脂製ナットとステンレス製ねじ軸で構成する。樹脂製ナットは，ポリアセタール樹脂，ポリアミド樹脂，PPSなどの射出成形品であり，無潤滑で使用する場合は，固体潤滑剤を配合して摩擦摩耗特性を改良して用いる。樹脂製ナットは高荷重条件で割れたり，ねじ山が破損する。そのため，金属と複合化して樹脂すべりねじの高負荷容量化を図ったものが開発されている。図14のように黄銅製ナットのねじ山表面にPPSを射出成形した複合ナットとし，放熱性を高め，負荷容量を向上させている。黄銅には特殊な表面処理を施し，樹脂との密着力を向上させている。

表4に樹脂すべりねじと樹脂複合すべりねじの耐荷重性を示す。樹脂材はともに摩擦摩耗特性を改良したPPSである。樹脂複合すべりねじは，樹脂すべりねじと比較し許容アキシアル荷重が2倍，ナットの静的破壊荷重が9倍高い。

表3　各種送りねじの性能比較

項目	ボールねじ	樹脂すべりねじ	樹脂複合すべりねじ
潤滑	要 （グリース）	不要 （潤滑有でも可）	不要 （潤滑有でも可）
耐荷重性	◎	△	○
ねじ効率	◎	△～○	○
騒音	△	○～◎	◎
耐熱性	△	△～○	○

◎：優　　○：良　　△：可

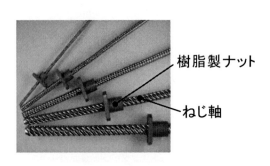

図13　樹脂すべりねじ

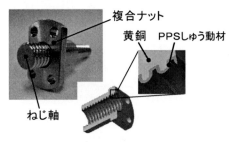

図14　樹脂複合すべりねじ

表4　樹脂すべりねじの耐荷重性

項目	樹脂 すべりねじ	樹脂複合 すべりねじ
許容アキシアル荷重	600 N	1,500 N
ナットの静的破壊荷重	2.7 kN	24 kN

【ねじ仕様】軸径12 mm　リード2 mm　1条
【許容荷重の定義】室温，無潤滑，軸の回転速度100 min^{-1}でナットを0.7 km移動させた時のアキシアルすきま増加量が0.1 mm以下に収まる最大荷重

5.3　樹脂転がり軸受

　半導体や液晶の製造工程などの特殊な薬液中や，食品，飲料水の製造装置，搬送装置などの潤滑油が使用できない環境では，金属製の転がり軸受が使用できない，あるいは寿命が短くメンテナンス周期が短いといった問題が発生する。そのため，このような特殊環境では図15に示す樹脂転がり軸受が使用される[5]。樹脂転がり軸受は内外輪，保持器に耐薬品性，トライボロジー特性に優れる樹脂を，転動体にセラミックボールを使用しているため，以下の特長がある。

【特長】
①耐水・耐薬品性に優れる（ドライから酸，アルカリ液中まで）
②錆びによる腐食がない
③無潤滑で使用可能
④金属製転がり軸受より軽量（重量比1/4）
⑤すべり軸受より低トルク

構成部品の材料を表5に例示する。内外輪，保持器の樹脂材料は荷重，回転数，薬液などに応じて選定する。高荷重条件では疲労特性に優れるPEEKを内外輪に使用する。また，食品や飲料水の用途では，日本食品衛生法に適合した樹脂材料を使用する。なお，図15はラジアル軸受であるが，スラスト軸受も製作可能である。

図15　樹脂転がり軸受

表5　樹脂転がり軸受の構成部品と材料

構成部品	材料
内外輪	PPS, PEEK
保持器	PPS, PTFE, ポリアミド樹脂
転動体	アルミナ，ガラス

高分子トライボロジーの制御と応用

文　　献

1） NTN, http://www.ntn.co.jp/japan/products/catalog/pdf/5100.pdf
2） 江上正樹ほか，トライボロジー会議予稿集　2006-5 東京，p.313（2006）
3） 石井卓哉ほか，NTN TECHNICAL REVIEW, **79**, p.125（2011）
4） 筧幸三ほか，NTN TECHNICAL REVIEW, **81**, p.68（2013）
5） NTN 精密樹脂, http://www.ntn-epc.com/product/new/jyushi.html

第28章　タイヤ

中島幸雄[*]

1　はじめに

　現在，タイヤ業界の最優先課題は環境性能に関連する転がり抵抗，騒音と安全性能との両立である。摩耗性能は省資源という観点から広い意味での環境性能であり，さらに上に述べた他の環境性能と背反の関係にあるため，摩耗研究の重要性は増している。タイヤの摩耗の研究はゴムの摩耗，タイヤの摩耗，それらの評価法に分類できる。近年，摩擦中のゴムと路面の接触状態をミクロに観察する研究[1]，摩擦係数の接地圧依存性をミクロな滑りから説明する研究[2] など，ミクロ・ナノ領域の検討を通じてブレークスルーを志向する研究が増えてきた。

　ゴムの摩耗は破壊に代表される物理的側面と，酸化劣化に代表される化学的側面に分けられる[3]。物理的側面の研究にはアブレージョンパターンと呼ばれる模様が現れる摩耗についてクラック成長などの例がある[4]。アブレージョンパターンが現れる摩耗はせん断力が大きい条件で生じ，間隔と深さはゴムにかかるせん断力とともに増加する。そして，アブレージョンパターンはゴム表面にかかる入力と垂直方向に形成されるが，入力が小さい条件ではアブレージョンパターンが現れない場合も多い。一方，化学的側面はタイヤへの入力が小さい時に支配的で，それに関しては阿波根[3] の解説がある。

　タイヤの摩耗力学に関する研究はクラック成長の原動力である摩耗エネルギに関する解析的な研究[5〜9] 及びFEMに代表される計算力学を用いた研究[10〜13]，タイヤ摩耗の室内・実車評価法の研究[14〜16] などがある。本章ではゴムが削り取られる入力が比較的大きい摩耗の力学的側面を記述している。

2　タイヤの摩耗

　タイヤの摩耗性能にはタイヤが均一に摩耗した時どれだけの距離を走ることができるかを示す耐摩耗性能と，不均一な摩耗を引き起こすことによって走行できる距離が短くなってしまうことに関連した耐偏摩耗性能がある。タイヤが摩耗するには擦るときに生じるせん断応力と滑りが必要であり，その時に生じる単位面積当たりのエネルギ E^w は，摩耗エネルギ（摩擦エネルギ，摩耗仕事量ともいう）と呼ばれ次式で表される[17]。

---

[*]　Yukio Nakajima　工学院大学　先進工学部　機械理工学科　教授

$$E^w = \int_0^l \vec{\tau} \cdot d\vec{S} = \int_0^l (\tau_x dS_x + \tau_y dS_y) \tag{1}$$

ここで，l はタイヤの接地長，τ_x，τ_y はそれぞれ接地面内で生じる前後方向，横方向のせん断応力，S_x，S_y はそれぞれ前後方向，横方向の滑りである。故に，いくら大きな応力がかかっても滑らなければ摩耗は起こらない。タイヤの摩耗量 W はゴムの摩耗特性 γ^{β_1} と摩耗仕事量 $(E^w)^{\beta_2}$ の積である下式で表される。

$$W = \gamma^{\beta_1} (E^w)^{\beta_2} \tag{2}$$

ゴムの摩耗特性 γ^{β_1} は，単位摩耗エネルギ当たりのゴムの摩耗量で，路面凹凸量，温度，湿度などの環境条件に依存する。β_1，β_2 はゴムの材料定数で1に近い値を持つ。ゴムの摩耗特性は Grosch[18] の報告に詳しくまとめられている。一方，酒井[14] は $\beta_1 = \beta_2 = 1$ と置き，タイヤを用いてゴムの摩耗特性 γ に関するスリップ速度，表面温度，平均接地圧依存性をフラットベルト摩耗試験機で計測した。そして，摩耗特性 γ と摩擦係数のスリップ速度依存性および温度依存性は似ていることを示した。また，山崎[8] によればフラットベルト式の室内摩耗試験で実験したタイヤの摩耗量は別途計測した摩耗エネルギと良い相関を示す。

タイヤの摩耗には複数の要因が影響を及ぼす。タイヤ設計に関しては構造，形状，パターン，トレッド部ゴム材料，タイヤ空気圧が摩耗に関係し，タイヤ製造ではタイヤのユニフォーミティ，道路では路面の粗さ，カーブ，傾斜，環境では温度や天候，車では荷重，タイヤ装着位置，サスペンション，アラインメント，ドライバーや運転条件では加速度や速度が摩耗に関係している。このように複数の要因が摩耗に関係しているのでタイヤの摩耗を精度良く予測すること，室内評価することは非常に難しい。全ての要因を考慮して摩耗を評価するには実車で評価しなければならず，乗用車用タイヤでは数か月，トラック・バス用タイヤでは数年の評価期間を要することも多い。また，Maitre[19] は上記要因の摩耗に対する影響を統計的に求め，最も寄与の大きいのはドライバーや運転条件であることを報告している。

以下，タイヤの摩耗力学の中から，最も基本的かつ重要な Schallamach の解析的研究，摩耗評価法，FEM 予測に関して解説する。

3 タイヤ摩耗力学の解析的モデル

タイヤ摩耗力学の解析的モデルは Schallamach ら[6] による研究が最も重要なものと言える。Schallamach らは，スリップ角，スリップ率が小さいとき，トレッドゴムの各点が独立したブラシの先端のように動くブラシデルを用い，次の仮定の下に摩耗エネルギの簡単な式を求めた。①周方向接地圧分布は楕円で近似できる，②スリップ角は小さい，③ベルトの周方向，幅方向の縮みは小さい，④ベルトの曲げ剛性，タイヤのねじり剛性は十分大きい。

第 28 章　タイヤ

図1左図に示すように，スリップ角 α で回転しているタイヤでは，接地面前端から距離 x に位置する点における路面とトレッドとベルトの相対変位によって発生する横方向せん断応力は下式で表される。

$$\tau_y = C_y \tan\alpha \cdot x \tag{3}$$

C_y は単位面積当たりのトレッド横弾性係数である。Schallamach らは楕円型の接地圧分布を仮定したが，ここでは放物線型の接地圧分布 $q_z(x)$ を仮定した。摩耗エネルギ E_y^w は次の2つの場合に分けて求められる。

(a) $0 \leq \zeta_y \leq 1$ の場合（粘着域が存在する場合）：

$$E_y^w = \frac{(4p_m)^2}{C_y}\left\{\mu_s\mu_d\zeta_y\left(\frac{1}{2}\zeta_y^2 - \frac{1}{3}\zeta_y^3\right) + \frac{\mu_d^2}{2}\zeta_y^2\left(1 - 2\zeta_y + \zeta_y^2\right)\right\} \tag{4}$$

(b) $1 < \zeta_y$ の場合（接地面全体が滑っている場合）：

$$E_y^w = \frac{(4p_m)^2}{6C_y}\mu_s\mu_d\zeta_y \tag{5}$$

ここで μ_s，μ_d は静摩擦，動摩擦係数で，ζ_y は下式で表される。

$$\zeta_y = \frac{1}{4}\frac{C_y l \tan\alpha}{\mu_s p_m} \tag{6}$$

接地形状は長方形であると仮定し，l は接地長，P_m は接地圧の最大値，μ_s は静摩擦係数である。式(4)，(5)において $\mu_s = \mu_d (\equiv \mu_s)$ とおき，E_y^w を $\frac{(4\mu_s p_m)^2}{2C_y}$ で割った摩耗エネルギ指数 $E_y^{w(index)}$ は

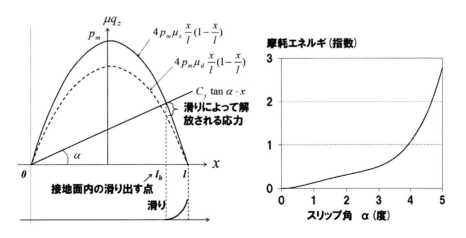

図1　タイヤ摩耗のモデルと摩耗エネルギのスリップ角依存性

下式で表される。

$$E_y^{w(index)} = \zeta_y^2\left(1-\zeta_y+\frac{1}{3}\zeta_y^2\right) \quad 0 \leq \zeta_y \leq 1$$
$$= \frac{1}{3}\zeta_y \quad 1 < \zeta_y \tag{7}$$

$\mu_s = 1.0$, $l = 160\,mm$, $C_y = 27\,MPa/mm$, $p_m = 0.4\,MPa$ の場合，摩耗エネルギ指数とスリップ角 α の関係を図1右図に示す．スリップ角が大きくなると摩耗エネルギ指数は急激に大きくなることがわかる．

また，式(7)において $\mu_s = \mu_d (\equiv \mu_s)$ とおき，スリップ角 α が十分小さく，さらに周方向入力による摩耗も考慮した場合，タイヤが単位走行距離を走行するときの単位面積当たりの摩耗エネルギ $\overline{E}^w$ は下式で表される．この式はシャルマッハ（Schallamach）の摩耗の式と呼ばれる．

$$\overline{E}^w = \frac{E_x^w + E_y^w}{2\pi r} = \frac{1}{2\pi r w}\left(\frac{F_x^2}{C_{Fs}}+\frac{F_y^2}{C_{F\alpha}}\right) \tag{8}$$

ここで，r はタイヤの有効転がり半径，w は接地幅，F_x，F_y はそれぞれタイヤにかかる前後入力，横方向入力である．また，$C_{F\alpha}$，C_{Fs} はそれぞれコーナリングスティフネス，周方向スリップスティフネスで，下式で表される[20]．

$$C_{F\alpha} = \frac{C_y w l^2}{2}, \quad C_{Fs} = \frac{C_x w l^2}{2} \tag{9}$$

ここで C_x は単位面積当たりの前後方向のトレッド横弾性係数である．

さらに Schallamach[7] はゴムのヒステリシスの摩耗への影響について上記摩耗モデルを用いて検討し，ヒステリシスが増えると摩耗量が減少することを示した．低燃費タイヤの場合，式(4)の μ_s，μ_d，C_y が通常のタイヤよりも小さい値を持ち，ヒステリシスも小さい．故に低燃費タイヤの摩耗は，μ_s と μ_d が小さいことによって良化方向，C_y とヒステリシスが小さいことによって悪化方向となる．

4 タイヤ摩耗の評価法

4.1 タイヤ摩耗の評価法の種類と手順

タイヤ摩耗の評価法には表1に示すように実車評価法，室内評価法（ドラム摩耗，踏面観察機），予測評価法（解析的手法，有限要素法：FEM）があり，それぞれメリット・デメリットを持つ．室内評価法，予測評価法は図2に示すように，次のステップから構成される．①：摩耗コースでのタイヤへの入力の計測もしくは予測，②：計測した入力を頻度分布へ変換，③：入力

第28章　タイヤ

表1　タイヤ摩耗の評価法

評価法		メリット	デメリット
実車		・市場に近い条件で評価できる ・路面の影響など地域特性を考慮した評価ができる	・評価期間が長くコスト，時間を要する ・天候，ドライバーの影響を受ける
室内評価法	ドラム摩耗	・天候，ドライバーなどの条件を制御できる ・摩耗進展まで評価できる	・ドラム曲率，路面が実車と異なる
	踏面観察機（摩耗エネルギ）	・コスト，時間を大巾に削減できる ・メカニズムを推定できる	・新品時の摩耗のみ評価可能（摩耗進展まで評価が難しい）
予測評価法	解析的予測	・見通しが良く，メカニズムを推定できる	・定性的な予測に留まる ・適用範囲が狭い
	FEM予測	・試作なしでの評価が可能なので開発リードタイムを短縮できる ・メカニズムを推定できる	・路面の影響を考慮できない ・予測精度が十分ではない

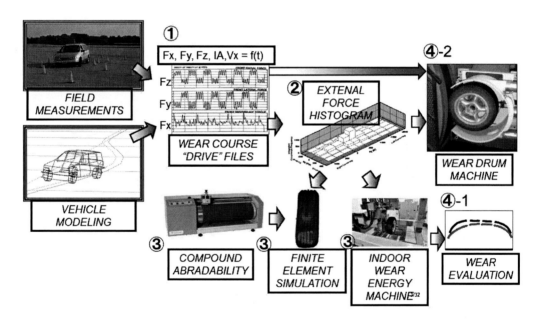

図2　室内評価法，予測評価法の評価ステップ

を変化させて摩耗エネルギの計測もしくは予測，及びランボーン試験機もしくはドラム摩耗試験機を用いてゴムの摩耗特性を決定，④-1：各入力の摩耗量を積分してタイヤの摩耗量を評価，④-2：①で計測した時間とともに変化する入力を直接ドラム摩耗試験機の入力として用い，タイヤの摩耗量を評価。

4.2　摩耗エネルギ試験機

タイヤの摩耗エネルギは図3左図に示す摩耗エネルギ試験機を用いて，前後力（加速，減速）

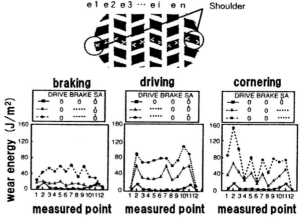

図3 摩耗エネルギ試験機と摩耗エネルギの計測例[16, 20]

および横力の大きさを変え，タイヤの表面の複数の点で計測したせん断力と滑り量を式(1)に代入して求める。摩耗エネルギの計測例を図3右図に示す。タイヤへ入力 F_x, F_y が入った時，タイヤ表面位置 x, y の摩耗エネルギ $\overline{E}^w(x, y, F_x, F_y)$ を次式の2次の応答曲面で表す。

$$\overline{E}^w(x,y,F_x,F_y) = a_0(x,y) + a_1(x,y)F_x + a_2(x,y)F_y + a_3(x,y)F_xF_y + a_4(x,y)F_x^2 + a_5(x,y)F_y^2 \quad (10)$$

ここで，$a_i (i = 0 \cdots 5)$ は摩耗エネルギの実測をカーブフィットすることによって求めた定数である。式(10)を各入力で積分することによって，下式で示す摩耗エネルギ期待値 $<E^w(x,y)>$ を得る。

$$<E^w(x,y)> = \iint_{F_x F_y} \overline{E}^w(x,y,F_x,F_y) f(F_x,F_y) dF_x dF_y \quad (11)$$

ここで，$f(F_x, F_y)$ は図2の②に示したタイヤへの入力の頻度（確率密度関数）である。タイヤの摩耗ライフは，式(2)において $\beta_1 = \beta_2 = 1$ と仮定し，さらに複数の溝の中で最も摩耗が早い溝によって決まると仮定すると，市場平均寿命の予測式は下式で与えられる。

$$WearLife = Min\left\{\frac{\gamma \cdot A \cdot D}{<E^w(x,y)>}\right\} \quad (12)$$

ここで，γ は単位摩耗エネルギ当たりのゴムの摩耗量，D は有効溝深さ（初期溝深さ－完摩耗時の残りの溝深さ），A は市場寿命に変換するための補正係数である。小林ら[16]は式(12)を用いて予測した予測寿命と市場平均寿命は良く対応することを示した。また，この方法によって肩落ち摩耗などの偏摩耗は左右ショルダー部の摩耗差から評価でき，H&T（Heel and Toe）などの周方向の偏摩耗はブロックの踏込部と蹴り出し部の摩耗差から評価できる。

4.3 ドラム摩耗試験機

Stalnakerら[15]は，計測した入力を直接ドラム摩耗試験機の入力として用い，タイヤの摩耗量を評価した．図4にアメリカのUTQG摩耗評価に用いられる長さ48,300 kmのルートで計測したタイヤ入力を用いたドラム摩耗試験と実車摩耗結果の比較を示す．図4(a)は外側ショルダー部のH&Tの比較である．走行距離の違いからドラム摩耗の摩耗量の方が少ないので縦軸を上にシフトして比較してある．ドラム摩耗によって実車のH&T摩耗をよく再現できている．図4(b)は周方向に摩耗量を平均化した結果の実車摩耗試験との比較である．外側ショルダー部の方が内側ショルダー部よりも多く摩耗していることなど，ドラム摩耗によって実車摩耗の幅方向の摩耗量分布をよく再現できている．

4.4 有限要素法（FEM：Finite Element Method）による摩耗予測法

FEMを用いた摩耗予測法の目的は，表1に示すようにFEMによって踏面観察機やドラム摩耗試験機を代替し，開発のスピードを向上することであり，評価の手順は踏面観察機を用いた室内評価法と同じである．摩耗エネルギの算出にはタイヤの定常回転状態をArbitrary Lagrangian Eulerian（ALE）法[10～12]を用いて解析する手法が最も良く用いられる．この手法は定常回転状態を仮定しているので，計算時間は短いものの周方向溝を持つタイヤのみに適用可能である．そのためブロックパターンのH&Tなどの周方向に不均一な摩耗解析には適用できない．H&Tを予測するには多くの計算時間を要するが，タイヤの回転接触解析を行わねばならない[13]．また，陽解法FEMを用いた摩耗予測結果も報告されているが，陽解法FEMでは定式化の限界から精度の良い摩耗予測は難しいと思われる．

図5(a)に摩耗エネルギの予測例を示す．摩耗エネルギを精度良く予測するには滑りの生じる

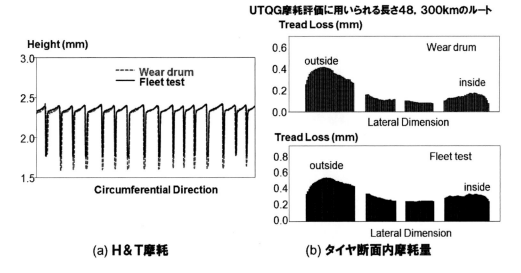

(a) H&T摩耗　　　　　(b) タイヤ断面内摩耗量

図4　ドラム摩耗試験と実車評価の摩耗量の比較

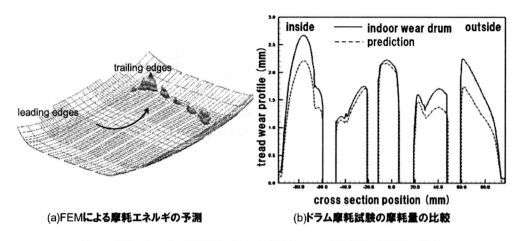

(a)FEMによる摩耗エネルギの予測　　(b)ドラム摩耗試験の摩耗量の比較

図5　摩耗エネルギの予測例及びFEM予測とドラム摩耗試験の摩耗量の比較

蹴り出し部において要素をできるだけ細かく分割する必要がある。図5(b)にFEM予測とドラム摩耗試験の摩耗量の比較を示す。この例ではトレッド表面の形状が摩耗して変化していく摩耗進展まで考慮するために，摩耗量に比例してタイヤ表面形状を変化させる操作を数回行っている。FEM予測と室内評価結果の摩耗の傾向は良く一致している。

前述のように，ブロックパターンの摩耗の予測にはALE法が使えないので，タイヤの回転接触解析を行う必要がある。ブロックパターンを忠実にモデル化した回転接触解析には膨大な計算時間を要するので，グローバル/ローカル解析を用いた摩耗予測法が提案されている[13]。この手法を用いると，センサー径の大きさのために踏面観察機では計測できないブロックエッジでの摩耗エネルギの上昇が予測できる。

4.5　ゴムの摩耗特性の評価

富樫，毛利[22]はゴムの摩耗特性の評価には以下に挙げる4つの項目の条件を実走タイヤに近づける必要があることをランボーン摩耗の例で指摘した。(a) 接地圧を実走タイヤに合わせる，(b) 速度又は周波数を実走タイヤに合わせる，(c) 路面から付着したゴムを除去する，(d) 滑り速度を合わせる。また，Grosch[23]はLAT100 (Laboratory Abrasion Tester) と呼ばれるゴムの摩耗特性の評価のための試験機を開発し，これは現在市販されている。

5　おわりに

研究を通じて深まった理解を改良技術につなげるために，次のステップを地道に続けることが求められよう。①現場でどのような摩耗・偏摩耗が起きているかを観察する，②現場で起きていることを理解するために，数値解析と踏面観察機を用いてタイヤ接地面付近の挙動を詳細に観察する，③その結果を解析的な研究成果を用いて解釈することによって新たな発想を生み出す，④

第28章 タイヤ

その発想を摩耗ドラムや踏面観察機で確認する，⑤発想した有望な技術を実車テストで最終確認する。

文　献

1) 網野直也, 日本ゴム協会誌, **85**, 332（2012）
2) 大槻道夫, トライボロジスト, **58**, 57（2013）
3) 阿波根朝浩, 日本ゴム協会誌, **79**, 500（2006）
4) 岩井智明 & 内山吉隆, 日本ゴム協会誌, **74**, 85（2001）
5) A. Schallamach, *Wear*, **1**, 384（1957-58）
6) A. Schallamach & D. M. Turner, *Wear*, **3**, 1（1960）
7) A. Schallamach, *Rubber Chem. & Technol.*, **41**, 857（1960）
8) 山崎俊一, 自動車研究, **19**, 392（1997）
9) 中島幸雄, 日本ゴム協会誌, **88**, 31（2015）
10) U. Nackenhorst, *Comput. Methods Appl. Mech. Engrg.*, **193**, 429（2004）
11) D. Zheng, *Tire Science and Technology*, **31**, 189（2003）
12) J. C. Cho & B. C. Jung, *Tire Science and Technology*, **35**, 276（2007）
13) Y. Kaji, Tire Technology EXPO（2003）
14) 酒井秀男, 日本ゴム協会誌, **68**, 251（1995）
15) D. O. Stalnaker & J. L. Turner, *Tire Science and Technology*, **30**, 100（2002）
16) 小林弘ほか, *Toyota Technical Review*, **50**, 50（2000）
17) ㈱ブリヂストン編, 自動車用タイヤの基礎と実際, 東京電機大学出版会（2008）
18) K. A. Grosch, *Rubber Chem. & Technol.*, **81**, 470（2008）
19) O. L. Maitre et al., *SAE Paper*, No.980256（1998）
20) 酒井秀男, タイヤ工学, グランプリ出版（1987）
21) http://autoc-one.jp/special/1204863/photo/0003.html
22) 富樫実 & 毛利宏, 日本ゴム協会誌, **69**, 739（1996）
23) K. A. Grosch, *Rubber Chem. & Technol.*, **77**, 791（2002）

第29章　高分子材料のシールへの応用

似内昭夫*

1　シールの機能

　機械装置や設備には多くの流体が使われていたり，タンクやパイプラインのように流体の維持そのものが装置の機能であったりする。機械装置や設備に使われる流体は，圧力や運動の伝搬などの一定の機能を与えられた機能性流体で，これらの流体が漏れるということはその機能が損なわれることを意味する。またそれらの流体が漏れることによって周囲を汚染するばかりでなく，大切な資源の浪費をもたらす。このような漏れを防ぐ機械要素がシールである。

　シールは「流体の漏れ又は外部からの異物の侵入を防止するために用いられる装置の総称」と定義されている。従ってシールが果たすべき機能としては次の二つの機能を持つ。

　①システム内部の流体を外部に漏らさない

　②システムの中に，外部からの異物を侵入させない

　ここでは漏れの対象は一般には流体であるが，シールに求められる機能としては，対象は流体だけではなく固体もその中に含まれるものである。特に②の外部からの侵入という場合は，機械システムへの外部からのダストの侵入を防ぐ機能と考える場合が多い。機械システムへのダストの侵入は機械システムの機能や耐久性に対して甚大な被害を与える点から，その対策が重要な課題となるものである。

2　シール面の考え方

2.1　シール面の形状特性

　流体などを，シール部分（シール面という）を通過させないのがシールの機能であるがシール面のモデルを図1に示す。シール面を形成するシールの表面及び相手面（これを被シール面と呼ぶ）には図のように微小な粗さの凹凸が存在し，シール表面と被シール面との間には微小なすきまが存在する。従ってシールが流体を密封するためには，シールは被シール面と密着し可能な限り微小すきまを埋めることが求められる。

2.2　作動シール面と非作動シール面

　シール面に相対運動が存在する場合のシール面を作動シール面，存在しないシール面を非作動

＊　Akio Nitanai　トライボロジーアドバイザー

第 29 章　高分子材料のシールへの応用

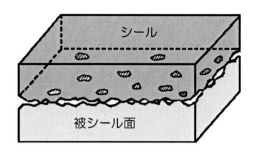

図1　シール面モデル

シール面という。作動シール面に用いられるシールを運動用シールあるいは動的シールといい英語ではPackingである。また非作動面に用いられるシールは固定用シールあるいは静的シールといい，英語ではGasketである。以下動的シールはパッキン，静的シールはガスケットと呼ぶ。

パッキンでは2つの被シール面は相対滑り運動を行っているので，トライボロジー的には，滑り軸受などのような一般的なしゅう動面と等置のものと考えられる。従ってパッキンでは過度の摩耗を防止するために潤滑が必要とされる。パッキンにおけるシール面の潤滑はパッキンが密封しようとしている流体（これを密封流体という）自身によって行われているのが一般的であるので，シール面においては密封の為に密封流体の流れを遮断する機能と，シール面の潤滑のために密封流体をシール面へ引き込む機能とを併せ持たなければならない。密封流体の遮断機能が強すぎると，シール面では潤滑不良が起きて早期に摩耗が進行することになるし，逆に密封流体の引き込み機能が強すぎると，密封流体の流れを遮断出来ずに漏れを発生することになる。パッキンにおけるシール面ではこの二律背反の二つの機能を両立させる難しさがある。

3　シール用材料に求められる材料特性

シール用材料に求められる材料特性をまとめて図2に示す。シール用材料に求められる特性として大事なことは先ず流体の密封性であろう。シール面は前述図1のように微小な凹凸を持った二面で構成されるので，微小なすきまをいかに埋めるかがシールにとっては最大の課題である。そのためにはシール用材料は柔軟性を持ち，相手面粗さの凸凹を可能な限り埋めてすきまを最小にする材料であることが求められる。では柔軟であれば良いかというと，密封流体は一定の圧力を持っているので，その流体圧に耐えられる機械的強さ・剛性を持つ必要がある。柔軟性は柔らかさであり，剛性は硬さであるので，互いに相反す材料特性がシール用材料に求められることになる。ただシール材料としては特に剛性が必要な高圧条件などの場合以外は柔軟性が優先される。

密封性に関わる機械的材料特性としては柔軟性（硬さ）の他に低圧縮永久歪性がある。シールは所定の位置に装着されると多くの場合ボルトで圧縮締付されることで密封力を発揮する。その状態が維持できているうちは問題ないが，時間の経過とともに，ボルトの緩みや振動などにより

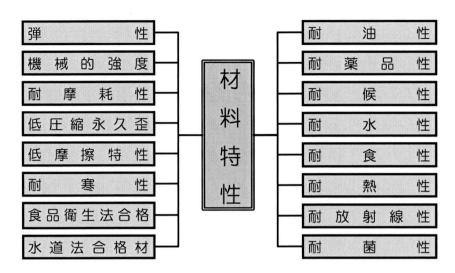

図2　シール用材料に求められる材料特性[1]

締付力が低下し漏れを発生することが多い。このような時にシール材の圧縮永久歪が小さい方が密封性の低下の歯止めとなるので，シール材料としては低圧縮永久歪性が求められる。

　シールの耐久性を考えた場合，耐摩耗性や耐熱性，耐寒性，耐液性，耐食性，耐候性など，外部ストレスに対する耐性が要求される。シール材料の選定の基本は，柔軟性と剛性であるが，次に求められるのが耐熱性・耐寒性で，特にエラストマーを使用する場合の選定基準は耐熱性・耐寒性が材料選定の中心となる。耐寒性と言うのは低温における弾性の維持で判断される特性で，TR-10という値が採用されている。ある一定の低温域において材料に歪を与え，その後徐々に温度を上げると歪は徐々に回復するが，与えた歪の10%が回復する温度をTR-10という。従ってTR-10は低い温度の材料程耐寒性が良い材料といえる。

　またエラストマーをシールに用いる場合，シール材料と密封流体の組合せによる耐液性・膨潤性が問題とされる。膨潤性は材料を流体に浸漬させておくと流体が材料中に浸透して材料を膨潤し，体積膨張や硬さなど機械的な特性の劣化などを生じさせる現象で，シールの密封性や耐久性を著しく損なう現象である。

　さらに流体が気体の場合には浸透漏れについても注意して材料を選択する必要がある。浸透漏れは，シールの中を密封流体が透過して漏れを発生する現象である。シールが繊維材料等の場合には毛細管現象でシール材料中を透過し漏れを生じるし，密封流体が気体の場合には，流体の分子がシール材料中を透過し漏れるなど，密封流体とシール材料の組合せで浸透漏れが発生する。表1に主なシール材料と各種気体との透過量を左右する透過係数の例を示す。

　その他シール材料として求められる特性としては，加工性や経済性（コスト）も忘れてはいけない要件である。特殊なケースでは食品機械や水道などのシールでは，密封流体に直接触れる要素であるので，食品衛生法あるいは水道法といった法規をクリアするものであることが求められる。

第29章 高分子材料のシールへの応用

表1 シール用高分子材料とガス体の透過係数[2]

温度 20～30℃, 単位 $\times 10^{-12} m^2/s$

エラストマー, 樹脂種類	He	H_2	N_2	O_2	CO_2	CH_4
天然ゴム	11.0～23.7	37.4～39.5	4.8～6.7	13.0～18.1	94.0～102	22.0
スチレンブタジエンゴム	17.2～18.0	23.7～32.0	4.8～5.2	13.0～13.2	94.0～95.0	16.2
ブタジエンゴム	—	32.4	4.9～17.0	14.5～14.6	105.0	—
クロロプレンゴム	2.4～9.9	9.1～15.4	0.77～0.93	3.0	9.5～20.0	2.0
ブチルゴム	2.6～8.0	4.6～5.6	0.20～0.35	0.99～3.4	3.9～5.2	0.43
エチレンプロピレンゴム	18.0	—	6.4	19.0	82.0	—
クロロスルホン化ポリエチレン	2.5～5.5	8.2～8.6	0.68～0.88	1.6～2.1	12.0～15.8	1.3
ニトリル含量18%ニトリルゴム	—	—	1.9	—	48.0	—
ニトリル含量20%ニトリルゴム	—	20.0	2.1	6.3	49.0	—
ニトリル含量27%ニトリルゴム	9.3	12.0～12.1	0.81～0.86	2.9～3.0	23.5～24.0	—
ニトリル含量32%ニトリルゴム	7.5	9.0～9.4	0.46～0.50	1.8	14.0～14.1	—
ニトリル含量39%ニトリルゴム	5.2～8.0	5.4～9.0	0.18～0.46	0.70～1.8	3.3～5.7	—
ウレタンゴム	2.3	5.1	0.40～1.1	1.1～3.7	10.0～30.0	—
シリコンゴム	169	—	203	76.0～460	450～2300	—
フッ素ゴム	7.1～16.0	—	0.05～0.3	0.99～1.1	5.8～14.5	—
四フッ化エチレン樹脂	7.8	7.5	0.14～1.1	0.04～3.2	0.12～8.9	—
四フッ化エチレン－パーフロロアルキルビニルエーテル共重合樹脂	18.0	—	—	—	—	—
四フッ化エチレン－六フッ化プロピレン共重合樹脂	17.00	—	1.2～1.6	3.8～4.5	1.3～9.6	—

4 シールに用いられる材料

4.1 シールの種類とシール用材料

シールの全体像を図3に示す。シール用材料としては柔軟性の高い合成ゴムを中心としたエラストマーや剛性および耐熱性に富んだ金属材料, 酸化物材料そしてカーボン, グラファイトといった無機材料が用いられている。

エラストマーには, 合成ゴムのような熱硬化性エラストマー TSE (Thermosetting Elastomers) や熱可塑性エラストマー TPE (Thermoplastic Elastmer) がある。図4にこれらエラストマーとプラスチックとの硬さと引っ張り強さの相対的な関係を示す。TPE は硬さおよび引張り強さの点では合成ゴムおよびプラスチックの中間的な存在である。

実際のシールとしては, 前述のようにシールはパッキンとガスケットに分けられているがパッキンではリップパッキンやスクィーズパッキンはほぼエラストマー製であり, ガスケットでは非金属ガスケットはソフトガスケットとも言われ, やはりゴムなどエラストマー製のものが主に使われている。

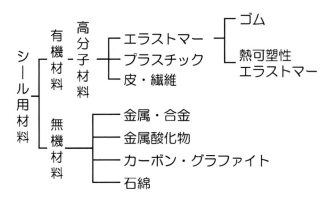

図3　シール用材料の分類

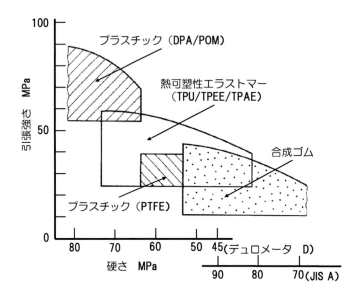

図4　プラスチックとTPE，ゴム硬さ，強度による位置づけ[3]

4.2 合成ゴム材料

　パッキンとしてもガスケットとしても良く用いられる材料は合成ゴム材料である。合成ゴム材料は柔軟で弾性的であるため，被シール面に対する馴染み性が良く，シール面の微小なすきまを弾性的に埋めて漏れ流路を塞ぐ性能に優れている。また多くの流体に対して耐性があり，耐熱性，耐寒性も汎用的な条件では特に問題になることはない材料である。

　表2にシール用材料として良く用いられる合成ゴム材料を示す。この中で最も良く用いられるのはニトリルゴムNBRで，使用条件が中庸な場合にはほとんどNBRが用いられる。

　シールに用いられる合成ゴム材料としてはこれらの他に，クロロプレンゴム（CR），ブチルゴム（IIR），スチレンブタジエンゴム（SBR）などがあり，特殊な使用条件に対して用いられている。

第29章　高分子材料のシールへの応用

表2　シール用ゴム材料[2]

項目 \ 種類	ニトリルゴム 高	ニトリルゴム 中	ニトリルゴム 低	アクリルゴム	フッ素ゴム	シリコンゴム	ウレタンゴム	水素添加ニトリルゴム	クロロプレンゴム	エチレンプロピレンゴム	スチレンゴム	（参考）四フッ化エチレン樹脂
	NBR			ACM	FKM	VMQ	AU/EU	H-NBR	CR	EPDM	SBR	PTFE
硬さ範囲　JIS A	30〜90			40〜90	60〜90	30〜80	35〜99	50〜95	40〜95	30〜90	40〜98	デュロメータD 50〜65
耐ガス透過性	○			○	○	△〜×	○	○	○	△	△	○
機械的性質 引張強さ(max)MPa	24.5	19.6	17.6	15.7	17.6	9.8	53.9	39.2	27.4	20.6	24.5	34.3
耐摩耗性	◎	○	△	△	△	×	◎	◎	○	△	○	×〜◎
耐屈曲き裂性	◎	○	△	△	○	×	◎	◎	○	△	○	—
耐圧縮永久ひずみ性	○	○	○	○	○	◎	△	○	○	○	○	○
弾性[a]	△	○	◎	×	○	○	△〜◎	○	○	○	○	—
耐クリープ緩和性[a]	△	○	◎	×	△〜○	◎	△〜◎	△〜○	○	○	○	×
使用温度範囲 ℃[b]	−50〜120			−20〜160	−15〜230	−45〜200	−40〜100	−30〜150	−40〜110	−40〜130	−50〜100	−100〜260
耐候性，耐オゾン性	△〜×			◎	◎	◎	◎	○	○	◎	△〜×	◎
耐水，熱水性	○			×	×〜○	○	×〜△	○	○	◎	○	◎
耐油性（高アニリン点）	◎	◎	○	◎	◎	△	◎	◎	○	×	×	◎
耐油性（低アニリン点）	◎	○	△	○	◎	×	△〜×	○	×	×	×	◎

◎：優　○：良　△：可　×：不可　　a) 室温　b) ゴムの配合内容や媒体の種類によって，多少変化する

(1) ニトリルゴム NBR

アクリロニトリルとブタジエンの共重合体である。シール材として汎用化された材料であり，耐熱性，耐寒性及び鉱油などに対する耐油性においてもそこそこの範囲で使用可能である。ただAU/EUなどに比較すると耐圧性には劣るので，バックアップリングの併用が必要である。またケトンやエステルなど極性溶剤に対する耐性はなく，これらのシールには使用しない。

含有されるアクリルニトリルの量によって低NBR〜超高NBRに分けられ，高ニトリル（ニトリル量が多い）ほど耐摩耗性など機械的強度および耐薬品性・耐油性が大きくなり，耐熱性なども高くなる。逆に低ニトリルでは耐寒性が良くなる。

(2) H-NBR

NBRの分子構造の2重結合部にH₂を添加し耐酸化劣化性を向上させたゴム材料である。NBRと同じように耐油性が良いうえ，耐熱性が改善され上限140℃が許容され，NBRより幅広い温度範囲で使用できる。耐油性，耐候性等の点でもNBRよりは優れている。また代替フロンのシール材として用いられる。

(3) ACM

アクリル酸エステルを主体とした架橋サイトモノマーにハロゲン化合物が共重合されたゴム材料である。NBRより機械的強度やゴム弾性は劣るが，耐熱性，耐油性はNBRよりも良い。耐熱限界は160℃程度，耐寒性では−40℃と幅広い温度範囲で使用可であるのでエンジン油やギヤ油，トルコン油などで使用される。

機械的強度や耐クリープ性など及び耐アルカリ性や耐水性では他のゴム材料より劣る。

(4) AU/EU

AU/EUは分子構造中にウレタン基を持つウレタンゴムでAUはポリエステル系，EUはポリエーテル系ゴム材料である。ウレタン基の結合量によって硬さが広範囲に変化し，スポンジタイプから硬質プラスチックのような硬いものまで広範囲なものが得られる。耐摩耗性や耐屈曲亀裂性では優れている。低温性においても極低温までゴム弾性を維持しているなど低温域で使われる建機の油圧シリンダー用ロッドパッキンやダストシール用として有用である。反面耐熱性はあまりよくない。耐圧性の良いシールとなる。

(5) FKM

フッ化ビニリデン－6フッ化重合体に代表されるエラストモノマーにフッ素が含まれているゴム材料である。ゴム材料としては最も耐熱性に優れた材料で，240～250℃位の高温域でも使用可能温度範囲と考えられる。逆に耐寒性の点ではTR-10で－15～－20℃程度と低温域においての使用は限定される。

フッ素が中心の分子構造であるので，耐油性，耐薬品性にも優れ，シール材料としては広範囲に使用できるが，濃アルカリ，ケトン，エステル類への使用は注意が必要である。

(6) VMQ

シロキサン結合をもち，高重合度の線状のポリジクロロシランあるいはその共重合体を中程度に架橋してゴム状弾性を示すゴム材料である。耐油性，耐寒性の点で優れたゴム材料である。電気絶縁性が高く絶縁物としての使用が多い。耐アルカリ性や耐水性の点で他のゴム材料よりは劣る。

(7) EPDM

エチレンとプロピレンおよび第三成分のジエンとの三元共重合体。エチレンとプロピレンの共重合体の場合，EPMと分類される。熱，オゾン，光に対する安定性が高く，耐熱性，耐寒性，耐候性，耐オゾン性に優れている。さらに耐水性，耐熱水性，耐水蒸気性が非常に高い反面，耐油性は極めて悪く，低アニリン点の油であっても使用できない。

ブレーキ液，難燃性作動油等に耐性がある。ただし，鉱油系作動油に対する耐油性は，極めて悪い。

(8) ゴム材料の選定条件

これらのゴム材料の選定については温度条件と密封流体との相性の検討が必要である。図5にシール用ゴム材料の耐熱性と耐寒性の適用範囲を示す。

耐熱性としてはFKMが圧倒的に優秀であるが，逆に耐寒性ではFKMは最低レベルである。VMQは耐熱性でも耐寒性の点でも高いレベルにあり，環境温度がマイナスからプラスまで非常に広い範囲にわたって安定した性能を発揮する材料である。また，NBRは，耐熱性はアクリルニトリルの配合量に余り左右されないが，耐寒性は大きく変わることがわかる。

ゴム材料選択のもう一つの条件に密封流体との相性がある。密封流体とゴム材料の相性というのは，密封流体によるゴム材料の膨潤作用に対する耐膨潤性である。膨潤は前述の様にシール材料としては避けなければならない現象であるので，膨潤を引き起こす組合せは避けなければなら

第 29 章 高分子材料のシールへの応用

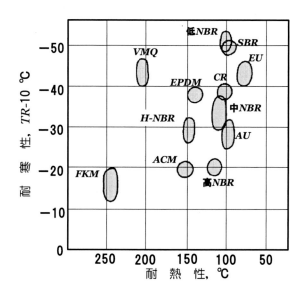

図5 シール材料の耐熱性と耐寒性[5]

ない。図6に各種シール材料の耐液性を示す。図横軸に色々な溶液が並べられているが、これらはアニリン点の順に並べられている。流体のアニリン点が低いとゴム材料に対する膨潤性が高い。横軸にNo.1～3の潤滑油とあるのは、JISで指定された膨潤性判定のための標準潤滑油である。図から汎用ゴムであるNBRはアニリン点の低い液に対して大きな体積変化を示し激しく膨潤することがわかる。

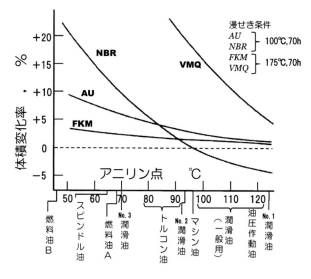

図6 各種シール用ゴム材料の耐液性[6]

4.3 熱可塑性エラストマー TEP

熱可塑性エラストマー TEP は，熱を加えると軟化し，冷却すると元の状態に戻るエラストマーである。スチレン系，オレフィン系，塩ビ系，ウレタン系，アミド系などがある。射出成形によって迅速に成型加工を行なえる利点があるが，熱によって変形するため耐熱性を要する用途には適さないなど，ゴム材料と比べても用途は限定される。表3に主なTEPの特性を示す。

4.4 シール材としてのプラスチックス

図4に示したようにプラスチック材料はゴム材料やTEPなどに比べ引張強さでは優り，硬さの点ではかなり硬い材料であり，シールにとって最も重要な密封性の点ではこれらの材料に劣る。従ってシールの主材料としてはゴム材料が用いられ，プラスチックは耐圧性（耐荷重性）や耐クリープ性あるいは低摩擦性などが特に求められる用途に限定される。これらの用途にしても使用されるプラスチックは，主にPTFE，POM，PAなどである。これらの材料はプラスチックの中でも結晶性材料で，耐食性や耐油性など化学的安定性に優れ，比較的柔軟で強度もあり，低摩擦，耐摩耗性などのしゅう動特性に優れているなど，シール材としての要求特性に良く適合している[8]。

PTFEやPOM，PAがシールに使用されるのは前述のように機械的な強度を要求される場合としゅう動材として低摩擦性が要求される場合が主である。ゴム製のスクィーズパッキンやリップパッキンでは，密封流体の流体圧が高くなるとパッキンの一部が装着溝から相手軸とのすき間の中に押し出されるはみ出し現象が起こる。このはみ出し現象は甚だしい時にはパッキンの損傷につながるので，装着溝の中にバックアップリングと呼ばれる耐圧のプラスチック製リングを装着してはみ出しを防ぐ。図7に耐圧性を持たせるためにUパッキンのバックアップリングを装着した例を示す。

またスクィーズパッキンはゴム製であり，しゅう動抵抗が大きいのがネックである。このゴム

表3 主なTEPの特性[7]

項目\種類	ポリウレタン系 (TPU)	ポリエステル系 (TPEE)	ポリアミド系 (TPAE)	参考 (NBR)
価格　円/kg	1000～1500	1300～1800	1800	650
硬さ範囲　JIS A	80～99	80～99	75～98	30～95
引張強さ　MPa	30～50	20～50	13～50	15～25
伸び　%	300～800	300～700	200～700	120～700
圧縮永久歪　%	30～80	50～65	60～80	数パーセント
耐熱性	△	◎	◎	○
ぜい化温度　℃	<-70	<-70	<-70	-50～-20
耐摩耗性	◎	◎	○	○
耐加水分解性	△～×	△～×	△～○	◎
耐油性	○	◎	◎	◎

第 29 章 高分子材料のシールへの応用

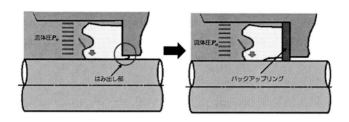

図7 はみ出し現象とバックアップリングの装着

製のスクィーズパッキンにおけるしゅう動面のしゅう動抵抗を下げるために，プラスチック製リングをしゅう動面に組み込んだ組合せシールの例を図8に示す。これらのシールはスリッパパッキンなどとも呼ばれる。図8(a)の例はゴム製のOリングにプラスチックのしゅう動リングを装着した例で，図8(b)の例はゴム製のTリングにプラスチック製のしゅう動リングとバックアップリングを装着した例である。

　シール用材料としてはプラスチックの中でも特に PTFE が多用されている。PTFE は炭素とフッ素の2元素からなるテトラフルオロエチレンの重合体で，ほとんどの薬品に対して安定で耐薬品性，耐液性などの点では他の追随を許さない材料である。従って例えば図9に示すような PTFE 被覆ガスケット及び PTFE 被覆パッキンあるいは PTFE を主体としたうず巻形ガスケットのようにゴム製のシールでは対応できないような密封液体において PTFE を使用する場面が多くみられる。特に非アスベストガスケット材としての応用に目覚ましいものがある。

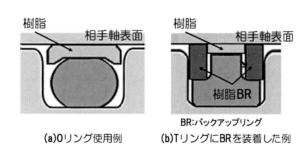

図8 組合せシール（スリッパリング）

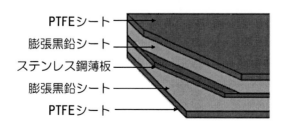

図9 PTFE 被覆ガスケットの例[9]

またPTFEは低摩擦材料として代表的な自己潤滑性材料でありパッキン材料としても低摩擦が要求される場合には例えば前述の図8のスリッパシールのしゅう動リングなどのように使われる場合が多い。

文　　献

1) 大竹惟雄：機械設計 39, 11（1995）14
2) バルカーハンドブック編集委員会編「バルカーハンドブック技術編」日本バルカー工業株式会社（平成9年）144
3) 和田稲苗監修「JIS使い方シリーズ密封装置選定のポイント」日本規格協会（1989）81
4) 日本トライボロジー学会編「トライボロジーハンドブック」養賢堂（2001）
5) 同上 3）86
6) 同上 4）487
7) 同上 3）81
8) 同上 4）490
9) バルカーハンドブック編集委員会編「バルカーハンドブック」日本バルカー工業株（2010）137 より抜粋

第30章　自動車用しゅう動部品

齊藤利幸[*]

1　自動車用しゅう動部品における材料技術

近年の自動車用部品では，省エネ，小型化への要望が特に高い。そのため，材料には低摩擦，軽量，高耐久性が求められ，さらに部品設置スペースの制約から耐熱性の向上も必要となる。低摩擦化には最適なしゅう動材料の選定が必要だが，表面処理による摩擦摩耗特性の改善手法も部品を構成する材料自身の変更を必要としない点で優れる。表面処理は耐久性向上にも重要な手法であり，さらには潤滑油・グリースによる適切な潤滑もしゅう動材料の摩耗を低減するためには忘れてはならない。耐熱性の要望は高分子材料にとっては厳しい要求であるが，特に自動車エンジンルーム内の部品においては必達事項となる。また，しゅう動部品への潤滑剤の寄与も高分子材料として重要な役割である。次節以降では，表面処理，しゅう動材料，潤滑剤の項目に分け，自動車部品での活用状況について解説する。

2　表面処理

2.1　固体潤滑被膜

固体潤滑剤含有の樹脂被膜は厳しい潤滑条件下でも低摩擦特性を維持することから，自動車部品で広く採用される。例えばカーエアコン用のコンプレッサでは，斜板に樹脂コーティングした例[1]がある。これは冷媒を特定フロン CFC12 から代替フロン HFC134a へ変更することでコンプレッサ内の潤滑性が低下するために，その潤滑性を樹脂コーティングにより補う表面処理である。また，固定容量型斜板式コンプレッサでも，無機系添加剤とシランカップリング剤を添加した四フッ化エチレン（polytetrafluoroethylene，PTFE）樹脂をシャフトにコーティングすることによって耐摩耗性の向上を図る。

固体潤滑被膜のエンジン部品への適用例としてはアルミ合金製ピストンスカートへの被膜処理例があり，二硫化モリブデン，グラファイト，PTFE などの成分を有機系バインダにより結合して被膜処理する[2]。この被膜処理では，無処理に比べて約10%の摩擦低減効果が得られる。さらに固体潤滑被膜中に微小硬質粒子を微細分散し，親油性の向上を図る例[3]もある。この被膜処理で親油性が向上する結果，通常の固体潤滑被膜に比べて摩擦抵抗で約40%の低減が報告されている。さらに固体潤滑被膜の成膜処理方法自体にも工夫がみられ，汎用的な浸漬法やスプレー法

---

[*]　Toshiyuki Saito　㈱ジェイテクト　研究開発本部　主幹

に代えてスクリーン印刷法の採用例[4]もある。スクリーン印刷法はスクリーンメッシュを介して固体潤滑剤を処理面に塗布する方法で，比較的安価に任意のパターンにおいて固体潤滑被膜処理が可能である。

2.2 炭素系被膜

炭素系被膜のダイヤモンドライクカーボン（diamond like carbon, DLC）は，近年，自動車部品への展開ないしは検討が盛んな表面処理のひとつである。表1[5]に自動車部品への適用例を示す。エンジン部品でも低摩擦・耐摩耗性向上のねらいから多くの採用例がみられる。エンジン用バルブリフタにイオンプレーティング方式でDLCを被膜処理した例では，TiNやCrNなどの硬質被膜処理により低摩擦化が可能となる。かつてDLCでは密着性が問題視された時期もあったが，現代では中間層の導入の他に下地の窒化処理とイオン衝撃処理などにより，密着性を十分に向上させる手法[6]の提示もある。さらなるコスト低減により，DLCは一層の自動車部品への展開が進むと思われる。

耐摩耗性の向上をねらいとした例では，四輪駆動車用電磁クラッチへのDLC処理例[7]がある。クラッチ板表面にはプラズマ化学蒸着（chemical vapor deposition, CVD）方式により処理したSi含有のDLC[8]が処理されており，耐摩耗性の向上により電磁クラッチの小型化を可能

表1　DLCの自動車部品への適用例[5]

部品	部品	膜の種類	機能
エンジン燃料系	ディーゼル用燃料インジェクタ	a-C:H	相手攻撃性抑制，耐摩耗性
	FFV用燃料ポンプ	a-C:H	耐摩耗性，耐食性
	ガソリン直噴用燃料ポンプリフタ	ta-C	耐摩耗性，低摩擦
エンジン動弁系	バルブリフタ（鋼製）	ta-C	低摩擦
	バルブリフタ（Ti合金製）	a-C:H	耐摩耗，低摩擦
	ロッカアーム	a-C:H:Si	耐摩耗性，低摩擦
	可変動弁機構用ドライブシャフト	a-C:H:W	耐焼付き性
エンジン主運動系	ピストンリング（鋳鉄ライナ用）	ta-C	低摩擦
	ピストンリング（アルミライナ用）	a-C:H:W	耐焼付き，低摩擦
	ピストンピン	a-C:H	低摩擦
	オイルポンプベーン	a-C:H	耐摩耗
	ピストンスカート	a-C:H	低摩擦
	シリンダボア	a-C:H	低摩擦
駆動系	4WDカップリング用クラッチプレート	a-C:H:Si	μ-V特性維持
	遊星ギヤ	a-C:H:W	耐焼付き
	減速機用ギヤ	a-C:H	低摩擦

第30章　自動車用しゅう動部品

とした。さらにDLCが潤滑下で動力伝達に適正な摩擦係数と正のμ-v勾配を示す特性[9]は，電磁クラッチの性能向上にも寄与する。

　金属添加タイプのDLCは，特に欧州での採用が多い。特にW配合タイプのDLCが耐面圧が高いことから，ドライブシャフトやギヤ部品等で採用例がある。これらの金属添加DLCは，主に物理蒸着（Physical Vapor Deposition, PVD）方式により成膜される。

3　しゅう動材料

3.1　樹脂・ゴム

　エンジン周辺部品にも使われることで，樹脂部品はその利用範囲を急速に拡大した。適用例が多いエンジニアリング・プラスチック（engineering plastic）でも，特にポリアミド（polyamide, PA）樹脂は摩擦摩耗特性，耐衝撃性が良好で，自動車部品への採用例も多い。例えば，電動パワステアリング用ギヤでの採用例[10]があり，PA6やPA66などの材料がガラス強化材，非強化材ともに製品化されている。

　サスペンション，ステアリングなどのボールジョイントには，ポリアセタール（polyacetal, polyoxymethylene, POM），ポリエチレン（polyethylene, PE），PAなどが無給脂で使われる[11]。ただし，これらの樹脂は耐アブレシブ摩耗性に劣るために，使用に際してはダストシール性への十分な配慮が必要となる。また，含油タイプのPOMはステアリングのサポートヨークにも利用されるが，その部品の材質が持つしゅう動特性は操舵系の感応性への影響も大きい。

　表2[12]にエンジン部品への樹脂の適用例を示す。表中のGFはガラス繊維（glass fiber）配合を意味し，MDは無機充填材（mineral dust）配合，TDはタルク充填材（talc dust）配合を示す。エンジン部品では耐熱性，機械的強度の要求が高く，ガラス繊維強化ないしは非強化のPAが部品用途に多く使われる。エンジン部品の樹脂化は部品の軽量化，低コスト化への寄与のみではなく，インテークマニホールドなどでは樹脂の熱伝導性の低さにより熱効率が高まるためにエンジン性能も向上する。また，ポリプロピレン（polypropylene, PP）は耐熱性の要求があまり厳しくない部品に採用される。

　ガラスウインドウの樹脂化はグレージング（grazing）と呼ばれ，サンルーフ，リヤガラス，リヤクオータガラスなどで実用化が広まりつつある[13]。グレージングでは，透明性，耐衝撃性，寸法安定性，耐熱性に優れたポリカーボネイト（polycarbonate, PC）が使われる。樹脂化によりガラスに比べて約1/2の軽量化が可能であるが，PCは耐候性，耐擦傷性には課題がある。そのため，耐擦傷性などに優れたコーティングをPCに後処理する。

　ゴム材料を活用した部品としては，オイルシールが挙げられる。低温の使用環境下においてはニトリルゴム（nitril-butadiene rubber, NBR）の採用がある。その他に，アクリルゴム（acrylic rubber, ACM）やシリコーンゴム（silicone rubber, VMQ）とともに，潤滑油への耐膨潤性などを考慮したフッ素ゴム（fluorocarbon rubber, FKM）の採用[14]もある。

表2 樹脂材料のエンジン部品への適用例 [12]

	部品	使用材料		
		汎用樹脂	エンプラ	熱硬化性プラスチック
吸気系	エアインテークマニホールド		PA6-GF, PA66-GF	
	エアクリーナケース	PP-TD, PP-GF	PA6-GF	
	エアインテークパイプ	PP, TPO	PA6-GF	
冷却系	ラジエータタンク		PA66-GF, PA66+PA612-GF, PA66+PA610-GF	
	フロントエンドモジュール	PP-GF	PA6-GF/金属複合体	
	クーリングファン	PP-GF, PP-TD	PA6-GF, PA66-GF	
	ファンシュラウド	PP-GF, PP-TD	PA6-GF, PA66-GF	
	ウォータインレット		PA66-GF	
	ウォータアウトレット		PA6T-GF, PA66-GF, PPS-GF	
	ウォータポンプインペラ		PPF-GF	
	サーモスタットハウジング		PA6T-GF, PPS-GF	
	ウォータパイプ		PPS/PA6	
本体系	シリンダヘッドカバー		PA66-GF, PA66-(GF+MD), PA6-GF	不飽和ポリエステル (SMC)
動弁系	タイミングベルトカバー	PP-TD, PP-GF	PA6-GF, PA66-GF	
	プリテンショナ		PA66-GF	
	チェーンガイド		PA66, PA66-GF, PA46	
潤滑系	オイルストレーナ		PA66-GF	
	オイルフィラーキャップ		PA6-GF, PA66-GF	フェノール
	オイルレベルゲージ		PA66-GF, PET-GF, PBT-GF	

3.2 植物由来材料及びリサイクル材料

近年の樹脂材料の自動車部品への展開では，大気中の二酸化炭素削減に寄与する植物由来樹脂や植物由来繊維の展開も見ることができる．ポリ乳酸（polylactic acid, PLA）樹脂はトウモロコシなどの澱粉を発酵させて得られる乳酸を重合することにより製造した樹脂である．PLA は耐熱性の課題から車室内での利用が進められ，形態としては繊維としてフロアマットへの採用例[12, 15]がある．PLA 繊維単体では耐摩耗性が不十分だが，フロアマットでは柔軟で耐摩耗性も有する PA6 繊維と撚り合わせた合撚糸として使用することで耐摩耗性を確保する．

類似した例は，ポリトリメチレンテレフタレート（polytrimethyleneterephtalate, PTT）樹脂がある．PTT はトウモロコシなどの澱粉を発酵させて得られる 1,3-プロパンジオールと石油由来のテレフタル酸の重合により製造した樹脂である．100%植物由来の PLA が耐摩耗性，耐熱性等での課題があるのに対して，PTT は植物由来度が低いものの弾力性と耐久性を生かして，フロアマットへのオプション設定例がある．

構造材料としての植物由来材料では，PA610 のラジエータタンク[16]への採用例がある．PA610 はひまし油由来のセバシン酸と石油由来のヘキサメチレンジアミンを共重合して製造さ

れ，PA系樹脂としては吸水しにくい特長を持つ。PA610の植物由来成分比は60％で，耐熱性や加工性にやや課題があるがしゅう動材料としての採用も進みつつある。

サトウキビ由来のバイオエタノールから製造したポリエチレンテレフタレート（polyetheneterephtalate, PET）もシートやフロアカーペットに採用例[15]がある。植物由来のPETは耐摩耗性と柔軟性に優れ，パッケージトレイなどでさらに展開が進みつつある。その他にも，サトウキビ由来のPEと石油由来のポリプロピレン（polypropylene, PP）を組み合わせた繊維のフロアマットの例[17]もある。その他にも自動車部品へ植物由来樹脂は広がりつつあり，それらの例を表3[18]に示す。

自動車部品のリサイクルにおいても，近年では鉄系金属に代わり樹脂が重要な位置を占めている。樹脂リサイクル材については，PET繊維リサイクル材をシート表皮に採用した例[19]がある。資源問題が深刻化する現代においては，今後もリサイクル材料を活用した自動車部品の広がりが期待される。

3.3 高強度・高耐熱材料

軽量で高強度を有する材料として注目される炭素繊維強化樹脂（carbon-fiber-reinforced plastic, CFRP）も自動車部品へ展開されつつある。プロペラシャフト，吸気マニホールド，リヤスポイラー[12]の様に軽量化をねらいとした採用例や，自動車用高圧水素タンク[20]の様にCFRPの特性を生かして高強度化を達成した例がある。一方で，CFRPはしゅう動性が良好とは言えず，CFRP上にさらにめっき処理するなどのしゅう動性の改善が検討されている。将来，生産性，コスト低減と併せてしゅう動性の改善が進めば，CFRPのしゅう動部品への活用も期待される。

湿式クラッチ板には，天然セルロース繊維を樹脂で含浸させたペーパ摩擦材が使われてきた。

表3　植物由来材料の自動車部品への適用例[18]

分類	樹脂名	植物由来成分	利用形態	用途例
天然繊維	—	ケナフ，ジュート，亜麻，竹等	強化繊維	スペアタイヤカバー，ドアトリム基材
ポリエステル	PLA	乳酸	成形品	ドアトリム基材・オーナメント，スペアタイヤカバー，グラブリッド
			繊維	フロアマット，シートファブリック，内装表皮（ピラー，バイザー他）
	PBS	コハク酸	成形品	ドアトリム基材
	PTT	1,3プロパンジオール	繊維	内装表皮（ルーフ），フロアマット，シートファブリック
	他	未発表	特殊構造糸	天井，ピラーガーニッシュ表皮
ポリアミド	PA610	セバシン酸	成形品	ラジエータタンク
	PA11	11アミノウンデカン酸	成形品	燃料チューブ，エアブレーキチューブ
ポリウレタン		各種ポリオール	フォーム	シートクッション

表4 ブレーキディスクパッド材料[23]

	配合材	アスベスト	セミメタリック	ロースチール	ノンスチール
補強材	スチールウール	—	40〜65	5〜30	—
	アラミドパルプ	—	—	0〜5	3〜15
	セラミックウール	—	—	1〜10	1〜15
	銅，真鍮繊維	—	—	1〜10	1〜10
	アスベスト	20〜40	—	—	—
結合材	フェノール樹脂	10〜20	10〜15	10〜20	10〜20
	各種変性フェノール樹脂				
摩擦調整剤	ゴム（NBR，SBR）	5〜15	0〜5	0〜10	0〜10
	カシュー系ダスト	5〜15	—	5〜10	5〜15
	金属粉（銅，真鍮）	5〜10	—	0〜5	0〜5
	研削材	0〜5	1〜5	1〜5	1〜5
	充てん材（硫酸バリウム等）	5〜15	5〜25	5〜35	5〜35
潤滑材	グラファイト	5〜15	10〜25	5〜20	5〜15
	二硫化モリブデン				

1980年代からは耐熱性と強度に優れたアラミド繊維がセルロース繊維とともに配合されるようになり，1990年代からはカーボン繊維などを使用した合成繊維化が急激に広まった[21]。ペーパ摩擦材としてはトルク伝達に十分な高摩擦を持ち，シャダー防止のためにすべり速度vに対する摩擦係数μの変化が正のμ-v勾配を有する必要がある。そのため，ペーパ摩擦材は潤滑油の流通性に影響する気孔率や接触率などの摺動面の機械的形状にも配慮して製造される。

ブレーキディスクパッド材料では摩擦係数が適度に高く，水の介入などの環境変化に対しても安定した摩擦係数を保つ必要がある。さらに，耐摩耗性が高く，ロータ攻撃性も小さく，十分な機械強度と耐熱性を持ち，鳴き音を発生し難い特性もブレーキディスクパッドでは求められる[22]。近年ではアスベストフリー化が進み，日本国内ではアスベストを含むディスクパッドは製造されていない。表4[23]にディスクパッドに使われる材料の比較例を示す。セミメタリックはスチールウールを補強材として，熱伝導率が高く，高負荷時の耐摩耗性には優れるが，軽負荷時の摩擦特性はやや劣る。セミメタリックはかつて米国では主流の技術であったが，現在ではブレーキノイズの発生もあり装着率が低下している。ロースチールはセミメタリックより少量のスチールウールと摩擦調整剤と金属粉を含むことにより，熱伝導性と摩擦特性が向上する。また，アラミドパルプを補強材とするノンスチールでは，配合組成の選定により摩擦特性が広範囲で調整可能であり，最近のディスクパッドで主流の技術である[23]。

4 潤滑剤

4.1 潤滑油

潤滑油の使用例は数多いが，ここではまずエンジン油について述べる。省燃費性向上の観点から，Mo系摩擦調整剤（friction modifier, FM）の使用が一般的である。しかし，環境への配慮から低

第30章 自動車用しゅう動部品

リン化や低硫黄化の開発動向があり，ジアルキルジチオリン酸亜鉛（zinc dialkyldithiophosphate, ZnDTP）や硫黄系化合物の配合が避けられつつある。これらの添加剤には油中に共存することで，Mo系FMを有効に作用させる働きがある。そのため，ZnDTP等を含まない環境対策油では，結果的にMo系FM代替の摩擦低減手法が必要となる。その代替手法としては，ジアルキルリン酸亜鉛（zinc dialkylphosphate, ZP）と無灰FMの配合油がある[24]。しゅう動条件が厳しい直打式動弁系でも，ZP＋無灰FM油はMo系FM配合油と同等以上の摩擦低減効果を示す。

次に，自動変速機油（automatic transmission fluid, ATF）について記す。シャダー振動を防止するATFの課題に対して，エステル系，カルボン酸系，アミン系などの摩擦調整剤で低速域の摩擦係数を下げ，Caスルフォネートにより高速域の摩擦係数を上げることでμ-v勾配を正とする手法がある[25]。また長寿命化の観点からは，耐熱型FMの採用も見られる。さらにATFと同様の特性を要する四輪駆動車用電磁クラッチ用潤滑油では，粘度指数が高くて温度に対する粘度変化が小さい合成油系基油の特長を生かすことで，低温性能と高温での信頼性を両立した例[26]もある。

4.2 グリース

すべり軸受で使用されるグリースは，基油をジエステルないしは低粘度ポリオレフィンとして低温流動性を確保する傾向にある。一般的なグリースでは，増ちょう剤量の調整により流動性を阻害しない特性を持たせ，固体潤滑剤も比較的少量を配合する[27]。それに対してしゅう動面の接触を前提としたスプライン用グリースでは，固体潤滑剤である二硫化モリブデン（molybdenum disulfide, MoS_2）を30〜50%と多量に配合したグリースの例もある。表5[27]にスプライン用グリースの例を示す。これらのグリースはしゅう動材料への熱処理や表面処理と組み合わせて使われる。また，インタミディエイトシャフトのスプライン用途としては，ゲル化能が高いジウレア

表5 スプライン用グリース[27]

グリース名	スプライングリースA	スプライングリースB	スプライングリースC
基油の種類	シリコーン油	ジエステル	PAO
増ちょう剤	Liセッケン	Liセッケン	ウレア
潤滑性向上剤	MoS_2	MoS_2	特殊固体潤滑剤
潤滑性向上剤の添加量, mass%	30	40	9
混和ちょう度	340	330	312
滴点, ℃	210以上	172	250以上
離油度, mass% @100℃×24h	5以下	8.5	3
蒸発量, mass% @100℃×22h	—	0.60	0.41
低温起動トルク, N·m @-20℃	—	0.14	0.05
低温回転トルク, N·m @-20℃	—	0.03	0.03
凝着荷重, N @SCM415×S48C	—	700・700	850・950
摩耗量, mg @C45C×Cu系焼結	—	1.8・1.5	0.3・0.1

系増ちょう剤と鋼への化学吸着性に優れたステアレート系添加剤を配合したグリースの実用例もある[28]。

ギヤ用グリースでは部品の小型化による接触面圧の増大から，しゅう動面でのグリース切れを防ぐためにしゅう動面に供給されやすいグリースの動粘度特性を付与する必要があった。その要望を固体潤滑剤レスで実現するために，高速せん断域で流入性が高いジウレア系グリースを採用して，ちょう度と基油粘度の調整によりレオロジー特性を最適化したグリースの実用例[29]がある。この様に潤滑技術を適切に活用して材料の負荷を緩和することにより，さらなる自動車用しゅう動部品の高性能化が期待される。

文　　献

1) 加藤崇行, 近藤靖裕, カーエアコン用コンプレッサの動向とトライボロジー, トライボロジスト, **55**, 9, 603-608（2010）
2) 加納　眞, エンジンしゅう動部品へのDLCコーティングの適用課題, トライボロジスト, **47**, 11, 815-820（2002）
3) 杉村健太郎, 内燃機関用ピストン表面処理技術の開発, 自動車技術, **62**, 4, 35-39（2008）
4) 鈴木伸行, ピストンの表面処理技術, 自動車技術, **62**, 4, 31-34（2008）
5) 馬渕　豊, DLC膜の自動車部品への適用, トライボロジスト, **58**, 8, 557-565（2013）
6) 森　広行, ケイ素含有表面処理被膜の開発とその応用, 表面技術, **63**, 3, 145-150（2012）
7) 安藤淳二, 齊藤利幸, 酒井直行, 酒井俊文, 深見　肇, 中西和之, 森　広行, 太刀川英男, 大森俊英, DLC-Si被覆電磁クラッチを用いた小型・高容量4WDカップリングの開発, 自動車技術会論文集, **36**, 5, 157-162（2005）
8) 鈴木雅裕, 自動車部品へのDLCの応用技術, トライボロジスト, **54**, 1, 34-39（2009）
9) T. Saito, M. Suzuki, J. Ando, K. Nakanishi, H. Mori and S. Hironaka, Friction Characteristics of DLC-Si and Hard Coatings lubricated in AWD Coupling Fluid, 材料技術, **29**, 1, 24-31（2011）
10) 平山真一, ナイロンとはどんなもの, 自動車技術, **63**, 4, 22-25（2009）
11) 佐藤英二, 林　洋一郎, 自動車部品の摩耗と対策, トライボロジスト, **34**, 5, 385-386（1989）
12) 山森嘉則, 常岡和記, 自動車用樹脂材料・加工技術の現状と今後の展望, 自動車技術, **63**, 4, 9-15（2009）
13) 相場裕之, 小山　武, 田辺敦史, 松崎　功, 山下行秀, 自動車に求められる素材と製造技術の現状と動向, 自動車技術, **65**, 6, 10-15（2011）
14) 河原由夫, オイルシール技術の現状と動向, トライボロジスト, **43**, 2, 137-141（1998）
15) 小林　亮, バイオPETの開発と今後の展望, 自動車技術, **67**, 11, 34-39（2013）
16) 後藤伸哉, 山本道泰, 長屋隆彦, 野崎雅裕, 植物由来プラスチックの開発, 自動車技術, **64**, 11, 89-93（2010）
17) 中野隆裕, 新田茂樹, 伊東加奈子, 自動車のリサイクル設計, 自動車技術, **66**, 11, 37-42（2012）
18) 保谷敬夫, 環境にやさしい自動車用樹脂材料の動向, 自動車技術, **64**, 11, 23-28（2010）

19) 保田芳輝, サスティナブルな自動車用材料の開発動向, 自動車技術, **64**, 11, 4-9 (2010)
20) 阪口善樹, 西脇秀晃, 森 貴昭, 鈴木純三, 自動車用水素燃料タンク, 自動車技術, **61**, 10, 77-82 (2007)
21) 村上靖宏, 自動車用自動変速機の50年を振り返る, トライボロジスト, **50**, 9, 665-670 (2005)
22) 不破良雄, 自動車とトライボロジーの関わり, トライボロジスト, **41**, 3, 223-226 (1996)
23) 佐々木要助, 日下 聡, 自動車ブレーキ用材料の変遷, トライボロジスト, **48**, 3, 197-201 (2003)
24) 八木下和宏, 自動車用エンジン油の将来動向, トライボロジスト, **52**, 9, 657-662 (2007)
25) 畑 一志, 自動車用駆動系油, トライボロジスト, **50**, 4, 289-294 (2005)
26) 安藤淳二, 酒井直行, 齊藤利幸, 桑原寛文, 黒澤 修, 4WDカップリング専用フルードの開発, 自動車技術会論文集, **38**, 6, 333-338 (2007)
27) 池島昌三, 自動車部品用グリースの技術動向, トライボロジスト, **57**, 6, 392-397 (2012)
28) 中田竜二, 松山博樹, 齊藤利幸, 小林正典, 時岡良一, 筒井大介, 高減衰・低摩擦自動車機構部品用グリースの開発, 材料技術研究協会討論会講演要旨集, 47-48 (2012)
29) 中田竜二, 松山博樹, 齊藤利幸, すべり接触下でのグリースの摩擦面流入性に及ぼすレオロジー特性の影響, 材料技術, **30**, 5, 154-164 (2012)

第31章 OA機器用高分子系しゅう動部材および しゅう動部品

菊谷慎哉*

1 はじめに

近年，複合機（MFP：Multi Function Peripheral），レーザープリンター（LBP：Laser Beam Printer）等のOA機器は，高速化，高画質化，小型軽量化が急速に進んできており，また優れた機能性，操作性，デザイン性を有しつつ，かつ静粛化および省電力化といった環境に配慮した仕様設計となっている。特に，ここ数年においては，各種性能向上が随所にみられ，コストパフォーマンス面での進歩をうかがい知ることができる。これはOA機器製造に関わる種々メーカー技術陣の多大な努力ならびに創意工夫により実現したことは容易に想像できるが，中でも，製造コスト低減策の一つに挙げられる高分子系材料の積極有効活用は見逃すことのできない重要な事柄といえる。

高分子系材料の採用にあたっては，OA機器においても自動車等他の産業分野と同様，材料設計，機械設計双方の技術者によるシミュレーションおよび数多くの製品単体試験，実機試験等，入念な評価段階を経て，種々，材質選定が行なわれ決定される。仮に，置き換え対象の部品が元々，金属製であれば，より慎重に，いっそう多くの評価期間を要することになる。

ここで上記，高分子系材料を用いたOA機器部品の製造方法について少し述べると，本体部品の他，その交換部品も含めると，数量がかなり多くなることから，高い量産性を有する射出成形による製造が中核となる。また，高分子系材料は製品設計自由度が高く，複雑形状であっても金型設計技術により量産成形が可能となり，部品点数の削減，部品の共通化およびその他金属との複合等々，これら高分子材料が有する上記特長からくるトータル的なコストメリットは，他策と較べて大きいと考えられる。

しかしながらその一方で，昨今のOA機器においては，印刷速度の高速化のほか，設置スペース等を考慮したコンパクト化の要請があり，当然ながらその構成部品も，小型軽量化の方向にある。この影響により，特に摩擦摩耗を伴うしゅう動部品においては，以前との比較で，使用条件はより過酷な方へのシフトを余儀なくされ，さらに要求される耐久性も高まる傾向もあり，結果として，高分子系しゅう動部材の負担は増加している現状がある。

こうしたトレンドを受けて，高分子材料の原料メーカーならびに高分子系材料を用いてしゅう動部材を開発し，軸受，歯車等を製造販売するしゅう動部品メーカーでは，既存高分子系しゅう動部材の摩擦摩耗特性向上を開発テーマに挙げるケースが多くなってきており，より高い要求性

---

* Shinya Kikutani　スターライト工業㈱　新歩推進ユニット　材料開発グループ　グループ長

第 31 章　OA 機器用高分子系しゅう動部材およびしゅう動部品

能を満たすべく課題解決に向け，新規のしゅう動部材開発の取り組みが鋭意，おこなわれている。

本稿では，上記 OA 機器に組み込まれているしゅう動部品の中で，特に摩擦摩耗を伴う主要機械要素部品である軸受および歯車に焦点を当て，高分子系しゅう動部材の母材選定，しゅう動部材の処方設計，採用実績のある材料等の摩擦摩耗特性等について概説する[1]。

2　OA 機器用高分子系しゅう動部品

2.1　軸受用途

複合機およびレーザープリンターでは，図1[2]に示す電子写真画像形成プロセスにおける各種回転軸を支承する軸受として，金属製転がり軸受，金属焼結含油軸受および高分子系しゅう動部材製軸受が数多く用いられ，各箇所の要求特性に応じて使い分けられている。この軸受用途における相手軸材質は，一部，高分子系材料が使用されているものの，その大部分はアルミニウム合金または鋼といった金属である。したがって，ここで取り上げる高分子系しゅう動部材製軸受においては，金属が相手軸となるしゅう動が主体となり，また高分子系材料の有する自己潤滑性から無潤滑の環境下で使用されることが多い。

高分子系しゅう動部材製軸受の使用環境については，OA 機器内の使用箇所により異なるが，組み込まれているすべての軸受で考えると使用温度域は，室温〜 250℃前後と比較的広範囲にわたる。このため高分子系しゅう動部材製軸受の採用検討にあたっては，使用上，母材となる高分子が有する耐熱性が最も重要な因子となる。ここでの耐熱性は，一般的によく知られている短期耐熱性の指標とされる荷重たわみ温度（DTUL：Distortion Temperature Under Load）ではなく，長期耐熱性の指標とされる連続使用温度である。尚，この温度は，相対温度指数（RTI：Relative Thermal Index），UL 温度インデックスなどの呼称が用いられる場合もある。

高分子系しゅう動部材製軸受の材料開発プロセスについては，上記，耐熱性をまずは見極めた上で，母材となる高分子系材料を選定し，配合処方等を検討していくことになるわけだが，高分

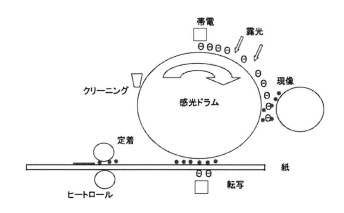

図 1　電子写真画像形成プロセスの概略図

子系しゅう動部材の摩擦摩耗特性のみに注目するだけでなく，高分子系しゅう動部材の母材，質量1kgあたりの単価が数百円～数万円と非常に幅広いコストおよび軸受としての要求特性についても熟考し，現実的かつ適切な選択が必要となる。

OA機器において実績ある高分子系しゅう動部材製軸受の母材は，基本的に結晶性高分子を用いることが多い。例えば，室温～80℃未満の温度域においては耐熱性ならびにコスト的な側面からPOM（ポリアセタール）およびPA（ポリアミド）といった汎用エンプラが中心に，また軸温度が最高220℃～250℃付近まで上昇する定着部周辺箇所においては，使用条件に応じて，耐熱性および難燃性の観点から，PPS（ポリフェニレンサルファイド），LCP（液晶ポリマー），PEEK（ポリエーテルエーテルケトン）およびTPI（熱可塑性ポリイミド）等のスーパーエンプラが高分子系しゅう動部材製軸受の母材として使い分けられている。

以下，OA機器で使用される高分子系しゅう動部材製の常温軸受および耐熱軸受の材料設計および摩擦摩耗特性を紹介する。

2.1.1 常温軸受（使用温度域：80℃未満）

この温度域で使用する高分子系しゅう動部材製軸受の母材は，一部，ポリオレフィン類のPP，HDPEも使用されているが，前述のとおり汎用エンプラ代表格，POMおよびPAが中心である。中でも比較的過酷とされる箇所の軸受では，POMあるいはPAの摩擦摩耗特性を向上させたいわゆる高しゅう動グレードが採用されている。さらに過酷な条件，すなわち設計上，許容摩耗量が小さく設定されていたり，上記，POM，PAを母材とするしゅう動部材では到達が難しいレベルの高い剛性，高寸法精度および低熱膨張係数が要求される場合には，POM，PAとの比較で吸水率が低く，ガラス転移温度が約90℃であるPPSを母材とするしゅう動部材が用いられ，それでもなお問題がある場合は，金属製の焼結含油軸受および金属製の転がり軸受が用いられている。

前述のPOMあるいはPAの高しゅう動グレードについて説明を加えると，その材料設計は数多く様々であるが，母材に対し含油あるいはPTFE（ポリテトラフルオロエチレン），グラファイトおよび二硫化モリブデン等の固体潤滑剤をブレンド，ポリオレフィン類のポリマーアロイおよび特殊高機能添加剤で摩擦摩耗特性を高めたものがその中心に位置すると考えてよい。ここで

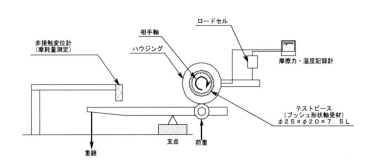

図2　ジャーナル軸受試験機の概略図

第31章　OA機器用高分子系しゅう動部材およびしゅう動部品

表1　試験方法および条件

	試験方法および条件
試験機	ジャーナル型摩擦摩耗試験機
試験片形状	$\phi 25 \times \phi 20 \times 7.5L$
面圧	0.5 MPa
すべり速度	5 m/min
相手軸, 面粗さ	ステンレス鋼 SUS303, Ra0.7 μm
	アルミ合金 A5056-H34, Ra0.7 μm
潤滑	無し
試験時間	100hour

図2に示す軸受特性の実用的評価に適するジャーナル軸受試験機にて，表1の試験条件で測定した標準POMおよびPOM，PAの摩擦摩耗特性を向上させた高しゅう動POM，高しゅう動PAの摩擦摩耗特性を図3,4に示す。図3および4からわかるように，標準POMよりも高しゅう動POMおよび高しゅう動PAは低摩擦低摩耗であり，モータートルク低減による省電力化および高耐久性が見込める高信頼性の材料といえる。

次に，摩擦摩耗特性に及ぼす相手軸材質の影響をみると，相手軸がステンレス鋼軸では図3に示すように，高しゅう動POMおよび高しゅう動PAの両材はほぼ同様の摩擦摩耗特性となって

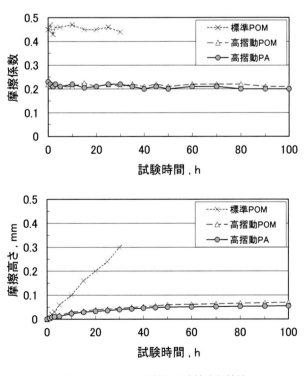

図3　ステンレス鋼軸での摩擦摩耗特性

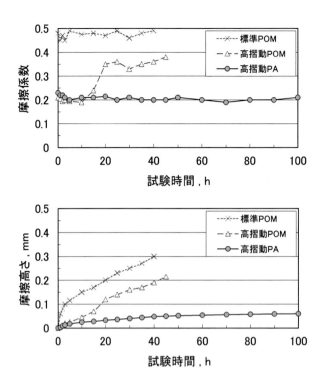

図4　アルミ合金軸での摩擦摩耗特性

いる。一方，相手軸が軟質のアルミ合金軸では，図4に示すように，高しゅう動POMおよび高しゅう動PAで摩擦摩耗特性に違いが見られる。また図5に示すように，POMを母材とした場合，高しゅう動グレードと位置づけられているしゅう動部材であってもアルミ合金軸を損傷させ，その影響でしゅう動中に摩擦摩耗特性が悪化する現象もみられる。アルミ合金軸のような軟質軸の損傷に関しては，しゅう動条件が直接影響する場合も多いが，軸受材質選定面で注意を要する事例として一般によく知られている。その一方で，高しゅう動PAはアルミ合金軸を損傷させにくく，しゅう動特性も安定しているため，軟質軸向け常温軸受用のしゅう動部材として高評価を得ている。ちなみに，ここでのPOM，PAを母材とし，摩擦摩耗特性を改良することを目

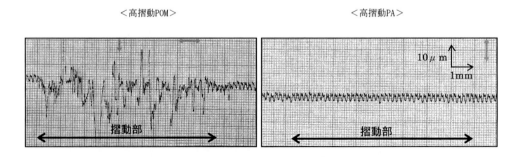

図5　試験後のアルミ合金軸粗さ

第31章　OA機器用高分子系しゅう動部材およびしゅう動部品

的とした報告（POM[3~5]，PA[6~11]）は数多くあり，様々な角度からの検討が進められている。

また最近では，現像部周辺の常温軸受において，しゅう動部に2成分現像剤｛トナーとキャリア（金属粉）の混合物｝が介在することを想定した高分子系しゅう動部材も開発されている。図6には，現像部周辺に設置される軸受の環境を想定し，表2の試験条件で測定した摩擦摩耗試験の結果を示す。

まず，ここでの条件下で，試験時間145 hour までにおいては，金属製焼結含油軸受と高分子系しゅう動部材製軸受（弊社開発材PおよびQ）は，ほぼ同等の性能を示すことがわかる。さらに実際，現像部周辺で起こりうる事象を想定し，試験時間145 hour の時点で，2成分現像剤

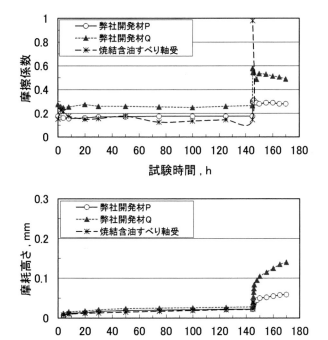

図6　現像剤途中介在での摩擦摩耗試験

表2　試験方法および条件

	試験方法および条件
試験機	ジャーナル型摩擦摩耗試験機
試験片形状	$\phi 25 \times \phi 20 \times 7.5 L$
面圧	0.2 MPa
すべり速度	18 m/min
相手軸，面粗さ	ステンレス鋼 SUS303, Ra0.7 μm
潤滑	無し
試験時間	170 hour（145 hour 経過時，2成分現像剤投入）

を意図的に軸受しゅう動部に介在させ，その後の各3材質の摩擦摩耗特性挙動を比較すると，明らかな差がみられることがわかる。3材質の軸受とも，2成分現像剤に含まれるキャリア（金属粉）の影響で，しゅう動相手のステンレス鋼軸に損傷が生じ，摩擦係数の増加，摩耗の増加がみられるが，その増加の度合いは，軸受の材質により異なることがわかる。ここでは，摩擦摩耗特性の面で，弊社開発材Pが最も2成分現像剤介在の影響を受けにくく，回転部の異常あるいは機器の故障が起こりにくい信頼性の高い軸受材質といえる。こういった現像部周辺においては昨今，省電力化の観点で，低温定着性が可能となる最新2成分現像剤の開発が盛んである。しかし最新の2成分現像剤ほど小粒径化（トナー：約5μm，キャリア：約30μm）されているため，シールにより現像剤の漏洩を防止することが従来との比較で難しい。さらにトナーが温度に敏感であることが多いことから，現像剤シール部，軸受部のしゅう動発熱がトナーに悪影響を及ぼすケースもでてきており，これら新たな課題に対し，しゅう動発熱のコントロールに視点を置いた技術開発もおこなわれている[12]。

2.1.2　耐熱軸受（使用温度域：80℃〜250℃）

　複合機，レーザープリンターにおいて最も高温となるのはトナーを加熱溶融させるための熱源を搭載した定着部であり，この中に組み込まれている軸受には定着ローラー軸受，加圧ローラー軸受等がある。ここでは高耐熱性の他，難燃性が必須の条件となり，現在は，限界酸素指数（LOI：Limiting Oxygen Index）の高い高分子であるPPS，LCP，PEEKおよびTPI等を中心とした母材が使用されている。これらの軸受では使用条件が過酷であることから特に摩擦摩耗特性に優れたものが求められており，しゅう動部品メーカー独自配合による高しゅう動部材の採用実績が高いといった特徴的な部品といえる。当然ながら，条件が過酷であることから，金属製転がり軸受の採用も多い。

　以下に，定着ローラー軸受用しゅう動部材の代表的な材料設計について述べる。まず，母材の長期耐熱性を考慮した上で，短期耐熱性の指標である荷重たわみ温度（耐熱剛性）を高めるため，有機繊維，CF（カーボン繊維）および旧モース硬度で1〜5の無機フィラー，ウィスカを添加するのが一般的と考えられる。ここであえて硬度に注目するのは相手金属軸への攻撃性を考え，軸荒れ，軸削れによる高分子系しゅう動部材側，金属側双方の摩耗急増といった深刻な事態を回避するためである。この点については，GF（ガラス繊維，旧モース硬度6.5〜7）を常用する構造部品とは大きく異なる。次に，低摩擦低摩耗特性を付与する策としては，使用温度域上，ポリオレフィン類をアロイ化するのは適当でないため，PTFE，グラファイトおよび二硫化モリブデン等の固体潤滑剤のブレンドが主体となり，軸受材料全体の体積分率としておおよそ20 vol%前後添加されているものが多いとみられる。材料組成全体としては成形性，機械的特性，摩擦摩耗特性，電気的特性およびその他要求特性等，総合的な見地から上記の強化材，固体潤滑剤およびその他の添加剤がそれぞれ適量とされる量で配合されており，非常に複雑な材料組成となっているものが多い。現在，この温度域で採用されている定着ローラー軸受はしゅう動条件および機械装置の設計思想等の双方から高分子系しゅう動部材製軸受および金属製転がり軸受

第31章　OA機器用高分子系しゅう動部材およびしゅう動部品

の両者が使い分けられており，実際は，耐久寿命の要求に大きく左右されるが，面圧としておおよそ0.5 MPa未満，速度6 m/min未満に相当する領域においては，高分子系しゅう動部材製軸受の採用が多くみられる。しかしながら，面圧0.5 MPa以上，速度6 m/min以上となるような場合，総しゅう動距離が長い場合（特に高耐久要求がある場合），許容摩耗量が小さい場合，または回転トルクの制約がきびしい場合においては，金属製転がり軸受が採用されている。

参考として，表3の試験条件で測定した高分子系しゅう動部材製の定着ローラー軸受実績材A，Bのしゅう動特性を図7に示す。図7からもわかるように，しゅう動条件が過酷となると高分子系しゅう動部材製の定着ローラー軸受実績材A，Bにおいても，基本的には使用は難しいとされている。

表3　試験方法および条件

	試験方法および条件
試験機	ジャーナル型摩擦摩耗試験機
試験片形状	$\phi 25 \times \phi 20 \times 7.5 L$
面圧，すべり速度	0.5 MPa, 6 m/min および 1.0 MPa, 9 m/min
相手軸，面粗さ	アルミ合金 A5056-H34, Ra0.7 μm
潤滑	無し
試験時間	100 hour

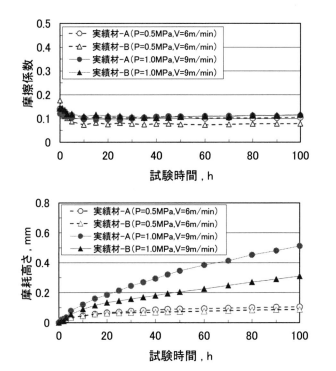

図7　耐熱軸受材の摩擦摩耗特性

2.2 歯車用途

高分子系材料製の歯車もまた前述の軸受と同様に，常温付近から250℃付近までの比較的広い温度域で使用されている。歯車は，軸受とは異なり高温領域においても一般市販材料の採用が多い特徴があり，また運転時の歯車組み合わせは，一部に金属材料－高分子材料があるが大半は，高分子系材料－高分子系材料である。この歯車についても，前述と同様に2つの温度域に分けて，採用実績材料および歯車特性等を述べる。

2.2.1 常温歯車（使用温度域：80℃未満）

それほど高温とはならない箇所に配置される歯車はPOMを母材とする材料が大部分を占め，中でも非強化である標準POMの使用量が圧倒的に多くみられ，その他母材は，PA，PBT等がある。また歯車の歯元にかかる応力，回転速度といった運転条件ならびにグリースの使用可否および歯車かみ合わせ回転時の静粛性要求度合い等の諸条件により，無潤滑およびグリース潤滑（初期塗布）が状況に応じて使い分けられている。特に，静粛性が要求される箇所あるいはクリーンな環境が必須でグリースが使用できないところに配置される歯車においては高しゅう動POMが選択的に使用される場合が多い。さらに静粛性を追求するとの観点で，POMの分子鎖を改質することにより，機械的特性をコントロールし，低騒音歯車への適用に特化した検討がなされた報告もある[13]。

以下，歯車かみ合い回転時の音に注目し，図8の歯車騒音試験機を用い，表4の試験条件で測

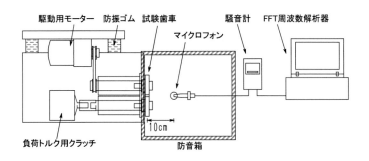

図8 歯車騒音測定試験機の概略図

表4 試験方法および条件

	試験方法および条件
試験機	動的歯車騒音測定試験機
歯車諸元	$Z = 52$（平），$m = 1$，$\alpha = 20°$，$b = 8$
測定室，温度	防音室（30dB以下），23℃
歯元曲げ応力	2 MPa
回転速度	200〜1200 rpm
組み合わせ	同材質
潤滑	無しおよびグリース潤滑

第 31 章　OA 機器用高分子系しゅう動部材およびしゅう動部品

定した標準 POM ならびに高しゅう動 POM の騒音レベルの比較ならびに周波数解析をそれぞれ図 9，10 に示す。ここで図 9 における暗騒音は，歯車かみ合いのしゅう動が起きていないときの騒音レベルを示している。図 9，10 からもわかるように高しゅう動 POM は，無潤滑においても既に標準 POM のグリース潤滑に近い歯車騒音特性を有しており，グリース塗布によりさらに騒音レベルが 1 ランク下がることから特に静粛性が要求される箇所において好適な歯車材料といえる。また標準 POM よりも前述の通り，軸受特性が優れるといった理由でアイドラ歯車としての採用実績も多い。尚，標準 POM－標準 POM の組み合わせでは，歯元曲げ応力，回転数など，条件によっては，スティックスリップによる耳障りなきしみ音が生じることがあり，一般に注意を要する事例として，よく知られている。

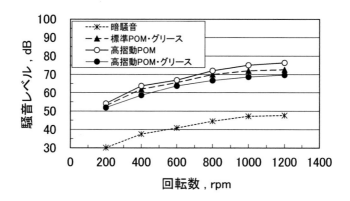

図 9　歯車騒音レベルの比較

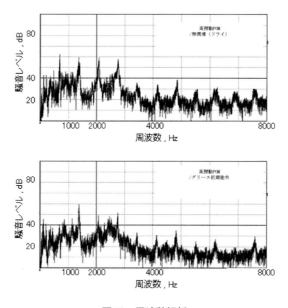

図 10　周波数解析

2.2.2 耐熱歯車（使用温度域：80℃～250℃）

この用途では，コストパフォーマンスの点からPPSを母材とする材料の採用実績が多くみられる。その他，母材としてはPAIおよびPEEKがある。また，熱硬化性樹脂であるフェノール樹脂（PF）が母材として用いられることもあり，近年では，PFの母材の改良，それに加えて充填材によるしゅう動特性向上等の研究についての報告[14]が出されており，今後の展開が期待される。

ここでは摩耗特性に加えて，高温時の歯の強度，剛性が必要であることから，ほとんどがウィスカ，GFおよびCFで強化された高強度，高剛性の複合材料となっている。また他のしゅう動部品とは異なり，この耐熱歯車では，GFが強化材として使用されているケースが多いのが特徴でもある。GFは周知のとおり相手材への攻撃性が高く，所定の要求寿命が長く設定されている歯車の場合，要求寿命の中盤から終盤にかけての摩耗急増が懸念される。これは時間経過とともに樹脂リッチなスキン層が摩耗進行によって徐々に消滅し，その直後に生ずる歯車表面へのGF微細片のとびだし，摩耗粉（GF入り）の両歯面間への介在等がこの摩耗急増の主要因と考えられている。参考までに，図11に示す動的歯車試験機を用い，表5の試験条件で測定した2材料の無潤滑時およびグリース潤滑時の歯車摩耗特性を図12に示す。図12からもわかるように，要求耐久寿命にもよるが，材料組成によってはグリース潤滑時（初期塗布）の方が，摩耗粉（GF

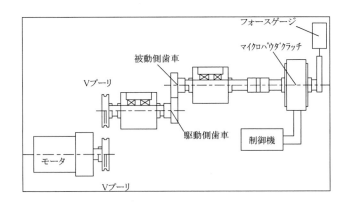

図11　動的歯車試験機の概略図

表5　試験方法および条件

	試験方法および条件
試験機	動的歯車試験機
歯車諸元	$Z=30$（平），$m=1$, $\alpha=20°$, $b=8$
歯元曲げ応力	7 MPa
回転速度	200 rpm
組み合わせ	駆動歯車：フェノール（PF）/GF系
	被動歯車：PPS系複合材
潤滑	無し（ドライ）およびグリース潤滑

第31章　OA機器用高分子系しゅう動部材およびしゅう動部品

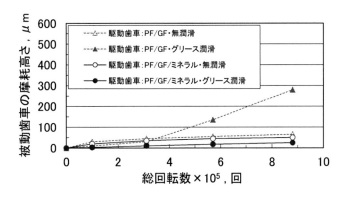

図12　PFベース材の歯車摩耗特性

入り）の両歯面間からの排出が困難となる影響で，かえって高摩耗となる場合もあり，慎重な材料選定が必要と考えられる。また高負荷条件でかつ要求寿命が特に長い場合には，GFの使用を極力避けCF，比較的硬度の低いウィスカおよび有機繊維等で補強した材料設計に予め変更しておくこと等の対策が講じられている。

3　おわりに

　本稿では，OA機器用の高分子系しゅう動部材および軸受，歯車といった主要のしゅう動部品について述べてきた。高分子系しゅう動部材はOA機器のみならず自動車および各産業機器等の小型軽量化，省電力化および静粛化の追究といった恒久的な挑戦の主役として，今後も前向きな採用検討がなされていくことと考えられ，市場および環境面でのトレンドからも既存しゅう動部材の性能向上に対する要求は年々高まっていくものと予想される。
　弊社においても，エスベア®の商標で，以下，写真1に示す歯車，軸受などの材料開発およびしゅう動部品として販売を行なっており，表6の試験条件で測定した図13に示すような高耐久性のPPS系歯車材料など，種々，開発中である。ここでのPPS系弊社開発材IおよびIIは，GFおよび硬質フィラーを含んでおらず，相手材への攻撃性はほとんどなく，金属歯車との組み

写真1　エスベア®歯車，軸受

表6 試験方法および条件

	試験方法および条件
試験機	動的歯車試験機
歯車諸元	$Z=30$(平), $m=1$, $\alpha=20°$, $b=8$
歯元曲げ応力	$20 \sim 60$ MPa
回転速度	200 rpm
組み合わせ	同材質
潤滑	無し（ドライ）

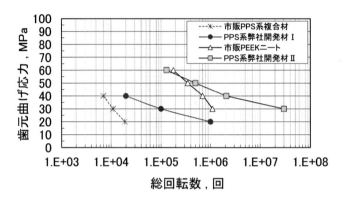

図13 歯車負荷特性

合わせや軸受特性が必要となるアイドラ歯車としても利用可能である。本稿が読者の皆様にとって参考になれば幸いである。

文　　献

1) 菊谷慎哉；トライボロジスト, **51**(8), 571（2006）
2) 池洲悟；日本写真学会誌, **68**(2), 163（2005）
3) 斉藤篤ほか；材料, **50**(3), 309（2001）
4) 黒川正也, 内山吉隆；トライボロジスト, **44**(7), 544（1999）
5) 三木靖浩ほか；奈良県工業技術センター研究報告, **30**, 9（2004）
6) 堀内徹, 山根秀樹；成形加工, **9**(6), 425（1997）
7) 西谷要介, 関口勇, 石井千春, 北野武；材料技術, **28**(4), 135（2010）
8) 菊谷慎哉；潤滑経済, **563**, 30（2012）
9) 山口健, 堀切川一男, 秋山元治, 松本邦裕；月刊トライボロジー, **8**, 44（2010）
10) 西谷要介；潤滑経済, **536**, 25（2010）
11) 中津賢治, 菊谷慎哉, 村木正芳；トライボロジー会議予稿集 2011-5 東京, 175（2011）
12) 菊谷慎哉；シール機能付き軸受装置, 特許第 5184396 号（2013）
13) 永井雅之；月刊トライボロジー, **8**, 46（2007）
14) 平野, 池田, 竹市, 浅井ほか；トライボロジー会議予稿集 2011-5 東京, 3（2011）

高分子トライボロジーの制御と応用

2015年5月28日　第1刷発行

監　修	西谷要介	(T0969)
発行者	辻　賢司	
発行所	株式会社シーエムシー出版	
	東京都千代田区神田錦町1-17-1	
	電話 03 (3293) 7066	
	大阪市中央区内平野町1-3-12	
	電話 06 (4794) 8234	
	http://www.cmcbooks.co.jp/	
編集担当	伊藤雅英／櫻井 翔	

〔印刷　株式会社ニッケイ印刷〕　　　Ⓒ Y. Nishitani, 2015

落丁・乱丁本はお取替えいたします。

本書の内容の一部あるいは全部を無断で複写（コピー）することは，法律で認められた場合を除き，著作者および出版社の権利の侵害になります。

ISBN978-4-7813-1066-4　C3043　¥70000E